全国高等教育应用型规划教材

职业生涯与就业指导

主　编　贾德民　乔莉莉

黄河水利出版社
·郑州·

内容提要

本书是全国高等教育应用型规划教材，共分6个模块10章，以学生进入职场的时间序列展开，按职业生涯唤醒、职业自我认知、职业生涯规划、就业指导、创业教育和职业素养六个部分编写。每一章节都有学习指南、能力标准、导入案例、深度阅读及课堂活动，符合高职高专学生特点，有利于激发其学习兴趣。

本书可作为高等职业院校学生的教材，也可供相关人员参考使用。

图书在版编目(CIP)数据

职业生涯与就业指导/贾德民，乔莉莉主编.—郑州：黄河水利出版社，2020.9

全国高等教育应用型规划教材

ISBN 978-7-5509-2754-4

Ⅰ.①职… Ⅱ.①贾… ②乔… Ⅲ.①大学生-职业选择-高等学校-教材 Ⅳ.①G647.38

中国版本图书馆CIP数据核字(2020)第134358号

组稿编辑：贾会珍 电话：0371-66028027 E-mail：110885539@qq.com

出版社：黄河水利出版社 网址：www.yrcp.com

地址：河南省郑州市顺河路黄委会综合楼14层 邮政编码：450003

发行单位：黄河水利出版社

发行部电话：0371-66026940、66020550、66028024、66022620(传真)

E-mail：hhslcbs@126.com

承印单位：河南承创印务有限公司

开本：787 mm×1 092 mm 1/16

印张：15.25

字数：362千字

版次：2020年9月第1版 印次：2020年9月第1次印刷

定价：38.00元

前 言

举足长远,方能励志前行。大学是人生的关键阶段,其间一项重要任务是确定未来的职业生涯发展目标。就业指导课程作为就业工作的主要组成部分具有重要作用,但目前高校就业指导教学状况不容乐观,缺乏系统的模块化教学。本书采用模块化编写体例,提出合理有效的就业指导课程化模块,遵循高职大学生的学习生活轨迹,系统介绍了职业生涯发展与就业指导理论及其在实际生活中的应用。

本书以教育部办公厅关于印发《大学生职业发展与就业指导课程教学要求》和《国务院关于进一步做好稳就业工作的意见》的通知精神为依据,充分考虑大学生成长成才和高校就业指导课程的需要,用通俗易懂的语言和真实的案例指导当代大学生做好职业生涯规划,学习就业技巧,充分做好就业创业的准备。爱因斯坦曾经说过:"兴趣是最好的老师"。兴趣是一种心理倾向,它使个体力求认识、掌握某种事物或参与某项活动。职业兴趣则是一个人是否喜爱某种职业,是职业选择与态度方面的倾向。兴趣在职业选择中有重要作用,兴趣可以激发潜能。在基础上,本书增加了自我认识、执行力、职业素养部分,充分适应了新时代教育是民生之首、就业是民生之本的现实基础。通过本教材编写,力图促进高职院校人才培养模式改革,以培养和提高学生的生存能力、竞争能力和创新创业能力为基点,由"求职者"转变为"创业者",由就业岗位的需求者转变为创造者。

2019 年以来,辽宁生态工程职业技术学院基础教学部人文素质教研室牵头组成学校职业生涯与就业指导教育团队,通过工作坊、个体咨询、课程教学等多种形式,指导专科生的职业生涯规划与就业指导,积累了丰富的经验,形成了卓有成效的系统性职业生涯规划与就业指导教育模式。全书包括六个模块共十章。其中,第一章、第九章、第十章由贾德民编写,第二章、第三章由乔莉莉编写,第四章由张海军编写,第五章、第六章由王硕编写,第七章由曹金凤编写,第八章由孙晓靓编写。

由于编者水平有限,书中难免存在疏漏和不足之处,恳请广大师生及专家、读者批评指正。

编 者

2020 年 6 月

目 录

模块五 创业教育

模块六 职业素养

模块一　职业生涯唤醒

第 1 章　认知职业

【学习指南】

人总是要和职业打交道的，要想在人生长河中"泛起浪花"，职业的选择不失为一个很好的切入点。职业有大范畴的归类，更有具体的分工。比如一个教育家，他可以是教师，也可以是诗人；比如一个革命家，他可以是文人，也可以是武将。但是无论什么职业，都必须对自己所从事的职业有一个基本的观点和基本的态度。职业归附于人生，所以总体上讲，对职业的认识，也就是对人生的看法。你对人生的看法，包括什么是幸福，什么是道德，什么是奋斗，什么是未来，都深深地影响着自己对职业的选择。高职学生要进行以职业体验为主的社会实践活动，在这样的职业体验中认识自我、认识社会、认识职业，感知社会对人力资源的需求标准，发现自己职业能力和职业素质的不足，初步树立职业意识和职业思想，而总结过去，筹谋大学三年的奋斗目标，确定努力和发展的方向。

所谓职业素质，是指从事专门工作的人自身所具备的条件。尽管社会上的职业千差万别，但是对人的素质的要求有其共性的一面。每个劳动者，无论从事何种职业，都必须具备一定的思想道德素质、科学文化素质、生理素质、心理素质等。以下几种素质是对人的职业素质的一般要求。

根据教育部公布的《2019 年全国教育事业发展统计公报》，2018 年全国共有高职（专科）院校 1 423 所，专科招生人数约为 483.6 万。在此基础上，如果每年扩招 100 万人，就意味着 2020 年扩招幅度为 20.68%，2021 年扩招幅度为 17.14%。高职院校如何"接得住"，又能否"消化得了"？扩招是否为了缓解疫情影响下的短期就业压力？从长远来看，高职院校扩招是否将成为常态？这对于提升中国劳动者素质将起到多大的作用？这些都引发了我们的思考。

【能力标准】

分类	具体内容
知识	了解工作、职业、生涯等基本概念，了解专业与职业的关系，了解职业的发展变化趋势，了解职业与行业的分类
技能	掌握职业世界探索的方法，掌握职业素质提升的途径和方法
态度	培养学生学习相关职业知识的兴趣和良好的职业素养

1.1 认识职业

【导入案例】

体验是最好的职业认知方式

张阳,某职业技术学院物业管理专业毕业生。在大学二年级时对自己所学专业充满疑惑。他为了真正了解自己的专业,暑假回到家,主动去物业公司实习体验。就为真实体验一下自己所学的专业知识和专业技能运用在什么地方。

他原以为物业管理就是几个保安站在门口,看一下进出的车辆;天黑后,在小区里巡逻,看一下是否有小偷。但是,这一阶段后,却改变了他这一看法。从居民消防开始,自身学习消防安全的基本知识,传授居民怎样预防火灾,火灾发生后怎样逃生,参与火灾逃生的方案设计,到居民楼里检查灭火器的生产日期、查保险栓、查压力表,到水泵房内部检查供水设施,保障居民用水稳定,这也是他第一次近距离地体验和感受。让他了解到身边的基础设施的重要性。通过40多天的学习和了解,他明白了原来物业管理不仅仅是派几个保安看大门,还有这么多重要的方面,其中消防安全就是第一要素。

(摘自网易新闻)

思考:结合上面的案例,请思考这句话:为什么说"体验是最好的职业认知方式?"

分析:

大学生要积极主动地参加职业体验。业余时间里,应积极主动地寻找机会,到感兴趣的工作岗位上去体验。通过亲身感受,了解该岗位的工作内容、职业前景、工作环境、福利待遇、需要具备的专业知识素质和能力等。只有切身体会,才能客观、理性地鉴别和选择适合自己的职业。在职业体验阶段,赚多少钱不重要,重要的是能获得实习、亲身体验的机会。

职业认知有很多方法,下面为大家介绍几种:

(1)现实情景检测法:日常活动中认识自己。通常,我们日常行为都是自然发生的,没有通过任何的反思行为。例如,你会想一下,在对待脾气暴躁的人时,你是否能够以礼相待,如果是,那么你可能具有较强的合作与适应能力,情绪的稳定性也较高。

(2)内省法:通过与自己内心对话,反思自己,也不妨是一个很好的方法。所以,不妨问问自己:自己工作的意义是什么?什么对自己最重要?等等。

(3)成长经历法:每个人的成长都是有积累的,例如可以回想一下自己所经历的处理事务,自己是否能从中吸收失败教训,可利用学习的信息又有哪些?

(4)他人评价法:仅从自己角度了解自己,一定会存在盲点。通过别人对自己的态度和行为方式来了解自己,能够得出较客观的定位。通过同事、朋友和上级的评价,能够加深对自己的了解,进一步完善自我。因此,需要我们保持开放的态度来接受外界的评价,甚至是指责。

因此,职业认知就是对职业的认识、职员和团体的认识。职场的激烈竞争,迫切要求加强对员工的职业意识训练和职业技能培养。而员工的职业化训练,并没有引起大多数企业的足够重视,从而导致员工简单地将当前职业看成谋生手段,大大降低了工作责任心与归属感,影响团队整体合力的发挥。

1.1.1 相关概念解析

1.1.1.1 生涯

"生涯",顾名思义,生为"生命",涯为"边际"。"生涯"连起来就是指人的一生,有限的人生历程。"生涯"是由"职业"拓展而来的,主要是指个人一生的道路或发展路径。

著名生涯发展专家舒伯认为,生涯是指生活中各种事件的演变方向和历程,它统合了人一生中的职业和生活角色,由此表现出个人独特的自我发展形态。对个人而言,生涯是自己所有的教育背景、工作经历、家庭、社会角色及各种经验的整合。

人的生涯发展既是一个自然生命的成长过程,也是一个自我设计与创造的过程。在这个过程中,由于职业在所有"事件"和"角色"中具有非同寻常的作用,很大程度上影响和决定着人生的其他角色和经历,对人有至关重要的影响,因此生涯是以职业为主轴和动力源的。

职业生涯是一个人一生的工作经历,特别是职业、工作待遇、职位的变动及工作理想实现的整个过程。职业生涯是人一生中最重要的历程,人们从20岁左右参加工作,到60岁左右退出职业,职业生涯约占人生的2/3,也是人生中精力最旺盛、创造力最强的时期。

大学生涯是大学生追求自我实现的重要阶段,大学生涯的成就将为自己未来职业生涯的成功奠定基础。因此,大学生应利用大学的宝贵时间,科学有效地进行职业生涯规划。

1.1.1.2 工作

工作是由一系列相似的劳动内容所组成的特定的劳动领域。在该领域内,经过长时间的、重复的一系列动作,最终形成一系列具体事情的过程与结果。劳动者就是在具体岗位上通过做重复的动作,即某一工作来创造价值的。

首先,工作是为了在社会上独立生存。没有生存,就谈不上学习、生活和发展了。其次,工作也是一种社会责任。任何人都需要通过工作为他人和社会创造价值,同时获得自身生存发展的资源。

工作不是生活的全部。工作只是为了生活得更好,生活不仅仅只限于工作。工作的意义在于发挥出我们的才能,使我们得到一种成就感,即满足人类的最高需求,使我们的心情更加愉悦,从而使我们生活得更加美好,而金钱、荣誉只是我们潜心于工作带来的副产品。

1.1.1.3 职业

职业是指从业人员为获取主要生活来源而从事的社会性工作类别。

职业须同时具备下列特征:①目的性,即职业以获得现金或实物等报酬为目的;②社会性,即职业是从业人员在特定社会生活环境中所从事的一种与其他社会成员相互关联、相互服务的社会活动;③稳定性,即职业在一定的历史时期内形成,并具有较长生命周期;④规范性,即职业必须符合国家法律和社会道德规范;⑤群体性,即职业必须具有一定的从业人数。

1.1.1.4 事业

"事业"是我们耳熟能详的一个词语:革命事业、教育事业、医疗事业、事业单位、事业心极强、干一番事业……那么,什么是事业呢?

《现代汉语词典(第7版)》中解释"事业"为:①人所从事的,具有一定目标、规模和系统而对社会发展有影响的经常活动;②特指没有生产收入,由国家经费开支,不进行经济核算的事业(对“企业”而言)。

《易经》中说,举而措之天下之民,谓之事业。简单地说,就是做了自己喜欢的事情,却又帮助了他人,就是事业。

职业与事业的不同之处在于以下几方面:

定义不同:职业是参与社会分工,利用专门的知识和技能,为社会创造物质财富和精神财富,获取合理报酬,作为物质生活来源,并满足精神需求的工作。所谓事业,是指人们所从事的,具有一定目标、规模和系统的对社会发展有影响的经常性活动;有时事业也可以指个人的成就。事业并不是所有的人都乐意去努力或者所有的人都能实现的。很多人都常说我们要拥有自己的事业,其实是个很高层次的概念。

形式不同:事业是一个人可以一辈子为之所奋斗的,终其一生去为实现自己的目标而坚持不懈的努力。它是解决人类最高层次的需求,社会认可和自我价值的真正实现。职业是指人们在社会生活中所从事的以获得物质报酬作为自己主要生活来源并能满足自己精神需求的、在社会分工中具有专门技能的工作。

目标回报不同:职业是工具,是谋生的手段,是要索取报酬的;事业是不计报酬的。党员宣誓时,“为共产主义奋斗终身”,这是事业,不是职业。

1.1.2 专业与职业的关系

高职高专的专业设置与培养方案是以服务产业为目标,以某个产业链应用型人才需求状况的结构分析为基础,以岗位胜任素质与能力为核心构建而成的。所以,高职高专的专业教育具有极强的针对性和实用性。对于高职高专的大学生而言,所学习的专业基础理论、专业岗位群所必需的专业技能,是未来就业的核心竞争力。一般来说,高职高专的专业与所从事的职业或工作岗位具有很高的匹配性,或者说专业对口率很高。

1.1.2.1 一对一的关系

这种情况最为简单。一个专业方向对应一个职业目标,这种情况一般存在于中职学校或高职学院,培养目标相对单一明确。此类职业的技术含量相对比较高,也比较单一。这类专业和职业一般都适合于专业技术人员。比如数控机床专业学生毕业后最适合的也只是在企业中做数控机床的操作与维护人员,最后发展成为高级技师。

1.1.2.2 一对多的关系

这类专业一般都存在于普通高校中,人们常说的宽口径、厚基础就是指这类专业。一个专业可以对应一个职业群,职业群一般由基本操作技能相通,工作内容、社会作用及从业者所应该具备的素质接近的若干个职位所构成。职业群横向划分,是相同的职业存在于不同的产业或行业之中,如人力资源专业所对应的职业群广泛分布于国民经济的各个产业和行业之中。职业群纵向划分,是同一职业存在于同一行业若干个不同的岗位及其可能晋升的职务上。例如,人力资源专业的职业发展路线为:人力资源助理→人力资源专员→人力资源主管→人力资源经理→人力资源总监。

随着科学技术的迅速发展,社会化大生产不断壮大,现代职业对从业人员专业基础的要求越来越高,专业化的倾向越来越明显。“万金油”式的人才已经不能满足市场的需求,只有拥有“一专多能”，才能在求职过程中取胜。大学毕业生应该拥有宽厚扎实的基础知识和广博精深的专业知识。基础知识、基本理论是知识结构的根基。拥有宽厚扎实的基础知识，才能有持续学习与发展的基础和动力。专业知识是知识结构的核心部分，大学生要对自己所从事专业的知识和技术精益求精，对学科的历史、现状与发展趋势有较深的认识和系统的了解，并善于将其所学的专业和其他相关知识领域紧密联系起来。

1.1.2.3 多对一的关系

多对一的关系就是多种专业都可以发展到某一种职业的形式。这类职业一般属于管理型人格的职业。例如，高校教师、科研人员、新闻记者、编辑人员、营销主管、企业管理人员等。对于某一职业比如新闻记者，它可以接收经济学、新闻、中文、哲学、历史等许多专业的学生。

【课堂活动】

职业初体验

活动内容：

阿君毕业于某重点大学化工专业。他从事过销售、采购、质量管理工作，接触过化工、石油、电子、IT、食品饮料等行业，在民营企业、外企都做过。现在在一家跨国饮料企业从事质量管理。去年10月，他高高兴兴地过了35岁生日之后，却再也高兴不起来。他对工作越来越提不起兴趣，总觉得这些工作都不能充分施展自己的才华。

阿君来到某职业指导中心测试室，跟职业顾问说他过去曾有过许多的目标，最想成为一个拥有千万甚至上亿身家的企业家，可是奋斗多年后发现自己似乎缺乏这方面的基础和能力。现在不像年轻时那样靠着梦想和一股“初生牛犊不怕虎”的冲劲就盲目做事。“我不想不停地跳槽，不想再浪费时间在那些无意义的工作和事情上，我觉得在决定自己的终生追求之前，需要好好了解自己。可是随着年龄的增长，忽然之间觉得自己似乎并不了解自己，不知道自己的性格到底是内向还是外向、感性还是理性，也不知道自己适合做什么。有时甚至怀疑自己是不是比别人差。”阿君一脸的凝重、焦虑地说着。

通过性格和天赋测试，发现阿君具有很强的策略性思维，擅长分析判断，但缺乏影响力。职业顾问对阿君说：“所以当做了很好的方案和计划后，实施的过程中往往感到无法推动其他人去按你的计划进行工作，所以你不得不亲力亲为，就会感到非常累。”阿君点点头。

职业顾问建议阿君从事饮料的研发工作。“啊!? 我做研发？我从没做过！哪个公司会让我做这么专业的技术工作?”“你做过饮料的销售、熟悉饮料市场；做过饮料原材料的采购，熟悉饮料最新的添加剂、调味品；做过质量管理，了解饮料生产过程中的质量控制工艺，这些都是做饮料研发（开发饮料新的配方）最需要的经验和知识，做饮料研发又能充分发挥你擅长分析判断的天赋，并且符合你喜欢独立完成工作的性格。”

阿君不住地点头，不住地说：“对！对！对!”

几天后，阿君向公司的人力资源部提交了申请去研发部的报告。4个月后，他去了研发部做研发助理，师傅是一个近50岁的老工程师。刚去不久，师傅就对他学做配方的悟性大为赞赏。做研发助理半年后，他被派到美国去培训。阿君现在已经是研发工程师了。他回想自己这一年的转变，很有感慨地说：“对于职业转型，年龄并不是最重要的，关键是要看准职业的方向,找到转型适合的切入点。”

谈论话题:

(1)阿君为什么对工作没有兴趣呢?

(2)通过阿君的案例,我们应该怎样认识自己将来要从事的职业?

选择自己感兴趣的话题进行讨论。

(活动时间:15 分钟)

1.1.3 职业的发展与变化

面对信息时代,规划未来职业必须善于在动荡的行业之间把握住那些即将发生的趋势。一方面,传统的职业整合了新的运作模式;另一方面,新兴职业层出不穷。了解当前职业发展变化趋势,对于设计个人职业生涯有着重要的意义。

【深度阅读】

网络新职业

试客:索取商家的试用赠品。试用完后,按要求写下自己试用体会作为回报。

印客:把网民的文字图片制作成具有永久保存价值的个性化印刷品。

红客:也称网络安全顾问,维护网络安全,并对外来进攻进行还击。

播客:创作视频传到网上,靠点击率赚钱。

调客:专做网络调查,2006 年兴起。

威客:通过互联网把自己的智慧、知识、能力、经验转换成实际收益。

换客:把闲置品拿出来跟别人交换。

帖客:根据广告主悬赏要求,在论坛发帖对其商品进行宣传,获取一定报酬。

玉米虫:Corn bug 的汉译,靠注册域名赚钱。

网络掌柜:网上开店铺的老板。

网络团长:聚集网络消费者和资金,加大与商家谈判能力,以求最优价格。

网络翻译:接受翻译任务以获取报酬。

网络家教:打破地域界限,优质教育资源共享。

网络写手:在“电子布告栏”发表文学创作。

网络保姆:为个人网站提供网络安全咨询指导。

个人站长:拥有独立域名网站,向网民提供资讯、渠道、中介等网络服务。

网络代购:请人帮忙从别处购买商品,通过快递发货或者直接携带回来。

网络推手:帮助企业和个人推广自己的品牌。

网络模特:为网络店铺拍摄平面照片。

网络秘书:用自有办公设备预约客户,定制商业计划。

短信写手:主要负责编写创作手机短信,然后通过网络下载、流传赚钱。

网络店小二:帮网络店铺上货,与顾客沟通。

网络菜市场:开网上菜市场,顾客通过网络或电话订菜单。

网店装修师:利用软件处理,让网络店铺更吸引人,更方便顾客浏览商品。

网络心理师:通过网络进行心理辅导和治疗。

动画设计师:用设计软件设计出比较符合受众口味的高质量动画产品。

网络维修工:用网络替网民维修电脑。

土地经纪人:通过网络发布土地流转信息,向求租方收取一定的中介费。

网络包工头:通过网络承包各种业务再转出,从而赚取差价。

网络钟点工:以分钟、小时为单位出售自己的时间,为别人效劳,收取报酬。

链接零售商:从事链接出售以增加网站流量赚取佣金。

网络游戏代练员:帮网游玩家打游戏升级,从而得到相应酬金。

网络广告直销师:将广告通过网络投放,从中获取收益。

职业的迅速发展,对大学生就业产生了许多方面的影响。大学生在求职择业和进行就业准备时,要认真研究职业发展的趋势。

第一,新职业种类的大量出现,扩大了大学生的择业范围。大学生在择业中首要考虑的便是"专业对口",但由于职业发展加快,新职业种类不断增加,所谓与专业"对口"的职业种类当然也相应增多。这就要求大学生在择业时应当解放思想,开阔视野,跳出以往传统职业种类的狭小范围。

第二,职业的发展导致同一职业或职位对就业者的要求不断提高。对于某些职业来说,仅有学历文凭还不具备就业资格,还需通过有关的职业资格鉴定获得职业资格证书。例如,律师、环评工程师等职业。

第三,职业的发展和国家劳动人事制度的改革,为人才的合理流动创造了条件。大学生毕业后的首次就业并不意味着选择了终身不变的职业,随着各种条件的变化,已就业的大学生也可能面临第二次、第三次择业,所以大学生就业时应从发展的角度看待自己的初次就业。

【深度阅读】

新兴职业——白领"新族类"

1. 经理新族

近来,人才市场上注册经理、物流经理、信息经理、品牌经理、质保经理、法务经理等新兴职业岗位正在悄然兴起。随着市场需求的变化、经营理念的变化,经销员、导购员等新兴职业受到用人单位的青睐,其发展趋势方兴未艾。

2. 网络白领新族

与数字新经济时代相对应,一批新白领从事的职业名称将同网络密不可分,如网络安全主管、加密专家、内联网管理员、网上主持人、网上销售经理等。在不久的将来,区域经理会成为全球经理,绝大多数大公司会设立首席知识官、知识主管和商业道德主管等带有知识经济时代色彩的新职位。

3. 企业团队主管

未来的技术攻关离不开集体的力量。尽管我们充分尊重个人的价值体现,但是,合作是未来企业管理的重要内容。企业团队主管的职责,就是将具有高技能的员工团结起来,形成合力，保证公司内部高昂的士气和优良的工作效率。

4. 品牌推广主管

品牌推广主管同传统的广告策划人的区别在于，这种主管的推广理念将走向务实，即真实地反映消费者的生活和使用某种产品或服务的反应；而不再是有意无意地误导和吹嘘。对于“市场预测员”来说，预测潮流是其主要职责。它同传统市场研究工作的区别在于速度。其主要工作内容是监测行业内的出版物，参加行业内的各种会议及展示活动。

5. 专利代理人

时代的发展，对知识创新要求越来越高，作为典型知识创新的结晶——专利，在加入世界贸易组织（WTO）后将越来越受到重视。专利代理业便应运而生。在国外，专利代理是个相当热门的职业。可以预见，专利代理业将是有前途的行业。

6. 管理咨询人

虽然“管理咨询业”目前尚未有权威的、确切的定义，但是，我们已经分明感受到它的存在。管理咨询业在国外相当红火。据《咨询家新闻》杂志，管理咨询业的收入年均增长率在60%以上；大咨询公司的收入增长幅度达20亿元。有人甚至夸张地说，咨询业，如果收入增长率低于10%就算是出现作为新兴的“头脑产业”。

7. 网络主持人

在许多电脑“网虫”眼里，网络主持人工作值得羡慕。一天上班8小时，7小时在上网，在跟网民们聊天。他的工作就是做网站“聊天室”的主持，他的任务就是吸引网虫们接连“入网”，因此他的工作就在于不停地在电脑上“扮演”各种角色。

8. 情感医生和心理咨询师

为现代人“疗伤”，城市酒吧中有专门陪人解闷的“聊天女”，举凡艺术、宗教、炒菜等五花八门、无所不通，“客人”自然踏破门槛；我们周围的高技术越多，就越需要人的情感来“平衡”。满足人类心理感觉的服务业被逐渐分离出来，成为“情感产业”。

9. 个人形象顾问

将来的“个人形象顾问”当然不是美容师那样的，仅仅做些表面修饰功夫，无助于改变人们的社会形象。换言之，将来的“个人形象顾问”不仅是发型设计师、香水专家、衣饰搭配行家，而且他们主要充当某些人社会角色定位和转换的“总设计者”。

10. 家政服务人员

“家政服务业”“社区服务业”的空间非常大，生活中凡是遇到各种各样的困难就有可能催生出各种各样的新行当，例如，医院里“陪人看护族”、家里“陪人聊天族”、“陪人读报族”、“陪人购物族”等。在上海，劳动部门已经着手对从事社区服务业的人员进行严格筛选，进行法律常识、烹饪技术、服装洗烫、电器保护及维修等20多门课程的培训，要求上岗者必须是健康证、培训证、上岗证3证俱全。

1.1.4　职业分类与行业分类

1.1.4.1　职业分类

所谓职业分类，是采用一定的标准和方法，依据一定的分类原则，对从业人员所从事的各种专门化的社会职业所进行的全面的、系统的划分与归类。

《中华人民共和国职业分类大典》是我国第一部对职业进行科学分类的权威性文献,在深入分析我国社会职业构成的基础上,突破了过去以行业管理机构为主体,以归口部门、单位甚至用工形式来划分职业的传统模式,采用了以从业人员工作性质的同一性作为职业划分标准的新原则,并对各个职业的定义、工作活动的内容和形式及工作活动的范围等做了具体描述,体现了职业活动本身固有的社会性、目的性、规范性、稳定性和群体性的特征。

《中华人民共和国职业分类大典》将我国职业归为 8 个大类,66 个中类,413 个小类,1 838个细类(职业)。8 个大类分别是:

第一大类:国家机关、党群组织、企业、事业单位负责人,其中包括 5 个中类,16 个小类,25 个细类;

第二大类:专业技术人员,其中包括 14 个中类,115 个小类,379 个细类;

第三大类:办事人员和有关人员,其中包括 4 个中类,12 个小类,45 个细类;

第四大类:商业、服务业人员,其中包括 8 个中类,43 个小类,147 个细类;

第五大类:农、林、牧、渔、水利业生产人员,其中包括 6 个中类,30 个小类,121 个细类;

第六大类:生产、运输设备操作人员及有关人员,其中包括 27 个中类,195 个小类,1 119 个细类;

第七大类:军人,其中包括 1 个中类,1 个小类,1 个细类;

第八大类:不便分类的其他从业人员,其中包括 1 个中类,1 个小类,1 个细类。

1.1.4.2　行业分类

行业是社会分工的大类,通过了解行业能让个人更好地了解职业世界。在给自己进行职业定位时,我们大致的顺序是:行业—职业—企业—岗位,所以了解行业的概念和分类是十分必要的。我国对行业的现行解释是:一个行业(或产业)是指从事相同性质的经济活动的所有单位的集合,这是从经济学角度提出的概念。

我国国民经济行业分类标准是《国民经济行业分类》(GB/T 4754—2017),它采用线分类法和分层次编码方法,将国民经济行业划分为门类、大类、中类和小类四级。

1.1.5　探索职业世界的方法

1.1.5.1　职业探索方法

1. 查阅

查阅是指将个人希望了解的职业方向(或职业群),通过网络、书籍、期刊及有关声像资料,进行初步查阅;选定各种典型职业,进一步对其入门所需的基本条件(如学历、资格证书、身体条件等)进行深入查阅。通过查阅使自己对做好职业工作所需要的知识、技能、生理条件及个性特征有一个初步的认识,对该职业的生存环境和发展前途及个人循此发展可能取得的职业成就等形成初步印象。

优点:方便、快捷、信息量大、成本低。

不足:间接的信息,可能与现实感受有差距。

2. 参观

参观是指到相关职业现场短时间地观察、了解。通过参观,可以了解职业相应工作的性质、内容,职业环境及氛围,获得实实在在的职业感受。

优点：能得到切身的感受。

缺点：无法对职业的实质深入了解，易被营造的氛围迷惑。

3. 见习

见习是指到职业场所进行一定时间的打工、义务劳动或教学实习、实践。见习是一种比较全面地了解职业的方法，可以更深入、更真实地对职业的工作任务、工作要求、工作环境及个人的适应情况进行了解、判断，可以了解工作的程序、报酬、奖罚、管理及升迁发展的各种信息，还要以通过与工作人员的实地接触，感受职业对人的影响及人职和谐情况。

优点：建立对职业的真切体验和认识，深入实际。

缺点：比较耗费时间，见习容易流于形式。

4. 讨论

讨论是指与其他同学共享职业探索的结果。个人的探索有局限性，与其他同学一起讨论感兴趣的职业问题，共享职业探索成果，会互相打消一些不现实或前景暗淡的事物，而共同发现一些更好的事物、更多的前进道路。

优点：理越辩论越明，可以拓宽视野，全面认识。

缺点：对没有证实或者确定的内容进行讨论，易纸上谈兵。

5. 访谈

访谈是指通过与相关的从业人员，特别是成功的人进行交流，了解相关职业的知识、技能需求、待遇和发展前景。

优点：访谈结果比较客观。

缺点：由于访谈对象的不同，结果可能差异很大，有的人对职业比较积极，赞誉较多；有的人对职业比较消极，可能评价较低。

常见的职业探索方法及其优缺点对比如表 1-1 所示。

表 1-1　常见的职业探索方法及其优缺点对比

职业探索方法	探索地点	优缺点
1. 查阅印刷数据 2. 查阅视听资料 3. 参观展览	图书数据中心	优点：经济而有效、信息丰富、快捷 缺点：信息过于抽象化、更新速度慢
1. 计算机辅助系统 2. 互联网 3. 人物专访 4. 专家/家长/校友座谈 5. 角色扮演	计算机、校外、校内、课堂	优点：间接体验，直接借鉴 缺点：耗费时间、精力，受限于时空和资源条件
1. 职业实训 2. 技能训练 3. 专业实习 4. 参观访问 5. 生涯影子	工作/实训场所	优点：感受直接而深入、具体，易于直接应用在个人的职业生涯选择与计划上 缺点：耗费时间、精力，受限于时空和资源条件

1.1.5.2 职业信息收集与分析

在职业探索的基础上，需要对职业信息做进一步的收集、整理和分析，以系统把握和利用各种职业信息。

收集职业信息在时间上要注意动态性，以掌握用人单位发展过程中的变化和趋势。在空间上要讲求全面性，以了解各地区、各部门、各行业人才需求状态。在内容上要注意信息的广泛性，认真分析影响求职择业的各种因素。在收集和整理职业信息时应注意以下两方面的问题：

第一，要深入分析职业。一般认为职业信息包含以下要素：①职业名称。②职业性质，如是简单劳动还是复杂劳动。它反映该职业在职业结构及国民经济中的地位与作用。③职业内容与特点。也就是回答该职业做什么、为什么做、怎么做等问题。④工作环境。如工作在室内还是户外，用何种工具进行工作，工作时间的特点和工作条件等。⑤工作待遇。包括工资、奖金、保险、住房等。⑥职业前途。如晋升机会、今后的发展方向与趋势、个人发展的可能性等。⑦职业对从业者的要求。不同职业对人的要求是千差万别的，但都包括四个方面：对从业者体力、性别、身高、相貌、健康及有无生理缺陷等生理素质的要求；对从业者兴趣、气质、性格、能力等心理素质的要求；对从业者思想作风、职业道德等思想素质的要求；对从业者学历、专业、知识结构等文化素质的要求。

此外，应分析职业的地域特点、行业特点、单位特点和岗位特点。不同的岗位决定了该职业在职业活动中的不同地位和作用，该岗位人员的数目、年龄及文化程度的结构、专业的构成等都会对从业者的发展构成影响，甚至岗位的团体规范（包括非正式规范）都会对从业者的适应性产生影响。对这些问题了解得越多，求职择业的主动性和科学性就越强。

第二，职业信息的加工与处理。在广泛收集职业信息的基础上，要对职业信息进行整理、分析和排列，去伪存真，去粗取精，使信息具有准确性、全面性和有效性，更好地为求职择业服务。由于职业信息具有较强的时效性，必须不断更新才能保证职业信息的实用性。

【课堂活动】

求职认知

作为一名高职毕业生，求职时遇到的困难是不小的。那么，我们该怎样去求职呢？我的体会是，首先要调整好自己的心态，因为你将面临的是一生中第一个大的考验。也许会遇到挫折，但千万不要灰心丧气，当然也不要太高估自己。然后呢，要根据自己的特点尽量从多方面选择可以从事的职业。由于我是女生，在电脑知识等方面还过得去，所以我就有意去做前台、搞行政等，但我对于自己想从事销售职业的想法一直没有改变过。求职销售的简历我是有选择地投递的，同时不断拓宽找工作的面，利用一切关系去找工作。

下面谈谈求职的过程，我把它归纳为七个步骤：

第一步，明确自己的求职方向（也可及时调整）。

第二步，根据求职意向制作简历。注意，一定要在信封、信件、邮件方便看见的地方注明应聘的职位，以方便对方归类。千万不要一应多职，因为你不可能做多面手，万一其中一职请你来面试，结果却什么都不精，那么对你的印象就会大打折扣。制作简历尽量用打印稿或复印稿(除非你能写出很工整的字,书写太草、太花都会降低你面试的率)。

第三步,投递求职书前一定要充分了解用人单位的要求,突出自己符合的条件和“我可以给贵公司带来什么”等,千万不要就是一张简单的个人履历。

第四步,讲求做简历的技巧。尽量把简历做得让人一下子就挑出来看,例如,彩色总是能吸引人的眼球,有条件的同学不妨一试。

第五步,选择投递。可以发 E-mail,但我的体会是寄信更加可靠一些。

第六步,等待回复。一般推荐用手机或可随时联系到自己的电话,同时,千万不要关机(08:00—20:00),更不要不接不认识的电话。因为很多公司都有分机,你可能没有办法转,同时要记住他通知的不只是你,错过了你可能永远没有办法及时拨进去,而且有的公司是统一一天面试的,错过了就没有办法安排了。

第七步,参加面试。面试前,先调出自己的资料保留,想一想对方公司可能会提出哪些问题,备好笔、纸,及自己的作品,再多备一份简历(针对投递 E-mail 的)。面试过程中要十分注意自己说话的态度,多使用敬语,并始终保持微笑。一般提前 10 分钟到达面试公司,不要早到,更不要迟到。尽量一个人去面试,你是成人了,而且陪客的行为也会间接影响你的面试成绩。

最后谈一下薪酬问题。很多人认为大专毕业最起码 1 500 元以上,或 1 000 元是底价,但我最初的定位只要 800 元以上就可以了。薪金也许是你能够面试的一块敲门砖,其实每家公司都有他的一个职位尺度(正规公司),一般大专都能拿到 1 200 元左右,就算真的是 800 元,但最起码自己有工作了,可以自己养活自己了。我一直记住一句话:打工其实也是一种留学,而这种留学是可以学到东西又可以拿钱的,何乐而不为呢?所以,调整好心态才是主要的。

进了新公司,除要了解他们的规矩外,更要做到勤,因为新人都会被安排做很琐碎的事情,但这些又是他们日常所不能缺少的,这也是你了解公司、融入公司的一个窗口,至于如何突破那就要看你怎么去抓这个窗口的把手了。以微笑去对待每件事,以头脑去处理每件事,你会发现你真的可以做得很好。

小组讨论:

(1)案例中同学是如何求职的?

(2)这个案例,对你以后找工作有哪些启示?

小组汇报:

每个小组选出一名同学进行发言,与全班同学进行交流。

(时间:15 分钟)

【思考题】

1. 专业与职业的关系是什么?

2. 职业与就业的关系是什么?

3. 作为学生的我们,结合自身专业,谈谈如何理解职业与事业两者之间的区别。

1.2 职业素质

【导入案例】

白龙马的职业素质是什么

唐朝贞观年间,长安城西的一家磨坊里有一匹马和一头驴,它们是好朋友,马在外面运输货物,驴在屋里推磨。贞观三年,这匹马被玄奘大师选中,出发经西域前往印度取经。17年后,这匹马驮着佛经回到长安,它重到磨坊会见驴朋友。老马谈起这次旅行的经历:浩瀚无边的沙漠、高入云霄的山岭、凌峰的冰雪,那种神话般的境界让驴听了大为惊异,驴惊叹道:你有那么丰富的见闻、那么传奇的经历,我连想都不敢想。老马说:“其实,我们跨过的距离大体是相等的,当我向西域前进时,你一步也没停止,不同的是,我同玄奘大师有一个遥远的目标,按照始终如一的方向前进,所以我们打开了一个广阔的世界。而你被蒙住了眼睛,一生就围着磨盘打转,所以永远也走不出这个狭隘的天地。”

(摘自网易新闻)

思考:读过上面的故事后,你有哪些感触及收获?

分析:在谈到职业素质的培养时,从进大学的第一天起,我们就告诉自己:你的学校只是一般的院校,在名气上与别的学校根本就不具备竞争力,所以要对自己“狠一点”,要靠过硬的职业素质取得竞争优势。

1.2.1 职业素质的内涵与特性

1.2.1.1 职业素质的内涵

1.职业素质

魏卫在《职业规划与素质培养教程》一书中提到,职业素质是指从业者在一定生理和心理条件基础上,通过教育培训、职业实践、自我修炼等途径形成和发展起来的,在职业活动中起决定性作用的、内在的、相对稳定的基本品质。

简单地说,职业素质是职业人对社会职业了解与适应能力的一种综合体现,其主要表现在职业兴趣、职业能力、职业个性及职业情况等方面。

2.职业素质分类

身体素质:指体质和健康(主要指生理)方面的素质。

心理素质:指认知、感知、记忆、想象、情感、意志、态度、个性特征(兴趣、能力、气质、性格、习惯)等方面的素质。

政治素质:指政治立场、政治观点、政治信念与信仰等方面的素质。

思想素质:指思想认识、思想觉悟、思想方法、价值观念等方面的素质。思想素质受客观环境等因素影响,如家庭、社会、环境等。

道德素质:指道德认识、道德情感、道德意志、道德行为、道德修养、组织纪律观念方面的素质。

科技文化素质:指科学知识、技术知识、文化知识、文化修养方面的素质。

审美素质:指美感、审美意识、审美观、审美情趣、审美能力方面的素质。

专业素质:指专业知识、专业理论、专业技能、必要的组织管理能力等。

社会交往和适应素质:主要是语言表达能力、社交活动能力、社会适应能力等。社会适应能力是后天培养的个人能力,职业素质的另一核心之一,侧面反映个人能力。

学习和创新素质:主要是学习能力、信息能力、创新意识、创新精神、创新能力、创业意识与创业能力等。

3. 职业素质的影响因素

职业素质的影响因素见图 1-1。

图 1-1　职业素质的影响因素

1.2.1.2　职业素质的特性

1. 职业性

不同的职业,所需要的职业素质是不同的,职业素质具有鲜明的职业性,体现职业的要求。对建筑工人的素质要求,不同于对护士职业的素质要求;对商业服务人员的素质要求,不同于对教师职业的素质要求。

2. 稳定性

一个人的职业素质是在长期工作过程中日积月累形成的。它一旦形成,便产生相对的稳定性。例如,一位教师,经过若干年的教学生涯,就逐渐形成了怎样备课、怎样讲课、怎样热爱自己的学生、怎样为人师表等一系列相对稳定的教师职业素质。

3. 内在性

从业人员在长期的职业活动中,经过自己学习、认识和亲身体验,觉得怎样做是对的,怎样做是不对的。这样,有意识地内化、积淀和升华的这一心理品质,就是职业素质的内在性。

4. 整体性

一个从业人员的职业素质是和他整个素质相关的。我们说某人职业素质高,不仅指思想政治素质、职业道德素质好,而且包括他的科学文化素质、专业技能素质好,甚至包括身体心理素质好。一个从业人员,虽然思想道德素质好,但科学文化素质、专业技能素质差,就不能说这个人整体素质好。反之,一个从业人员科学文化素质、专业技能素质都不错,但思想道德素质比较差。同样,我们也不能说这个人整体素质好。所以,职业素质一个很重要的特点就是整体性。

5. 发展性

一个人的素质是通过教育、自身社会实践和社会影响逐步形成的。随着社会发展对人们不断提出要求,人们为了更好地适应、满足、促进社会的发展需要,总是不断地提高自己的素质。所以,职业素质具有发展性。

1.2.2 胜任素质与能力模型

1.2.2.1 胜任素质概述

胜任素质是从组织战略发展的需要出发，以强化竞争力、提高实际业绩为目标的一种独特的人力资源管理的思维方式、工作方法、操作流程。

胜任素质的应用起源于21世纪50年代初。麦克里兰博士应邀帮助设计一种能够有效地预测实际工作业绩的人员选拔方法。1973年，麦克里兰博士通过大量的研究发现，滥用智力测验来判断个人能力是很不合理的。他认为，人们主观上认为能够决定工作成绩的一些人格、智力、价值观等方面因素，在现实中并没有表现出预期的效果。因此，他从第一手材料入手，直接发掘那些能真正影响工作业绩的个人条件和行为特征。他把直接影响工作业绩的个人条件和行为特征称为胜任素质。

1.2.2.2 胜任素质的基本内容

知识：某一职业领域需要的信息（如人力资源管理的专业知识）。

技能：掌握和运用专门技术的能力（如英语读写能力、计算机能力）。

社会角色：个体对于社会规范的认知与理解（如想成为团队的领导）。

自我认知：对自己身份的知觉和评价（如认为自己是某领域的权威）。

特质：某人所具有的特征或其典型的行为方式（如喜欢冒险）。

动机：决定外显行为的内在的稳定的想法（如想获得权力、追求名誉）。

胜任素质与能力特征的主要内容见图1-2。

图1-2 胜任素质与能力特征的主要内容

胜任素质很多，但企业所需要的不一定是所有的胜任素质，企业会根据岗位的要求及组织的环境，明确能够保证胜任岗位工作、确保人才发挥最大潜能的胜任特征。因此，大学生了解目标企业用人的胜任素质模型，对规划职业和获得良好发展很有裨益。

1.2.2.3 胜任能力模型

个体的胜任能力:指个人能做什么和为什么这么做。

岗位工作要求:指个人在工作中被期望做什么。

组织环境:指个人在组织管理中可以做什么。

胜任能力模型见图 1-3。

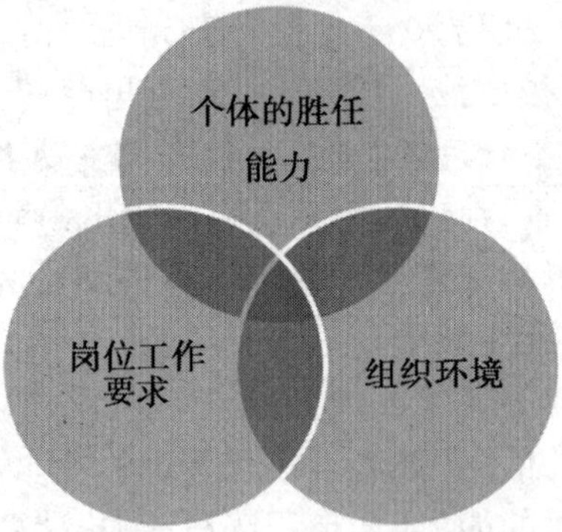

图 1-3 胜任能力模型

交集部分是员工最有效的工作行为或潜能发挥的最佳领域。

当个人的胜任能力大于或等于这三个圆的交集时,员工才有可能胜任该岗位的工作。企业招聘面试,都是围绕三个圆的交集部分,即考察应聘者是否能够胜任工作岗位。

1.2.3 通用素质的养成

1.2.3.1 用人单位看重的通用素质

【小贴士】

通用素质分类见表 1-2。

表 1-2 通用素质分类

特征族名	特征族描述	素质名
认知族	认知能力是个体设法了解情况、任务、问题、机会或知识的主体,它是帮助一个人了解和认识外界事物的基本条件; 认知族的胜任特征通常与工作的实际内容相联系,同时是支持影响力族与管理族发挥作用的基础	演绎式思考
		归纳式思考
		技术/职位/管理专业知识
成就与行动族	如何完成任务,如何达成目标,反映的是一个人对设定目标和采取驱动目标实现的行动的取向; 该特征族通常不会直接涉及与其他人之间的关系; 事实上无论是提高生产率还是改进工作绩效的行为,都或多或少地实践着影响他人的能力,以及为达成目标而运用的信息收集能力	成就导向
		计划性
		主动性
		信息搜索

续表 1-2

特征族名	特征族描述	素质名
帮助与服务族	帮助与服务主要体现在愿意满足别人的需要,使自己与他人的兴趣需要相一致,以及努力满足他人需要等方面; 该族的素质既能单独影响人的行为,也能够支持影响力族与管理族的素质发挥作用	人际理解与沟通
		客户服务导向
冲击与影响族	冲击与影响族反映的是一个人对他人的影响力大小; 该族的素质可以作为其他特征族发挥作用的基础,包括帮助与服务族、管理族和成就与行动族等	影响力
		组织认知
		关系建立
个人效能族	个人工作效能反映出个人与他人及工作的相关性; 该族的素质决定了一个人在遇到紧急事件时排解压力、解决困难等一系列行为的有效性,同时支持着其他特征族发挥作用	自我控制
		自信
		灵活性
		组织承诺
管理族	管理族反映的是影响并启发他人的素质; 通过这些素质可以传达具有不同效果的意图或目标	培养他人
		团队合作
		团队领导

注:此表采用当前通用的素质分类方法。

1.2.3.2　特殊职业的素质要求

你选择职业,职业也选择你。一方面你会根据社会需要、个人意愿、能力、个性特征等,选择适合自己发展的职业或工作岗位;另一方面,职业或工作岗位也对求职者进行选择,不同职业对求职者的知识、能力、性格等心理品质等有不同要求。

下面是一些常见的职业类型,现将其相关的素质要求做逐一详细说明。

1. 商业经营人员

(1)发明能力:头脑灵活,在短时间内能产生各种新颖想法。

(2)信息处理能力:善于处理市场信息,辨别其价值,能及时做出反馈。

(3)情绪表达能力:对周围的世界感受比较灵敏,善于表达自己的意向。

(4)文学写作能力:涉及经济合同等经济文书,考虑周到,用字准确。

(5)组织管理能力:对进销贮运业务活动组织协调得当。

(6)果断决策能力:及时对经营做出正确的抉择。

(7)改革挑战能力:不满足于现状,勇于开拓新领域。

2. 工程技术人员

(1)具有扎实的专业知识和较宽的知识面。

(2)不满足于现状,具有较强的创造革新世界精神。

(3)试验操作、模型制造、解决操作难题等实践能力强。

(4)具有较强的组织能力,保证技术的攻关和实施。

(5)求知欲旺盛,不断学习新知识、新技术。

(6)对科技发展、应用有敏锐的洞察力和预测能力。

(7)具有严肃认真、实事求是的工作态度。

3. 推销与采购人员

(1)具有独立性,自我管理能力较强。

(2)善于捕捉信息,灵活应变。

(3)时间观念强。

(4)善解人意,劝说能力强。

(5)诚实、守信。

(6)喜怒不形于色。

(7)性格外向,人际交往能力强。

(8)口头表达能力和洞察能力较强。

4. 金融财会人员

(1)廉洁奉公,有正义感,能抵制各种诱惑,坚持原则。

(2)责任心强,时间观念强,慎重细致。

(3)具有较强的数字反应能力和汇总、规划能力。

(4)具有扎实的专业知识和宽广的知识面(如经营、制造、推销、采购等)。

(5)具有较强的理解、分析、综合、判断和推理能力。

5. 咨询人员

(1)具有实事求是和为他人服务的精神,具有高度的责任心。

(2)具有多方面的理论知识、专业知识和实践知识。

(3)具有较强的语言表达能力。

(4)具有较强的社会调查、系统分析和逻辑推理能力。

(5)具有较强的想象能力和察言观色的能力。

(6)乐意与人接触,善于与人合作与交往。

(7)具有较强的记忆力和创造能力。

(8)具有较强的说服谈判能力。

相信同学们对自己目前的素质能力有了大致的分析和判断。同学们可以结合上述职业的素质要求,结合自己的实际情况,有针对性地拓展自己的职业素质。风华正茂、意气风发的时代青年,只要努力进取,不负青春韶华,必将大有作为。

【课堂活动】

我的“职业初体验”

对大学生来说,职业体验是实现自身职业规划目标的载体。职业是指具备劳动能力的个体,运用自身的知识、技能与态度,从事社会生产服务,为社会创造物质财富与精神财富,并获取合理的个人报酬，以满足自身的物质与精神需求的持续性活动。

职业探索，是对你喜欢或要从事的职业进行理论分析和实际调研的过程，目的是对目标职业有充分的了解，并在明确和职业的差距中制定求职策略。

在大学学习期间，有很多与社会接触的机会，你一定有一些兼职、实习、勤工俭学的经历，请将你的这些“职业初体验”记录下来。

(1)该项工作的主要工作内容。

____

(2)你从事该项工作的主要收获和体会。

____

(3)经过工作之后，你如何在以后的学习、生活、实践中进行改进。

____

通过一系列的职业探索，想必你对工作世界已有了些许的了解，是不是有些职业令你印象深刻呢？现在就请你将它们的工作情形写于表1-3。

表1-3　工作情形

职业名称	工作内容	工作时间	工作地点	所需特质或能力

在上述的职业中，你最欣赏的有______________________，原因是____。

你最想从事的职业是____，
原因是____
____。

你的心得及发现____
____。

1.3　新时代高职扩招对职业的再认识

【导入案例】

学生数量已达历史最高，为何还要扩招200万人？

自从20世纪90年代大学开始扩招起，大学生的数量就一直在逐年递增。父辈那代人拼命也考不上大学成为大学生，而我们这代人呢，不管你的成绩有多差，都能上一个不错的大学，这就是扩招的原因。现在上大学已经不是什么难题了，不过是上一个名牌大学和普通大学之分。2019年政府工作报告首次提出高职扩招100万人，2020年再次提出，两年扩招

200万人，高职院校如何接招落地？困难和挑战在哪里？该如何迎难而上？

思考：大家都知道，我国现在给众多高校的划分很细，如一本、二本、三本等，还有985与211等大学，而每个大学几乎每年都在扩招。这也就导致了现在的大学生就业难，因为大学生的数量已经达到了历史最高峰，有一部分学生毕业后甚至都找不到一份工作，哪怕是一份挣钱不多的工作。但是，2019年为何高职还要进行扩招呢？大学生难道很吃香吗？

（摘自网易新闻）

分析：

《国家职业教育改革实施方案》给出了答案。职业教育与普通教育是两种不同教育类型，具有同等重要地位。改革开放以来，职业教育为我国经济社会发展提供了有力的人才和智力支撑，现代职业教育体系框架全面建成，服务经济社会发展能力和社会吸引力不断增强，具备了基本实现现代化的诸多有利条件和良好工作基础。随着我国进入新的发展阶段，产业升级和经济结构调整不断加快，各行各业对技术技能人才的需求越来越紧迫，职业教育的重要地位和作用越来越凸显。但是，与发达国家相比，与建设现代化经济体系、建设教育强国的要求相比，我国职业教育还存在着体系建设不够完善、职业技能实训基地建设有待加强、制度标准不够健全、企业参与办学的动力不足、有利于技术技能人才成长的配套政策尚待完善、办学和人才培养质量水平参差不齐等问题，到了必须下大力气抓好的时候。没有职业教育现代化就没有教育现代化。为贯彻全国教育大会精神，进一步办好新时代职业教育，落实《中华人民共和国职业教育法》，制定《国家职业教育改革实施方案》。

1.3.1 你了解新时代高职扩招吗

1.3.1.1 它来了：高职扩招200万人

两会期间，记者就此采访了多位代表委员和专家、高职院校校长们。

全国政协常委、安徽省政协副主席、安徽省教育厅厅长李和平表示：这是党中央、国务院立足当前、着眼长远，统筹推进疫情防控和经济社会发展做出的一项利国利民的重大举措，无论从经济社会发展对高素质技能人才的大量需求，还是从当前如何稳就业、促就业来看，十分必要，意义重大。高职扩招的政策效应将持续释放，对经济、社会及教育会带来重大影响。

在李和平看来，此举有四层深意：其一，抓好“六稳”“六保”的重要战略之举。稳就业居“六稳”之首。当前，受新冠肺炎疫情、经济下行压力等多种因素叠加影响，就业形势复杂严峻。高职扩招200万人，有助于缓解当前状态下的就业压力，也有利于社会和谐稳定。其二，有利于提高就业质量，使退役军人、下岗失业人员、农民工和新型职业农民有了接受高等职业教育的机会，实现更高质量、更充分就业。其三，有利于提升教育服务能力。高职扩招后将为现代制造业、现代服务业、现代农业等产业一线输送更多高素质的技术技能人才，进一步促进人力资源供给侧结构性改革，把人口红利更好地转变为人力资源红利。其四，有利于促进职业教育大改革、大发展。

1.3.1.2 国家对高职教育充满信心

“职教扩招再加码，代表党中央、国务院对职业教育尤其是高等职业教育是非常看好的、寄予厚望的，高职对于民生的意义，无论从‘以人民为中心’、经济转型升级还是年轻人发展本身，其作用都是非常凸显的。”中国职业技术教育学会副会长、上海市教育科学研究院原副院长马树超表示，2019 年我们实现了扩招百万的任务，是高职院校执行力的体现，是教育部执行力的体现，是各级政府对于国家大政方针落地执行力的体现。

马树超认为，2019 年和 2020 年两年的高职扩招加码，是《中国教育现代化 2035》提出的八大发展目标之一的“职业教育服务能力显著提升”的集中体现，也是《国家职业教育改革实施方案》中提出的职业教育作为类型教育特征的集中体现，从这个角度来说，这是光荣而又重要的任务，这一举措的政治站位远远高于教育系统自身工作的范畴。

在脱贫攻坚的收官之年，高职院校服务贫困地区的能力值得更大的期待和肯定。马树超连续九年主持调研发布中国高职教育质量年度报告，据此，他列出 3 组数据加以证明。调研发现，第一组数据是高职 2017 年、2018 年、2019 年连续三年，每年毕业的 300 多万学生中，来自贫困地区农村生源占比为 9. 9%，划到每个国贫县就是 300 多人。第二组数据是，高职的贫困地区农村生源的 63% 分布在农林类、医药卫生类、民族类、师范类等院校中，他们毕业后对于加强乡村卫生院、幼儿园等农村基层组织建设，解决基层民生问题等具有不可替代的作用。第三组数据是，这些贫困地区农村生源的高职毕业生就业率连续 5 届稳定在 90% 以上，其中近 1/4 是留在贫困地区的，有力支撑了当地脱贫攻坚。

这些数据背后的深意，我想国家会看得非常清晰。

马树超说：全国 1 423 所高职院校，要在 2019 年和 2020 年两年扩招 200 万人，无论从哪个角度讲，都不是一个轻松的任务。地方和高职院校将会面临怎样的困难和挑战？该如何应对？

陕西铁路工程职业技术学院院长王津从过去一年的扩招工作中，真切感受到了一些困难：有上学需求的人不知道国家有这项政策，不知道如何进入高职院校；学校尚未做好接收社会生源的充分准备，对生源的学习基础、学校如何转变教学模式都存在担忧。

王津表示：现在大家能够有针对性地做好准备和调整。高职院校要进一步挖掘潜力，早动手，早分析，尽快开展今明两年招生的组织工作，统筹考虑招多少、如何教的问题。

办学条件亟须改善可能是每个校长感受最直接的压力。全国人大代表、浙江金融职业学院院长郑亚莉表示，此次扩招为全日制招生，学校生均教学用房、占地面积、宿舍、实训基地等硬件条件难以满足目前需求。

李和平说：职业教育不同于普通教育，其平均培养成本是同级普通教育的 2 ~ 3 倍，高职扩招必将对高职院校的基础设施、教学资源和实训基地等带来很大压力。按照教育部现有普通高等学校基本办学条件标准计算，扩招后一些学校的办学条件将面临无法达标的状况。

1. 3. 1. 3　高职扩招的基本保障措施

对于地方政府而言，高职办学经费可能是最大的挑战。李和平说，按照“2017 年各地高职院校年生均财政拨款水平应当不低于 12 000 元”要求，各地总体情况达标，但扩招后一些高职院校的教育经费将变得更加拮据。

李和平建议，国家要进一步深化高职教育经费投入机制改革，加大对高职教育的投入，建立与办学规模、培养成本、办学质量等相适应的财政投入制度。进一步建立健全高职教育标准体系，进一步完善相关评估评价体系。进一步落实相关配套支持政策，国家相关部门尽快出台政策，进一步完善教师绩效工资核定办法，将教师参与扩招教学工作量纳入绩效工资总量，以保障高职院校扩招后教师动力不减、教学标准不降。

扩招的保障措施至关重要，各级行政主管部门应加大统筹协调力度，将高职扩招保障措施落实落细。郑亚莉建议，财政部门要全面落实生均拨款、奖助学金提标扩面；人社部门将扩招入高职的中职学生、下岗失业人员、退役士兵纳入培训资金和职业技能行动补助范围；农业农村部门出台农民工、新型职业农民的资助政策等。

教学资源肯定面临摊薄的风险，考验各级政府的时候到了，应该花力气去引导和支撑高职院校完成战略任务，创造性地调动资源把制度优势更好转化为治理效能。要打组合拳，不能把压力只放在高职院校身上。马树超举例，就像抗疫中的方舱医院一样，采取一些解决资源短缺的战时举措，例如，内蒙古化工职业学院、宁波服装职业学院等院校深入企业行业，采用"一企一策"，调动企业资源，很好地完成了2019年的扩招任务。

马树超特别提醒，持续的扩招带来持续的挑战，高职扩招200万人既然被国家当作宏观政策提出来，就需要全社会共同应对，光靠教育系统的努力很难达到预期效果。例如，发改系统可以在首批国家产教融合型城市试点的推进建设中，设置与扩招百万相关的评价指标、给予更多政策扶持，人社系统要为高职扩招的教师编制和绩效工资激励政策等给予更多支撑，财政系统要督促各地确保高职扩招的经费划拨到位等，行业企业更要积极参与，与高职扩招互惠互利。马树超说：当下正是各地编制'十四五'规划之时，应该把支持高职扩招列入地方规划，给予持续性支持，尤其要鼓励地方政府为高职扩招进行政策探索，期待管理部门加快出台与扩招对应的新政策、新标准、新规范，使高职扩招得到全社会的支持。

200万，庞大数字的背后是更多类型的生源，其中包括高中毕业生、退役军人、下岗失业人员、农民工、新型职业农民等。生源结构发生重大改变，也倒逼高职教育发生变革。招进来，怎么才能留得住、学得好、出得去？

1.3.2 面对扩招你准备好了吗

2019年高职扩招百万，让更多人有了新的人生选择。在2019年全国两会《政府工作报告》中提出了"高职扩招百万"，同年5月，教育部等六部门印发《高职扩招专项工作实施方案》，由教育部职业教育与成人教育司牵头落实各项具体工作。8个月以来，全国各地各职业院校认真部署、积极落实，百万扩招任务顺利完成！在过去的8个月时间内，"平凡人走向不平凡的人生道路"的故事遍布大江南北！

在决胜全面建成小康社会的关键之年，高职扩招百万不仅有力支撑了国家战略实施，也为每一位平凡的人指引着远方的道路！在共圆中华复兴梦征途上，我们每个人都应该向远方多看一眼！

1.3.2.1 高职扩招，中职早准备

2019年，在辽宁职业教育活动周上获悉，6月下旬辽宁将在全省所有中等职业学校开展"中职生文化素质普测"。

据悉，辽宁此举旨在应对"高职扩招百万"给中职学校带来的影响。2019年，辽宁放开中职对口升高职比例。从15%到无比例限制，这样的变化无疑将对中职发展产生巨大影响。

"特别的关键期"省教育厅如此解读这一影响。放开招生比例,意味着未来将有更多中职生有接受高层次职业教育的机会,职业教育的学历通道将更加宽敞。而对中职学校来说,高职扩招后,如何稳定生源、提升中职学校的吸引力,将成为更加紧迫之事。

毋庸置疑,中职学校培养了一大批技术能手。与此同时,根据辽宁省教育厅职业教育与成人教育处的调研,生源较差是制约中职教育发展的重要因素。高职扩招、取消对口升学比例限制,对辽宁近 400 所中职学校发展而言,既是挑战也是机遇。

一方面,升入高职的学生比例大幅上升,将倒逼中职学校进行教学改革,提高办学条件,办出专业特色,帮助学生更好地适应高职教育。另一方面,高职扩招将提升社会对技能人才的用人标准。"无论出于哪种考虑,提升办学质量,走内涵式发展之路,都将成为中职学校的必然选择。"辽宁省教育厅职业教育与成人教育处这样说。

1.3.2.2　高职扩招,高中生早准备

单考单招本是为中等职业学校应届毕业生(含职业高中、职业中专和中等技工学校等中等教育毕业生)设计的一种高考招生的方式,现在普通高中毕业生也可报考,其志愿填报和专业课加试都有特殊要求。

单考单招的考试采取 3 + X,"3"是指语文、数学、外语,"X"是指综合专业课一科或专业基础课、职业技能课两科。文化课语、数、外的考试时间与普通高考一致,通常在 6 月 7 日和 8 日进行,但考试内容和要求一般会简单一些。

专业课加试一般在高考之后进行,由招生学校负责组织。专业课加试要求的程度从一个侧面反映出学校的招生情况,热门学校和专业由于报名考生较为集中,加试要求比较高。三校生所报专业与原来所学专业跨度最好不要太大,以减轻专业课考试压力。

职校对口单招班的培养目标:为了发展高等教育,让职校生也能圆大学梦,国家专门从高校招生计划中划拨一部分给职业学校,每年五月进行单独招生考试。入学后和普通中学的学生一起就读,毕业后的文凭、待遇相同。

单考单招录取率与高考持平。考生还要注意高职单考单招的录取率远低于北京市普通高考录取率,普通高考录取率在 85% 以上,而高职单考单招在完成招生计划的前提下,录取率也只有 80% 左右。

所谓"三校生",即列入国家教育部门注册录取的职业高中、职业中专、中等技校这三类学生,他们的共同特点是高中层次的学生除学习高中文化知识外,更多地学习与掌握专业技能,为就业升学服务。

"三校生"参加的高职院校升学考试是相关专业参加对应专业的升学考试,即单招单考。

曾经有段时期,高职单招指的是面向职业中专、中等技校、职业高中毕业生单独组织的高考,考试报名范围被限定为上述三种考生,由于考试和录取都单独进行,也被称为单考单招高职。目前,这种考试形式已发生了改变,普通高中毕业生也可报考高职单独招生,上述三种学生也能参加普通高考。

高职单招的考试科目和一般意义上的高考有何不同?

普通高考高职和单考单招高职的考试科目均为"3 + X","3"同样包括语、数、外三科,均实行统考,各科满分都为 150 分,只是考试试卷不同。"X"也有不同。普通高考的"X"指

文综(史地政)或理综(物化生),单招的高职考试中的“X”指的是一科综合专业课或专业基础课、职业技能课两科,由招生院校自主命题和考试。

哪些证书可替代技能考核?获劳动和社会保障部车工、钳工、电工、烹饪等技能鉴定证,秘书职业资格证书和获得教育部考试中心的全国计算机等级考试证书,NIT 计算机应用证书,全国英语水平证书二级以上及北京市财政局颁发的会计证者,经招生院校认定,可免试相关专业的技能考核。

高职单招录取时如何权衡文化课和专业课成绩?单招的高职班在录取时,参照语、数、外三科成绩划定录取控制分数线,在控制分数线以上,结合考生的综合专业课或专业基础课、职业技能课的考试成绩,在侧重文化课的前提下从高到低录取。对于专业技能突出、有创新成果的考生可适当优先录取。

为什么读高职的学费比较高?在高职教育中,实践课占了很大比例,例如,数控专业已经成为国家紧缺专业,但是,专业学习中必需的实践环节离不开现代化的数控机床,而一台机床的造价达数十万甚至百万。因此,高职学费普遍高于传统意义上的专科。

1.3.2.3 高职扩招,退伍军人早准备

继 2019 年 5 月 14 日教育部等六部门印发《高职扩招专项工作实施方案》(简称《扩招方案》)(见图 1-4)后,有关退役军人入读高职的政策成为各大媒体争相宣传的主题。“喜大普奔”后,我们看看这一政策究竟为哪些退役军人带来了哪些福利,重点是“退役军人新增 8 000元福利”吗?

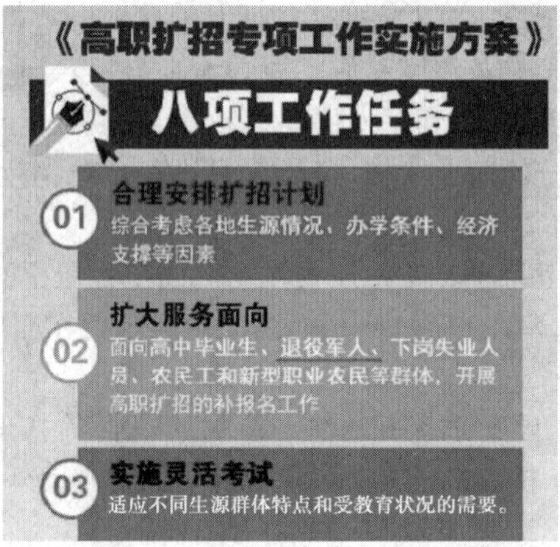

图 1-4 高职扩招专项工作实施方案

1. 关于退役军人接受高职学历教育的政策

2018 年 7 月,退役军人事务部等多部门出台的《关于促进新时代退役军人就业创业工作的意见》(见图 1-5)明确:第一,鼓励各地将符合高考报名条件的退役军人纳入高等职业院校单独考试招生范围;第二,对退役一年以上、参加全国统一高考,考入全日制普通本科和高专高职学校的自主就业退役士兵,学历教育期间按规定享受学费资助和相关奖助学金资助,家庭经济困难退役士兵享受学生生活费补助;第三,成人高校招生专升本实行免试入学(江苏还特别规定部分成人高校招生高中起点升专科也实行免试入学);第四,军人服役期

间参加开放教育、自学考试等学历继续教育，退役后可继续完成学业，获得相应国民高等教育学历文凭；第五，其他，如退役军人参加高考享受加分照顾。

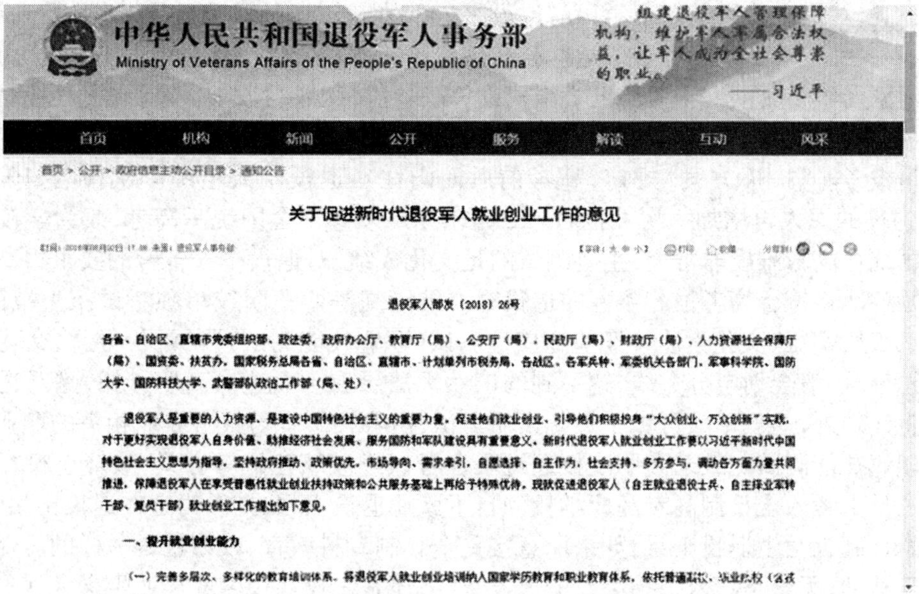

关于促进新时代退役军人就业创业工作的意见

退役军人部发〔2018〕26号

各省、自治区、直辖市党委组织部、政法委，政府办公厅、教育厅（局）、公安厅（局），民政厅（局）、财政厅（局），人力资源社会保障厅（局）、国资委、扶贫办，国家税务总局各省、自治区、直辖市、计划单列市税务局，各战区、各军兵种、军委机关各部门，军事科学院、国防大学、国防科技大学、武警部队政治工作部（局、处）：

退役军人是重要的人力资源，是建设中国特色社会主义的重要力量。促进他们就业创业，引导他们积极投身"大众创业、万众创新"实践，对于更好实现退役军人自身价值、助推经济社会发展、服务国防和军队建设具有重要意义。新时代退役军人就业创业工作要以习近平新时代中国特色社会主义思想为指导，坚持政府推动、政策优先，市场导向、需求牵引，自愿选择、自主作为，社会支持、多方参与，调动各方面力量共同推进，保障退役军人在享受普惠性就业创业扶持政策和公共服务基础上再给予特殊优待。现就促进退役军人（自主就业退役士兵、自主择业军转干部、复员干部）就业创业工作提出如下意见。

一、提升就业创业能力

（一）完善多层次、多样化的教育培训体系。将退役军人就业创业培训纳入国家学历教育和职业教育体系，依托普通高校、职业院校（含

图1-5　关于促进新时代退伍军人就业创业工作的意见

2. 与以往政策比，退役军人读高职的新变化

从学历层次上看，退役军人主要分为三类：一是全日制大学生士兵；二是非全日制大学生士兵（接受成人高等专科教育，如自考、成人高考、网络、国开）；三是高中阶段及以下学历士兵。

第一类，对于退役全日制大学生士兵的影响。根据国家规定，应征入伍服义务兵役前正在高等学校就读的学生（含按国家招生规定录取的高等学校新生），服役期间按国家有关规定保留学籍或入学资格、退役后自愿复学或入学的，国家实行学费减免。按照《关于调整完善国家助学贷款相关政策措施的通知》（财教〔2014〕180号）、《财政部、教育部、总参谋部关于印发〈高等学校学生应征入伍服义务兵役国家资助办法〉的通知》（财教〔2013〕236号）文件规定，学费补偿、国家助学贷款代偿及学费减免标准，本专科生每人每年最高不超过8 000元。

退役复学后应完成国家规定的修业年限的剩余期限，即为学费减免的年限；复学后攻读更高层次学历不在减免学费范围之内。可见，对这类群体，高职扩招的吸引力不在学费减免，而是上学形式更加灵活、弹性。

第二类，对于非全日制大学生退役士兵的影响。原来接受成人高职高专类学历教育的，会面临两个选择：一是选择报考扩招高校。好处是由非全日制专科改为读全日制专科，可能存在的问题是原来承担的成人专科报名费退不回来。二是继续接受成人类高等教育。好处是能够享受相对自由、弹性的学习机会，不影响工作和收入。原来承担的费用上也没有受到损失，拿到学历后仍然可以报销。关于报销标准，各地情况不一样。江苏省规定，具有高中或同等学力的退役军人可免试入读成人专科；取得全日制成人高等教育学历证书的，每人每

年补助 9 000 元;取得业余或函授(网络远程教育除外)成人高等教育学历证书的,每人每年补助 5 400 元。补助期限按一个学制期计算,最多 3 年。

第三类,对高中阶段及以下学历的退役军人的影响。以往政策规定,对退役一年以上、参加全国统一高考,考入全日制普通本科和高专高职学校的自主就业退役士兵,学历教育期间按规定享受学费资助和相关奖助学金资助,家庭经济困难退役士兵享受学生生活费补助。可见,这次高职扩招享受资助的条件发生很大变化。一是由退役一年以上,改为当年退役的均可申请报考。《扩招方案》规定,高考前后面向往年退役军人组织一次报名,10 月面向 2019 年退役的军人再增加一次补报名。二是由原来须参加全国统一高考,改为学校自主招生。全国统一高考难度非常大,主要测试的是文化成绩,对退役军人备考的要求很高。即使国家鼓励各地将符合高考报名条件的退役军人纳入高等职业院校单独考试招生范围,高职单招考试依然实行"文化素质 + 职业适应性测试(职业技能测试)"的评价方式,文化考试成绩计入总分,一般会划定分数线,达不到的依然无法录取。而这次高职扩招,除对退役军人单列招生计划外,退役军人可免予文化素质考试,由各校组织与报考专业相关的职业适应性测试或职业技能测试。鼓励高职院校通过联合考试或成绩互认等方式,减轻退役军人考试负担。三是由考入全日制高专高职学校的自主就业退役士兵,扩大为全体退役士兵。当然,对于非全日制大学生退役士兵,如果愿意接受全日制专科教育,政策也是一样的。

关于补助,无论是考入扩招高校的退役军人,还是高校在校生或毕业生义务兵退役后复读的,学费资助(或助学贷款代偿)每生每年最高均不超过 8 000 元。

因此,高职扩招的重点并不是体现在"新增 8 000 元补助"上,而是在考生条件、考试形式、报考时间等方面的政策利好。可以预见,这次高职扩招退役士兵,高中阶段及以下学历,以及接受成人高职高专类学历教育的退役士兵选择报考会占大比例,受益也是最多的。

3. 其他方面政策福利的体现

1)关于入学

根据《扩招方案》中的考试招生时间安排,10 月以前录取的新生可在 2019 年秋季入学,10 月以后录取的新生可在 2020 年春季入学。

针对退役军人群体可单独编班,分类编制专业人才培养方案,量体裁衣设立课程,采用更适合的管理方式,并将探索通过水平测试等方式进行学历教育学分认定。

另外,具体的教学时间怎么安排,如何半工半读、实行弹性学制还需要进一步地细化政策。

2)关于专业

按照"社会急需、适合成人、易于就业"原则,招生院校依托本校骨干优势专业相关资源,遴选设置有良好就业前景的招生专业,如安徽省明确要服务区域内新一代信息技术、高端装备和新材料、生物和大健康、绿色低碳、信息经济五大产业,优先考虑养老护理、家政服务、烹饪、电子商务、物流、现代农业、机械制造、焊接、汽车维修等在当地就业市场需求量大的专业。

此外,同一地区同一专业的招生原则上安排在同一所高职院校。退役军人入学后原则上不得转入其他专业学习。

3)关于就业

《扩招方案》提出,对退役军人等已积累的学习成果(含技术技能),探索通过水平测试等方式进行学历教育学分认定。

加强就业指导和就业服务，推动职业院校毕业生在落户、就业、参加机关事业单位招聘、职称评审、职级晋升等方面与普通高校毕业生享受同等待遇。

但我们也要清醒地看到，高职扩招也带来一些挑战和问题，需要退役军人认识和把握好。比如，目前部分职业院校在产业需求对接、师资队伍建设、校企深度合作等方面存在诸多短板，制约着职教水平的提升。退役军人的新扩招群体比青年学生的状况更为复杂。他们可能已经成家、工作，不仅自身面临生存压力，还要承担来自家庭的负担。诸如对职业教育的认知够不够、上学意愿强不强、课程培养方案如何制订等一系列现实问题，都给高职院校的教学管理带来挑战和影响，需要进一步深入研究。

【课堂活动】

立足现实，你该做些什么？

有一年，一群意气风发的天之骄子从美国哈佛大学毕业了，他们即将开始穿越各自的"玉米地"。他们的智力、学历、环境条件都相差无几，在临出校门时哈佛对他们进行了一次关于人生目标的调查，结果是这样的：

27%的人，没有目标；60%的人，目标模糊；10%的人，有清晰但比较短期的目标；3%的人，有清晰而长远的目标。

在往后的25年，哈佛再次对这群学生进行了跟踪调查。结果又是这样的：

3%的人，25年间他们朝着一个方向不懈努力几乎都成为社会各界的成功人士，其中不乏行业领袖、社会精英；10%的人，他们的短期目标不断地实现，成为各个领域中的专业人士，大都生活在社会的中上层；60%的人，他们安稳地生活与工作，但都没有什么特别成绩，几乎都生活在社会的中下层；剩下27%的人，他们的生活没有目标，过得很不如意，并且常常在抱怨他人、抱怨社会、抱怨这个"不肯给他们机会"的世界。其实，他们之间的差别不在于学历、能力、环境，而在于是否有明确的目标和详细的规划……

问题：无论你考上了哪个级别的学校，根据自身的学习过程与生活经历谈一谈对工作应有怎样的态度。

分组讨论：在班级内进行分组。

结果汇报：每组选出一名代表进行汇报。

（时间：10 分钟）

【思考题】

1. 你对职业与专业、生涯与工作有怎样的理解？
2. 新时代背景下，你是否树立起在高职学校学习的自信心？

模块二　职业自我认知

第2章　自我认知

【学习指南】

进入大学的学生,常常会思考一个问题:“我是谁?”“我有什么目标?”“我为什么上大学?”等问题。当我们再问一个简单的问题:你向别人描述你自己时,你首先想到的特征是什么?是你的性格特征如外向、内向,还是外表特征如高、矮、胖、瘦?还是社会类别如男、女等?事实上,你可能更倾向于用概括性的语言对自己做一个总体评价,如“我是一名追求优秀的高职学生”“我是一个有理想、有抱负但又有些懒惰、自制力弱的人”等。所有这一切,都是高职学生自我意识的真实体现。

对职业兴趣的自我认知在个体发展中有十分重要的作用。了解自己的职业兴趣,就可以清楚地了解自己的职业兴趣类型和在职业选择中的主观倾向,从而在纷繁的职业机会中找寻到最适合自己的职业,避免职业选择中的盲目行为。尤其是对于大学生和缺乏职业经验的人,这样有助于他们做好职业选择和职业设计,成功地进行职业调整,从整体上认识和发展自己的职业能力,最终实现职业成功。

对劳动技能的自我认知对于高职院校的学生而言至关重要。对劳动技能认知的主要目的在于大学生步入工作岗位之时能够掌握一些专业知识与生产技能,从而能够胜任心仪的岗位,满足岗位的需求。本章中既有对劳动、就业、择业等问题进行的理论阐述,又有国内外关于劳动、就业等问题的相关政策的介绍,还有关于劳动、就业、择业中一些技术性、技巧性问题的叙述,充分体现出本书具有理论与实际相结合的特点。职场需要劳动,厘清劳动与就业之间的关系,有助于大学生更快适应职场生活,同样有助于大学生保护自身劳动合法权益。

【能力标准】

分类	具体内容
知识	了解自我认知的心理学基础 探索自我在职业兴趣、性格、价值观和能力方面的职业倾向 了解自我对劳动意识与能力的认知
技能	让学生面对他人对自己的评价,引导学生正确认识他人评价 指导学生学会从自我评价和外界评价中全面客观地认识自我
态度	帮助学生学会评价自我的职业兴趣和劳动意识

2.1　对职业兴趣的自我认知

【导入案例】

由比尔·盖茨的五把钥匙所想到的

2001 年 5 月,美国内华达州的麦迪逊中学在入学考试时出了这么一个题目:比尔·盖茨的办公桌上有 5 只带锁的抽屉,分别贴着财富、兴趣、幸福、荣誉、成功 5 个标签;盖茨总是只带一把钥匙,而把其他的 4 把锁在抽屉里,请问盖茨带的是哪一把钥匙?其他的 4 把锁在哪一只或哪几只抽屉里?

一位刚移民美国的大陆学生恰巧赶上这场考试,看到这个题目后,一下慌了手脚,因为他不知道它到底是一道语文题还是一道数学题。考试结束,他去问他的担保人——该校的一名理事。理事告诉他,那是一道智能测试题,内容不在书本上,也没有标准答案,每个人都可根据自己的理解自由地回答,但是老师有权根据他的观点给一个分数。

大陆学生在这道 9 分的题上得了 5 分。老师认为,他没答一个字,至少说明他是诚实的,凭这一点应该给一半以上的分数。让他不能理解的是,他的同桌回答了这个题目,却仅得了 1 分。同桌的答案是,盖茨带的是财富抽屉上的钥匙,其他的钥匙都锁在这只抽屉里。

后来,这道题通过 E-mail 被发回国内。这位学生在邮件中对同学说,现在我已知道盖茨带的是哪一把钥匙,凡是回答这把钥匙的,都得到了这位大富豪的肯定和赞赏,你们是否愿意测试一下,说不定从中还会得到一些启发。

同学们到底给出了多少种答案,我们不得而知。但是,据说有一位聪明的同学登上了美国麦迪逊中学的网页,他在该网页上发现了比尔·盖茨给该校的回函。函件上写着这么一句话:在你最感兴趣的事物上,隐藏着你人生的秘密。

(摘自百度文库)

思考:从上面的案例中你获得了哪些启示?

分析:财富、兴趣、幸福、荣誉、成功,人生的五把钥匙都是我们所追求的,但是财富、幸福、荣誉、成功不是天上掉下的馅饼,而是人生奋斗的回报和结果。只有兴趣是你最早必须带上的钥匙,有了它,也许你就会找寻到其他四把钥匙:在你最感兴趣的事物上,隐藏着你人生的秘密。即使是比尔·盖茨,当初的创业和冲动,更多的是出于兴趣,而不是为了财富、幸福、荣誉、成功,只是高明的比尔·盖茨更善于利用这把钥匙,比任何人更快、更高地找到了财富、幸福、荣誉、成功。由此看来,兴趣,在我们职业规划中的作用至关重要。那么如何才能发现我们的兴趣在哪里呢?

2.1.1　职业兴趣的自我探索

2.1.1.1　霍兰德的兴趣类型理论

20 世纪 60 年代,美国职业指导专家霍兰德在帕森斯观点的基础上,结合当时人格心理学概念,认为职业选择是人格的一种表现,工作兴趣类型即人格类型。

霍兰德生涯理论的基础主要由以下 3 个基本假设组成:

（1）大多数人的人格特质都可以归纳为6种类型，即实际型、研究型、艺术型、社会型、管理型和常规型。

（2）工作环境也有6种类型，其名称、性质与人格类型的分类一致（见表2-1）。

表2-1　霍兰德职业兴趣类型划分

类型	喜欢的活动	重视	职业环境要求	典型职业
实际型R（Realistic）	用手、工具、机器制造或修理东西。愿意从事实物性的工作、体力活动，喜欢户外活动或操作机器，而不喜欢在办公室工作	具体实际的事物，诚实，有常识	使用手工或机械技能对物体、工具、机器、动物等进行操作，与"事物"工作的能力比与"人"打交道的能力更为重要	园艺师、木匠、汽车修理工、工程师、军官、外科医生、足球教练员
研究型I（Investigative）	喜欢探索和理解事物，学习研究那些需要分析、思考的抽象问题，喜欢阅读和讨论有关科学性的论题，喜欢独立工作，对未知问题的挑战充满兴趣	知识，学习，成就，独立	分析研究问题、运用复杂和抽象的思维创造性地解决问题的能力，谨慎缜密，能运用智慧独立地工作，有一定的写作能力	实验室工作人员、生物学家、化学家、心理学家、工程设计师、大学教授
艺术型A（Artistic）	喜欢自我表达，喜欢文学、音乐、艺术和表演等具有创造性、变化性的工作，重视作品的原创性和创意	有创意的想法，自我表达，自由，美	创造力，对情感的表现能力，以非传统的方式来表现自己；相当自由、开放	作家、编辑、音乐家、摄影师、厨师、漫画家、导演、室内装潢设计师
社会型S（Social）	喜欢与人合作，热情关心他人的幸福，愿意帮助别人成长或解决困难、为他人提供服务	服务社会与他人，公正，理解，平等，理想	人际交往能力，教导、医治、帮助他人等方面的技能，对他人表现出精神上的关爱，愿意担负社会责任	教师、社会工作者、牧师、心理咨询师、护士
事业型E（Enterprising）	喜欢领导和支配别人，通过领导、劝说他人或推销自己的观念、产品而达到个人或组织的目标，希望成就一番事业	经济和社会地位上的成功，忠诚，冒险精神，责任	说服他人或支配他人的能力，敢于承担风险，目标导向	律师、政治运动领袖、营销商、市场部经理、电视制片人、保险代理

续表 2-1

类型	喜欢的活动	重视	职业环境要求	典型职业
常规型 C (Conventional)	喜欢固定的、有秩序的工作或活动,希望确切地知道工作的要求和标准,愿意在一个大的机构中处于从属地位,对文字、数据和事物进行细致有序的系统处理以达到特定的标准	准确、有条理、节俭、盈利	文书技巧,组织能力,听取并遵从指示的能力,能够按时完成工作并达到严格的标准,有组织、有计划	文字编辑、会计师、银行家、簿记员、办事员、税务员和计算机操作员

(3)人与职业环境的类型匹配是形成职业满意度、成就感的基础。人们都尽量寻找那些能突出自己特长、体现自己价值和能令自己愉快的职业,所以一个人的行为表现是职业环境类型和人格类型相互作用的结果。

霍兰德还用一个六角形形象地阐述了 6 个类型之间的关系,从图 2-1 所示霍兰德六角形模型对人格特质和职业环境之间相似关系的描述可以看出,每一种类型与其他类型之间存在不同程度的关系,大体可描述为 3 类。

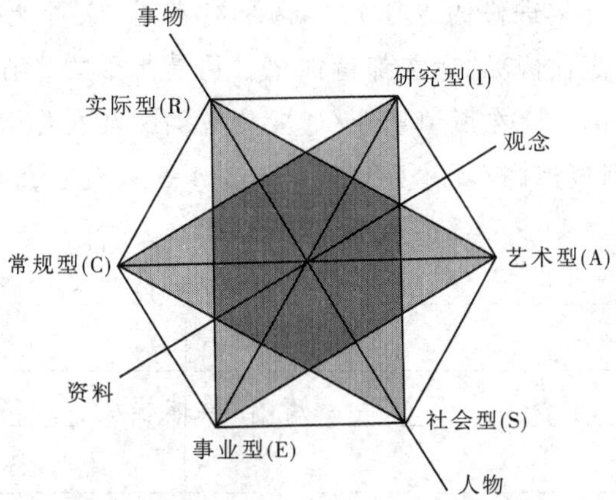

图 2-1　霍兰德六角形模型

(1)相邻关系,如 RI,IR,IA,AI,AS,SA,SE,ES,EC,CE,RC 及 CR。属于这种关系的两种类型的个体之间共同点较多,实际型 R、研究型 I 的人就都不太偏好人际交往,这两种职业环境中也都较少机会与人接触。

(2)相隔关系,如 RA,RE,IC,IS,AR,AE,SI,SC,EA,ER,CI 及 CS,属于这种关系的两种类型个体之间共同点较相邻关系少。

(3)相对关系,在六边形上处于对角位置的类型之间即相对关系,如 RS、IE、AC,SR,EI 及 CA,相对关系的人格类型共同点少。因此,一个人同时对处于相对关系的两种职业环境兴趣很浓的情况较为少见。

霍兰德的类型论提出之后，产生了广泛的影响，对职业指导过程的分析、解释和诊断产生了重大影响，其理论被广泛用于心理测验工具的编制和应用，并激发了众多对其理论的研究工作与报告的产生。

2.1.1.2 霍兰德职业性趣测验

职业兴趣测验是帮助人们明确自己的主观性格取向，从而得到最适宜的活动情境并给予最大的能力投入的一种测验形式。职业兴趣测验不但对就业人员的择业有指导意义，而且对管理人员的选拔和安置也起着举足轻重的作用。

【课堂活动】

霍兰德职业兴趣测验

本测验量表将帮助你发现并确定自己的职业兴趣和能力特长，从而更好地帮助我们做出求职择业或专业选择的决策。

本测验共六个部分，每部分测验都没有时间限制，但请你尽快按要求完成。

第一部分　你心目中的理想职业（专业）

对于未来的职业（或升学进修的专业），你得早有考虑，它可能很抽象、很朦胧，也可能很具体、很清晰。不论是哪种情况，现在都请你把自己最想干的3种工作或想读的3种专业按顺序写下来，并说明理由。请在所填职业/专业的右侧按其在你心目中的清晰程度或具体程度，按从很朦胧/抽象到很清晰/具体分别用1、2、3、4、5来表示，如5分表示它在你心中的影像非常清晰。

一、职业/专业：____________________ 清晰/具体程度：____________________；

理由：____。

二、职业/专业：____________________ 清晰/具体程度：____________________；

理由：____。

三、职业/专业：____________________ 清晰/具体程度：____________________；

理由：____。

以下第二、三、四部分每个类别下的每个小项皆为选择题，请选出比较适合你的、与你的情况相符的项目，并按有一项适合的计1分的规则统计分值，将相应分值填写在第六部分的统计项目中。

第二部分　你所感兴趣的活动

表2-2列举了若干种活动，请就这些活动判断你的喜恶。喜欢的计1分，不喜欢的不计分。

表 2-2　你所感兴趣的活动

R:实际型活动	A:艺术型活动
1. 装配修理电器或玩具 2. 修理自行车 3. 用木头做东西 4. 开汽车或摩托车 5. 用机器做东西 6. 参加木工技术学习班 7. 参加制图描图学习班 8. 驾驶卡车或拖拉机 9. 参加机械和电气学习班 10. 装配、修理机器	1. 素描/制图或绘画 2. 参加话剧/戏剧 3. 设计家具/布置室内 4. 练习乐器/参加乐队 5. 欣赏音乐或戏剧 6. 看小说/读剧本 7. 从事摄影创作 8. 写诗或吟诗 9. 进艺术(美术/音乐)培训班 10. 练习书法
I:研究型活动	S:社会型活动
1. 读科技图书或杂志 2. 在实验室工作 3. 改良水果品种,培育新的水果 4. 调查了解土和金属等物质的成分 5. 研究自己选择的特殊问题 6. 解算术或数学游戏 7. 物理课 8. 化学课 9. 几何课 10. 生物课	1. 参加单位组织的正式活动 2. 参加某个社会团体或俱乐部活动 3. 帮助别人解决困难 4. 照顾儿童 5. 出席晚会、联欢会、茶话会 6. 和大家一起出去郊游 7. 想获得关于心理方面的知识 8. 参加讲座会或辩论会 9. 观看或参加体育比赛和运动会 10. 结交新朋友
E:事业型活动	C:常规型活动
1. 鼓动他人 2. 卖东西 3. 谈论政治 4. 制订计划、参加会议 5. 以自己的意志影响别人的行为 6. 在社会团体中担任职务 7. 检查与评价别人的工作 8. 结交名流 9. 指导有某种目标的团体 10. 参与政治活动	1. 整理好桌面与房间 2. 抄写文件和信件 3. 为领导写报告或公务信函 4. 检查个人收支情况 5. 参加打字培训班 6. 参加算盘、文秘等实务培训 7. 参加商业会计培训班 8. 参加情报处理培训班 9. 整理信件、报告、记录等 10. 写商业贸易信

第三部分　你所擅长获胜的活动

表2-3列举若干种活动,请选择你能做或大概能做的事。

表2-3　你所擅长获胜的活动

R:实际型能力	A:艺术型能力
1. 能使用电锯、电钻和锉刀等木工工具 2. 知道万用电表的使用方法 3. 能够修理自行车或其他机械 4. 能够使用电钻、磨床或缝纫机 5. 能给家具和木制品刷漆 6. 能看建筑设计图 7. 能够修理简单的电气用品 8. 能修理家具 9. 能修理收录机 10. 能简单地修理水管	1. 能演奏乐器 2. 能参加二部或四部合唱 3. 独唱或独奏 4. 扮演剧中角色 5. 能创作简单的乐曲 6. 会跳舞 7. 能绘画、素描或书法 8. 能雕刻、剪纸或泥塑 9. 能设计板报、服装或家具 10. 能写一手好文章
I:研究型能力	S:社会型能力
1. 懂得真空管或晶体管的作用 2. 能够列举三种蛋白质多的食品 3. 理解铀的裂变 4. 能用计算尺、计算器、对数表 5. 会使用显微镜 6. 能找到三个星座 7. 能独立进行调查研究 8. 能解释简单的化学 9. 能理解人造卫星为什么不落地 10. 经常参加学术会议	1. 有向各种人说明解释的能力 2. 常参加社会福利活动 3. 能和大家一起友好相处 4. 善于与年长者相处 5. 会邀请人、招待人 6. 能简单易懂地教育儿童 7. 能安排会议等活动顺序 8. 善于体察人心和帮助他人 9. 帮助护理病人和伤员 10. 安排社团组织的各种事务
E:事业型能力	C:常规型能力
1. 担任过学生干部并且干得不错 2. 工作上能指导和监督他人 3. 做事充满活力和热情 4. 有效利用自身的做法调动他人 5. 销售能力强 6. 曾作为俱乐部或社团的负责人 7. 向领导提出建议或反映意见 8. 有开创事业的能力 9. 知道怎样做能成为一个优秀的领导者 10. 健谈善辩	1. 会熟练地打印中文 2. 会用外文打字机或复印机 3. 能快速记笔记和抄写文章 4. 善于整理保管文件和资料 5. 善于从事事务性的工作 6. 会用算盘 7. 能在短时间内分类和处理大量文件 8. 能使用计算机 9. 能收集数据 10. 善于为自己或集体做财务预算表

第四部分 你所喜欢的职业

表 2-4 列举了多种职业，请认真地看，选择你所喜欢的工作，有一项计 1 分，不太喜欢或不关心的工作不选，不计分。

表 2-4 你所喜欢的职业

R:实际型职业	S:社会型职业
1. 飞机机械师 2. 野生动物专家 3. 汽车维修工 4. 木匠 5. 测量工程师 6. 无线电报务员 7. 园艺师 8. 长途公共汽车司机 9. 电工 10. 火车司机	1. 街道、工会或妇联干部 2. 小学、中学教师 3. 精神病医生 4. 婚姻介绍所工作人员 5. 体育教练 6. 福利机构负责人 7. 心理咨询员 8. 共青团干部 9. 导游 10. 国家机关工作人员
I:研究型职业	E:事业型职业
1. 气象学或天文学者 2. 生物学者 3. 医学实验室的技术人员 4. 人类学者 5. 动物学者 6. 化学者 7. 教学者 8. 科学杂志的编辑或作家 9. 地质学者 10. 物理学者	1. 厂长 2. 电视片编制人 3. 公司经理 4. 销售员 5. 不动产推销员 6. 广告部长 7. 体育活动主办者 8. 销售部长 9. 个体工商业者 10. 企业管理咨询人员
A:艺术型职业	C:常规型职业
1. 乐队指挥 2. 演奏家 3. 作家 4. 摄影家 5. 记者 6. 画家、书法家 7. 歌唱家 8. 作曲家 9. 电影电视演员 10. 电视节目主持人	1. 会计师 2. 银行出纳员 3. 税收管理员 4. 计算机操作员 5. 簿记人员 6. 成本核算员 7. 文书档案管理员 8. 打字员 9. 法庭书记员 10. 人员普查登记员

第五部分 你的能力类型简评

表2-5是你在6个职业能力方面的自我评定。你可先与同龄人比较出自己在每一方面的能力，斟酌后对自己的能力做出评估。请在表中适当的数字上画圈，数值越大表明你的能力越强。注意，请勿画同样的数字，因为人的每项能力不会完全一样的。

表2-5 自我评定

R型	I型	A型	S型	E型	C型
机械操作能力	科学研究能力	艺术创作能力	解释表达能力	商业洽谈能力	事务执行能力
7	7	7	7	7	7
6	6	6	6	6	6
5	5	5	5	5	5
4	4	4	4	4	4
3	3	3	3	3	3
2	2	2	2	2	2
1	1	1	1	1	1
R型	I型	A型	S型	E型	C型
体育技能	数学技能	音乐技能	交际技能	领导技能	办公技能
7	7	7	7	7	7
6	6	6	6	6	6
5	5	5	5	5	5
4	4	4	4	4	4
3	3	3	3	3	3
2	2	2	2	2	2
1	1	1	1	1	1

第六部分 统计

统计结果见表2-6。

表2-6 统计结果

测试内容		R型 实际型	I型 调查型	A型 艺术型	S型 社会型	E型 事业型	C型 常规型
第二部分	兴趣						
第三部分	擅长						
第四部分	喜欢						
第五部分A	能力						
第五部分B	技能						
总分							

表2-2～表2-6摘自：金瑜《心理测量（修订版）》，华东师范大学出版。

得分最高的职业类型意味着最适合你的职业。比方说，假如你在I型上得分最高，说明你适合做自然科学方面的研究工作,如气象研究、生物学研究、天文学研究等,或科学杂志编辑。其余类推。

如果最适合你的工作和你在第一部分所写的理想工作之间不太一致,或者在各种类型的职业上你的能力和兴趣不相匹配,那么请你参照第六部分做出最佳选择。

2.1.2 性格自我探索

每个人都有着不同的做事方式,即形成每个人不同的做事习惯,不同的习惯成就了每个人不同的性格。性格决定命运。性格对职业的选择及职业生涯的成功有着重大的影响。

2.1.2.1 MBTI 理论简介

1. MBTI 含义及由来

MBTI 全称 Myers – Briggs Type Indicator,它经常用于衡量和描述人们在获取信息、做出决策、对待生活等方面的心理活动规律和性格类型。它以瑞士心理学家 Carl Jung 的性格理论为基础,由美国的 Katherine C Briggs 和 Isabel Briggs Myers 母女共同研制开发。

2. MBTI 中的四个维度

MBTI 从四个维度考察个人的偏好倾向,以区分人与人之间的差异,这四个维度为:

(1)精力支配:Extraversion(E) vs. Introversion(I)。
外向　　　内向

(2)接收信息:Sensing(S) vs. Intuition(N)。
感觉　　　直觉

(3)判断事物:Thinking(T) vs. Feeling(F)。
思考　　　情感

(4)行动方式:Judging(J) vs. Perceiving(P)。
判断　　　知觉

其中两两组合,可以组合成16种性格类型,如表2-7所示。

表2-7 MBTI16 性格类型的职业倾向

ISTJ 内倾感觉思维判断 稽查员	ISFJ 内倾感觉情感判断 保护者	INFJ 内倾直觉情感判断 咨询师	INFP 内倾直觉情感知觉 治疗师、导师
ESTJ 外倾感觉思维判断 督导	ESFJ 外倾感觉情感判断 供给者、销售员	ENFJ 外倾直觉情感判断 教师	ENFP 外倾直觉情感知觉 倡导者、激发者
ISTP 内倾感觉思维知觉 操作者、演奏者	ISFP 内倾感觉情感知觉 作曲家、艺术家	INTJ 内倾直觉思维判断 智多星、科学家	INTP 内倾直觉思维知觉 建筑师、设计师
ESTP 外倾感觉思维知觉 发起者、创设者	ESFP 外倾感觉情感知觉 表演者、演示者	ENTJ 外倾知觉思维判断 统帅、调度者	ENTP 外倾直觉思维知觉 企业家、发明家

MBTI 性格类型系统中有四种性格倾向组合，这四种组合是：

(1) 直觉 + 思考 = 概念主义者(见图 2-2)。

概念主义者自信、有智慧、富有想象力。他们的原则是所有的事情都要做到最好。他们天生好奇，喜欢不断地吸取知识，能够看到同一问题的多个不同方面，习惯于全面地思考问题和一分为二地看待问题，从而对真实或假设的问题构思出解决方案。

比尔 · 盖茨　　阿伯特 · 爱因斯坦　　玛格丽特 · 撒切尔

图 2-2　概念主义者

概念主义者是四种类型中最独立的一种人。他们工作原则性强、标准高，对自己和对别人的要求都很严格。他们不会被别人的冷遇和批评干扰，喜欢以自己的方式做事。

概念主义者喜欢能提供自由、变化和需要有较高的智力才能完成的工作。他们喜欢看到自己的想法能够得到实施，喜欢与有能力的上司、下属、同事共事。许多概念主义者推崇权力，易于被有权力的人和权力地位所吸引。

(2) 感觉 + 感知 = 经验主义者(见图 2-3)。

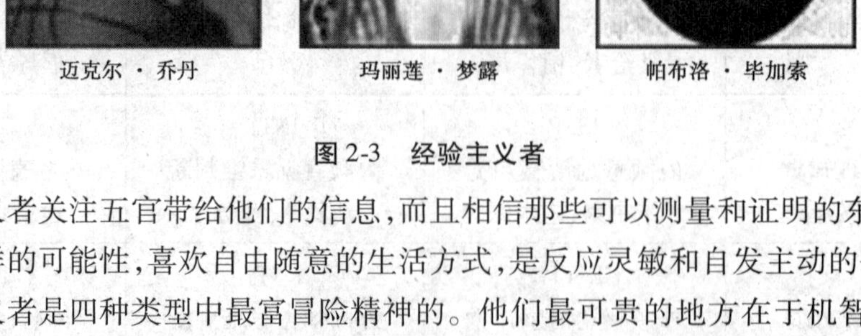

迈克尔 · 乔丹　　玛丽莲 · 梦露　　帕布洛 · 毕加索

图 2-3　经验主义者

经验主义者关注五官带给他们的信息，而且相信那些可以测量和证明的东西；同时喜欢面对各种各样的可能性，喜欢自由随意的生活方式，是反应灵敏和自发主动的一种人。

经验主义者是四种类型中最富冒险精神的。他们最可贵的地方在于机智多谋，令人兴奋，而且很有趣。他们为行动、冲动和享受现在而活着，一想到某件事情就有立即去做的冲动，而且喜欢一气呵成，一口气把事情做完；但又不喜欢太长时间做同一件事情。

经验主义者喜欢可以提供自由、变化和行动的工作，喜欢那些能够有及时效果的工作，他们以能够巧妙而成功地完成工作为乐。由于他们喜欢充满乐趣地生活，无论做什么必须让他们感到高度的乐趣，这样才能令他们感到满意。

(3)直觉＋情感＝理想主义者（见图2-4）。

列宁　　夏洛特　　甘地

图2-4　理想主义者

理想主义者感兴趣的是事物的意义、关系和可能性，并基于其个人的价值观念做出决定。他们做人的原则是：真实地面对自己。

理想主义者是四种类型中精神上最具哲理性的人，乐于接受新的思想，善于容纳他人。他们非常崇尚人与人之间和各种关系中的真实和正直，容易将别人理想化。

对理想主义者而言，一份好工作应该是对他们个人很有意义的工作，而不是简单的常规工作或只是一种谋生手段。他们喜欢民主、能够激励各种层次的人们高度参与的组织，会被那些促进人性价值的组织或那些允许他们帮助别人完成工作的职业所吸引。

(4)感觉＋判断＝传统主义者（见图2-5）。

乔治？·布什　　乔治·华盛顿　　维多利亚女王　　伊丽莎白女王

图2-5　传统主义者

传统主义者相信事实、已证实的数据、过去的经验和“五官”所带给他们的信息，喜欢有结构、有条理的世界，喜欢做决定，是一种既现实又有明确目标的人。

传统主义者是四种类型中最传统的一类。他们重视法律、秩序、安全、得体、规则和本分。他们尊重权威、等级制度和权力,而且一般具有保守的价值观。他们很有责任感,而且经常努力去做正确的事情,这使他们可以信赖和依靠。

传统主义者需要有归属感,需要服务于别人,需要做正确的事情。他们注重安稳、秩序、合作、前后一致和可靠,而且严肃认真,工作努力。他们在工作中对自己要求十分严格,而且希望别人也是如此。

2.1.2.2 一般能力倾向成套测验

一般能力倾向成套测验(General Aptitude Test Battery,简称 GATB)最初由美国劳工部就业保险局在20世纪40年代初编制。目前,GATB 包括12个分测验(名称比较、计算、三维空间、词汇、工具匹配、算术推理、形状匹配、做记号、放置、转动、装配和拆卸),分别对9种能力倾向进行评定:

(1)G——智能(intelligence)。指一般的学习能力。它是掌握、学习和接受新知识的能力,是人们生活、工作和学习必备的基本能力。学习能力高的人具有较强的认识和理解客观事物及运用知识与经验解决问题的能力,在记忆能力、观察能力、注意能力、想象能力、思维能力方面也具有良好的表现。

(2)V——言语能力(verbal aptitude)。指对语言文字的使用与驾驭能力,以及运用语言文字编辑和处理资料,表达自己思想及观点的能力。言语能力高的人对词、句子、段落、篇章具有较强的理解和使用能力,比较善于清楚而准确地表达自己的观点和向别人介绍信息,语言文字理解能力或口头表达能力比较强。

(3)N——数理能力(numerically aptitude)。指数学逻辑能力,是个体运用数学思维分析和处理问题的能力,是解决逻辑、推理和数学、物理、机械工程等问题的基本能力。数理能力高的人具有非常强的数学逻辑推理能力及科学分析能力,抽象思维能力发达,喜欢做运用大脑分析问题的工作。

(4)Q——资料处理能力(clerical perception)。也称文秘能力,是处理日常工作(包括文字编辑、资料整理等事务性工作)所必需的基本能力。资料处理能力高的人一般对言语或文案性的材料、文件等具有正确、快捷的处理能力,能够迅速从中发现问题、错误并予以校正。

(5)S——空间判断能力(spacial aptitude)。指对空间事物的空间关系的感知能力,是处理空间信息和工程技术、几何、美术及各种设计问题的必备能力。空间判断能力高的人一般具有非常强的几何图形、立体图形的理解力,非常善于识别物体在空间运动中的联系、位置关系等。

(6)P——形态知觉能力(form perception)。是对事物的视觉特征(包括形状、大小、颜色、明暗、结构等)的观察、比较和辨别的能力。形态知觉能力高的人一般具有较强的对事物细节的观察和感知能力,善于对物体的颜色、明暗及线条的宽度和长度等视觉特征进行辨别与比较,发现其细微的差异。

(7)K——运动协调能力(motor coordination)。运动协调能力高的人一般在身体运动与协调方面非常灵活、自如,眼手协调能力较强,能够迅速、准确地完成一些复杂的、高难度的动作或操作。

(8)F——手指的灵活度(finger dexterity)。指迅速而正确地活动手指,用手指很好地操作细小东西的能力。

(9)M——手腕灵活度(manual dexterity)。指灵活地活动手腕的能力,包括拿取、放置、调换、翻转物体时手的精巧运动和腕的自由运动能力。

2.1.2.3 区分能力倾向测验(DAT)

区分能力倾向测验(Differential Aptitude Tests,简称DAT)初版于1947年,后经多次修订,是普遍使用的多重职业能力倾向成套测验之一。编制此测验的理论依据是人们有多种不同的职业能力倾向,并且这些能力倾向是可以测量的。

DAT有以下8部分测验:

(1)言语推理(VR):采用文字形式的类比题目测量一般智力。

例:选择一对适当的词填空以使句子完整合理。

____对于晚上,相当于早饭对于____。

A. 晚饭—角落　　B. 文雅—早晨　　C. 门—角落

D. 花—欣赏　　E. 晚饭—早晨

正确答案为E。

(2)数字能力(NA):采用计算题测量一般智力。

例:选择正确答案。

30 - 20 = ____ 。

A. 15　　B. 26　　C. 16

D. 8　　E. 以上皆非

正确答案为E。

(3)抽象推理能力(AR):测量非语言推理能力。

例:每一行的四个问题图形组成一个连续系列。在答案图形中找出此系列的下一个图形。

问题图形

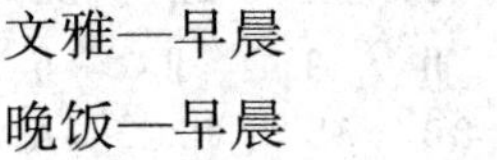

答案图形

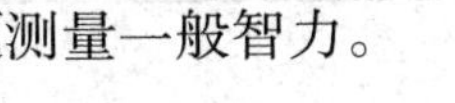

A　B　C　D　E

正确答案为D。

(4)文书速度和准确性(CSA):测量完成一件简单知觉任务的速度。

例:在测验项目中有些字母组合的下面划了线,在答案纸上找到同样组合并标记出来。

测验项目

V.	AB	AC	AD	AE	AF
W.	aA	aB	BA	Ba	Bb
X.	A7	7A	B7	7B	AB
Y.	Aa	Ba	bA	BA	bB
Z.	3A	3B	33	B3	BB

V.	AC Ⅱ	AE Ⅱ	AF Ⅱ	AB ▮	AD Ⅱ
W.	BA Ⅱ	Ba Ⅱ	Bb ▮	aA Ⅱ	aB Ⅱ
X.	7B ▮	B7 Ⅱ	AB Ⅱ	7A Ⅱ	A7 Ⅱ
Y.	Aa Ⅱ	bA ▮	bB Ⅱ	Ba Ⅱ	BA Ⅱ
Z.	BB Ⅱ	3B Ⅱ	B3 Ⅱ	3A Ⅱ	33 ▮

正确答案已在图上标出。

(5)机械推理(MR):测量对机械和物理原理的推理能力。

例:在A、B两图中,哪一根杆要用大一些的力,才能把同样的物体升起来?(如果相等,就在C上做记号)

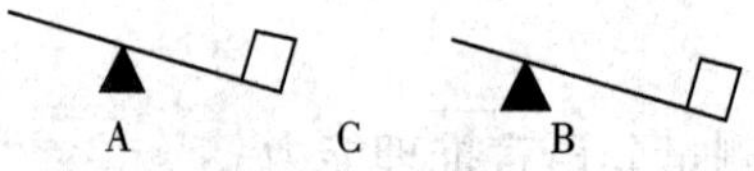

正确答案为B。

(6)空间关系(SR):测量想象和心理操作有形材料的能力。

例:下面哪个图可由左边的纸样折成?

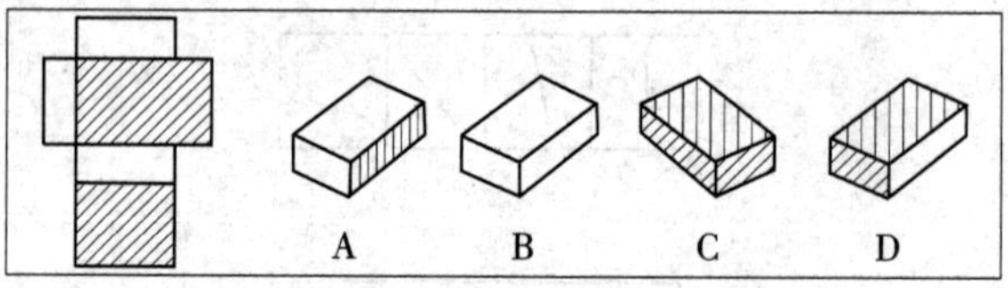

正确答案为D。

(7)拼写(SP):指出拼写正误,测量英文水平。

例:指出下面一些词的拼法是否正确。

W. man X. gurl

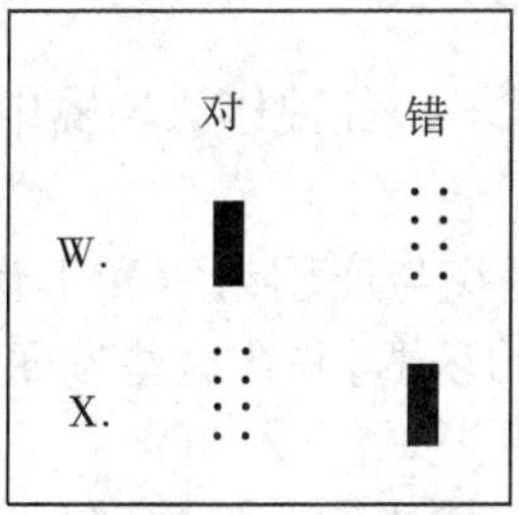

(8)语言运用(LU):找出语法或惯用法错误,测量语文水平。

例:指出句子哪个字母标示的部分有错误,在作答纸的相应字母上标明,如果无错误,标明 N。

X. Ain't we/going to/the office/next week?

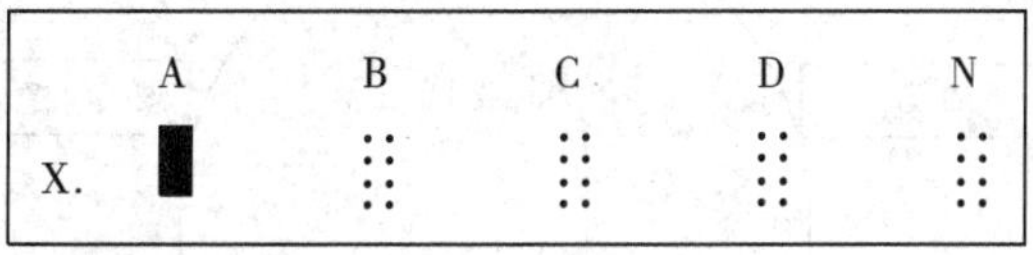

除文书速度和准确性测验外,测验时间多数情况下为 30 分钟。DAT 的总测验时间为 5 ~5.5 小时,并至少要分成两次进行。

GATB 和 DAT 均属于综合职业能力倾向测验,这类测验的突出特点是由多个分测验构成的,分别测量受测者多个方面不同的能力倾向。根据测验分数,个人可以了解自己的长处和短处,从而发挥优势,弥补短处或寻求突破。

此外,心理学家还编制了许多机械、文书、音乐和美术等特殊能力倾向测验。这类测验的突出特点是,测验只评估一个人在某一个方面的能力倾向,而不是多个方面。

本部分图表摘自彭聃龄《普通心理学》,北京师范大学出版社,2019 年。

2.1.3　职业价值观自我探索

2.1.3.1　职业锚理论

职业锚(又称职业定位)的概念是由美国著名职业心理学家施恩教授提出的,他认为,职业生涯发展实际是一个持续不断的探索过程,随着一个人对自己越来越了解,这个人就会越来越明显地形成一个占主导地位的职业锚。

1. 职业锚含义

施恩教授认为,所谓职业锚是指当一个人不得不做出选择时,无论如何都不会放弃的职业中的那种至关重要的东西或价值观,即人们选择和发展自己职业时所围绕的中心。

在职业心理学中,职业锚实际上就是人们选择和发展职业时围绕自己确定的中心。一个人对自己的天资和能力、动机和需要及态度和价值观有清楚的了解后,就会意识到自己的职业锚,从而做出某种重大选择。一个人过去所有的工作经历、兴趣、资质、潜能等集合成一个富有意义的职业锚,它会告诉这个人,对于他来说,什么东西才是最重要的。

职业锚理论主要包括以下三方面内容:

(1)自省的动机和需要:以实际情况中的实际工作经验来自我检测和自我诊断及他人的反馈为基础,以认知自我。

(2)自省的才干和能力:以在组织的各种作业环境中的实验工作经验和成功为基础,来认知自我的能力。

(3)自省的态度和价值观:以自我与雇用组织和工作环境的准则和价值观之间的实际碰撞为基础,逐步重视自己所擅长的东西,并在这些方面改善自己的能力。

2.职业锚的类型

经过几十年的发展,职业锚已经成为职业发展、职业设计的必选工具。许多大公司均将职业锚作为员工职业发展、职业生涯规划的主要参考点。施恩教授根据自己对麻省理工学院毕业生的研究,确定了8种基本的职业锚类型(见图2-6)。

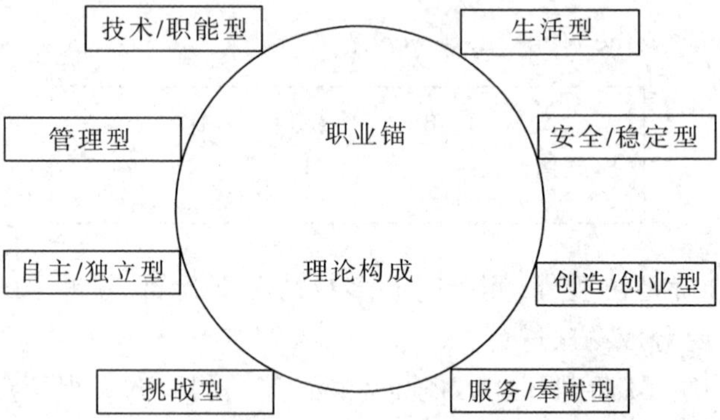

图2-6 职业锚的类型

1)技术/职能型(TF)

技术/职能型的人追求在技术职能领域的成长和技能的不断提高,及应用这种技术职能的机会。他们对自己的认可来自他们的专业水平,他们喜欢面对专业领域的挑战。他们通常不喜欢从事一般的管理工作,因为这意味着他们不得不放弃在技术/职能领域的成就。

2)管理型(GM)

管理型的人追求并致力于工作晋升,倾心于全面管理,独立负责一个部分,可以跨部门整合其他人的努力成果。他们想去承担整体的责任,并将公司的成功与否看成自己的工作。具体的技术职能工作仅仅被看作是通向更高、更全面管理层的必经之路。

3)自主/独立型(AU)

自主/独立型的人希望随心所欲安排自己的工作方式、工作习惯和生活方式。追求能施展个人能力的工作环境,最大限度地摆脱组织的限制和制约。他们宁愿放弃提升或工作发展机会,也不愿意放弃自由与独立。

4)挑战型(CH)

挑战型的人喜欢解决看上去无法解决的问题,战胜实力强硬的对手,克服无法克服的困难障碍等。对他们而言,参加工作的原因是工作允许他们去战胜各种不可能。他们需要新奇、变化和困难,如果事情非常容易,工作马上会变得令他们厌烦。

5)生活型(LS)

生活型的人希望将生活的各个主要方面整合为一个整体,喜欢平衡个人的、家庭的和职业的需要。因此,生活型的人需要一个能够提供“足够弹性”的工作环境来实现这一目标。生活型的人甚至可以牺牲职业的一些方面,例如放弃职位的提升来换取三者的平衡。他们将成功定义得比职业成功更广泛。相对于具体的工作环境、工作内容,生活型的人更关注自己如何生活、在哪里居住、如何处理家庭事情及怎样自我提升等。

6)安全/稳定型(SE)

安全/稳定型的人追求工作中的安全感与稳定感,他们因为能够预测到稳定的将来而感到放松。他们关心财务安全,如退休金和退休计划。

7)创造/创业型(EC)

创造/创业型的人希望用自己的能力去创建属于自己的公司或创建完全属于自己的产品(或服务),而且愿意去冒风险,并克服面临的障碍。他们想向社会学习并寻找机会,一旦时机成熟,他们便会走出去创立自己的事业。

8)服务/奉献型(SV)

服务/奉献型的人一直追求他们认可的核心价值,如帮助他人,改善人们的安全,通过新产品消除疾病等。他们一直追寻这种机会,这意味着即使变换公司,他们也不会接受不允许他们实现这种价值的变动或工作提升。

2.1.3.2　职业价值观测评

价值观对于我们选择职业是非常重要的,有时可能是我们选择职业的关键因素,持什么样的价值观就会选择什么样的职业。不同的人选择同一个职业,价值观可能一样,也可能不同。比如,同样在外企做软件开发的经理,一个人所持的价值观是想让自己和家庭过富足的生活,而另一个人的价值观则是想将来成立一家自己的软件公司,为中国的软件信息产业做贡献。

价值观是我们选择职业的主要动机,做同样的事情往往动机是不一样的,而动机不同或者价值观不同,对社会的贡献大小也是不一样的。有人认为现在是功利社会,在大学里强调价值观已经过时了,真是这样吗?你只要去问问用人单位的招聘主管就会明白,用人单位,尤其是一些知名度高、品牌影响大的单位都认为“价值观”是考察人才的首选标准,因为每个人所持的“价值观”不同,他的外化品格和行为就不一样。所以,你认为价值观是很虚的东西,是“小事”,可用人单位却会觉得它很实,是“大事”。

【课堂活动】

职业价值观测评

1. 测评说明

下面有 52 道题,代表 13 项工作价值观,每题有 5 个备选答案(非常重要,比较重要,一般,不太重要,很不重要)。请根据自己的实际情况或想法选一个答案。非常重要记 5 分,比较重要记 4 分,一般记 3 分,不太重要记 2 分,很不重要记 1 分。然后根据表格后面的提示算出各项的汇总得分,明确自己的价值观倾向。

2. 测评题目

测评题目见表 2-8。

表 2-8　职业价值观测试

题号	题目	分数				
		5	4	3	2	1
1	你的工作必须经常解决新的问题					
2	你的工作能为社会福利带来看得见的效果					
3	你的工作奖金很高					
4	你的工作经常变换					
5	你能在你的工作范围内自由发挥					
6	你的工作能使你的同学、朋友非常羡慕你					
7	你的工作带有艺术性					
8	你的工作使你感觉到你是团队中的一份子					
9	无论你怎么干,你总能和大多数人一样晋级和加工资					
10	你的工作使你有可能经常变换工作地点、场所或方式					
11	在工作中你能接触到各种不同的人					
12	你的工作上下班时间比较随便、自由					
13	你的工作使你有不断取得成功的感觉					
14	你的工作赋予你高于别人的权利					
15	在工作中,你能实行一些你的新想法					
16	在工作中,你不会因为身体或能力等因素被别人瞧不起					
17	你能从工作的成果中知道自己做得不错					
18	你的工作经常要出差或参加各种集会、活动					
19	只要你干上这份工作,就不会再调到其他意想不到的组织或岗位上去					
20	你的工作能使世界更美丽					
21	在你的工作中,不会有人常来打扰你					
22	只要努力,你的工资会高于其他同龄的人,或升职、加工资的可能性比其他工作大得多					
23	你的工作是对智力的挑战					
24	你的工作要求你把一切事情安排得井井有条					
25	你的工作组织有舒适的休息室、更衣室、浴室及其他设备					

注:本表摘自侯玉波《社会心理学》,北京大学出版社,2018 年版。

续表 2-8

题号	题目	分数				
		5	4	3	2	1
26	你的工作有可能结识各行各业的知名人物					
27	在你的工作中,能和同事建立良好的关系					
28	在别人的眼中,你的工作是很重要的					
29	在工作中,你经常接触到新鲜事物					
30	你的工作使你常常能帮助别人					
31	你在工作组织中,有可能经常变换工作内容					
32	你的作风使你被别人尊重					
33	你的工作组织的同事和领导人品较好,相处比较随便					
34	你的工作会使许多人认识你,相处比较随便					
35	你的工作场所很好,比如有适度的灯光,舒适的座椅,安静,清洁的环境,宽敞的工作间,甚至恒温、恒湿等优越的条件					
36	在工作中,你为他人服务,使他人感到满意,你自己也就很高兴					
37	你的工作需要计划和组织安排别人的工作					
38	你的工作需要敏锐的思考					
39	你的工作可以使你获得较多的额外收入,如常发实物,常购买打折的食品,常发紧俏商品的购货券,有机会购买进口货等					
40	在工作中,你是不受别人差遣的					
41	你的工作结果应该是一种艺术品而不是一般的产品					
42	在工作中,你不必担心会因为所做的事情领导不满意而受到训斥或经济惩罚					
43	在工作中,你能和领导有融洽的合作关系					
44	你可以看见你努力工作的成果					
45	在工作中常常要你提出新的想法					
46	由于你的工作,经常有许多人来感谢你					
47	你的工作成果常常能得到上级、同事或社会的肯定					
48	在工作中,你会成为负责人,虽然可能只领导很少几个人,你信奉"宁做兵头、不做将尾"的俗语					
49	你从事的那一种工作,经常在报刊、电视中被提到,因而在人们心中很有地位					
50	你的工作有数量可观的夜班费、加班费、保健费或营养费等					
51	你的工作体力上比较轻松,精神上也比较轻松					
52	你的工作需要和电影、电视、戏剧、音乐、美术、文学等艺术打交道					

3. 分数汇总及测评解释

(1)利他主义。说明:工作目的和价值,在于直接为大众的幸福和利益尽一份力。

题号:2,30,36,46,汇总得分__________

(2)美感。说明:工作目的和价值,在于能不断地追求美的东西,得到美的享受。

题号:7,20,41,52,汇总得分__________

(3)智力刺激。说明:工作目的和价值,在于不断进行智力的操作,动脑思考,学习及探索新事物,解决新问题。

题号:1,23,38,45,汇总得分__________

(4)成就感。说明:工作目的和价值,在于不断创新,不断取得成就,不断得到领导与同事的赞扬或不断实现自己想要做的事。

题号:13,17,44,47,汇总得分__________

(5)独立性。说明:工作目的和价值,在于能充分发挥自己的独立性和主动性,按自己的方式、步调或想法去做,不受他人的干扰。

题号:5,15,21,40,汇总得分__________

(6)社会地位。说明:工作目的和价值,在于所从事的工作在人们的心目中有较高的社会地位,从而使自己得到他人的重视与尊重。

题号:6,28,32,49,汇总得分__________

(7)管理权。说明:工作目的和价值,在于获得对他人或某事物的管理支配权,能指挥或调遣一定范围内的人或事。

题号:14,24,37,48,汇总得分__________

(8)经济报酬。说明:工作目的和价值,在于获得优厚的报酬,使自己有足够的财力去获得自己想要的东西,使生活过得较为富足。

题号:3,22,39,50,汇总得分__________

(9)社会交往。说明:工作目的和价值,在于能和各种人交往,建立比较广泛的社会联系和关系,甚至能和知名人物结识。

题号:11,18,26,34,汇总得分__________

(10)安全感。说明:工作目的和价值,在于不管自己能力怎样,希望在工作中有一个安稳的局面,不会因为奖金、加工资、调动工作或领导训斥等经常提心吊胆,心烦意乱。

题号:9,16,19,42,汇总得分__________

(11)舒适。说明:工作目的和价值,在于希望能将工作作为一种消遣、休息或享受的形式,追求比较舒适、轻松、自由、优越的工作条件和环境。

题号:12,25,35,51,汇总得分__________

(12)人际关系。说明:工作目的和价值,在于希望一起工作的大多数同事和领导人品较好,相处在一起感到愉快、自然,认为这就是很有价值的事,是一种极大的满足。

题号:8,27,33,43,汇总得分__________

(13)变异性。说明:工作目的和价值,在于希望工作的内容经常变换,使工作和生活显得丰富多彩,不单调枯燥。

题号:4,10,29,31,汇总得分__________

你得分最高的三项价值观是__________、__________、__________,得分最低的三项价值观是________、________、________。

现在，同学们可以利用职业价值观测评结果和对自己职业价值观的判断为自己设计一份理想的工作。

2.1.4　职业能力自我探索

2.1.4.1　能力的分类

能力按获得方式不同，一般分为能力倾向和技能两大类。能力倾向是指上天赋予的特殊才能。比如音乐、运动能力等。而技能是指经过后天学习和训练而培养的能力。

1. 能力倾向分类——多元智力论

哈佛大学加德纳认为，能力倾向（即潜能或智力）是多元的，是由同样重要的多种能力构成的，这就是著名的多元智能理论。他提出，人类的智能至少可以分成八个范畴。

1）语言智能

语言智能主要是指有效地运用口头语言及文字的能力，即听说读写能力，表现为个人能够顺利而高效地利用语言描述事件、表达思想并与人交流的能力。这种智能在作家、政治活动家、演说家、记者、编辑、节目主持人、播音员、律师、教师、企业管理者、演员、营销者等职业上有更加突出的表现。

2）数理/逻辑智能

数理/逻辑智能指有效地计算、测量、推理、归纳、分类，并进行复杂数学运算的能力。数理逻辑智能强的人学习时靠推理来进行思考，喜欢提出问题并执行实验以寻求答案，寻找事物的规律及逻辑顺序，对科学的新发展有兴趣。即使是他人的言谈及行为也成了他们寻找逻辑缺陷的好地方，对可被测量、归类、分析的事物比较容易接受。科学家、会计师、统计学家、工程师、电脑软体研发人员等，是特别需要数理/逻辑智能的几种职业。

3）视觉/空间智能

视觉/空间智能指准确地感觉视觉空间，并且能把所感觉到的形象以图画的形式表现出来的能力。视觉/空间智能强的人对色彩、线条、形状、形式、空间及它们之间关系的敏感性很高，感受、辨别、记忆、改变物体的空间关系并借此表达思想和情感的能力比较强，表现为对线条、形状、结构、色彩和空间关系的敏感及通过平面图形和立体造型将其表现出来的能力，能准确地感觉视觉空间，并把所知觉到的表现出来。这类人在学习时是用意象及图像来思考的。视觉/空间智能可以划分为形象的视觉/空间智能和抽象的视觉/空间智能两种能力。适合的职业是：向导、猎人、室内设计师、建筑师、摄影师、画家、飞行员等。

4）身体/动觉智能

身体/动觉智能指善于运用整个身体来表达思想和情感、灵巧地运用双手制作或操作物体的能力。它包括特殊的身体技巧，如平衡、协调、敏捷、力量、弹性、速度及由触觉所引起的能力。这类人很难长时间坐着不动，喜欢动手建造东西，喜欢户外活动，与人谈话时常用手势或其他肢体语言。他们学习时透过身体感觉来思考。这种智能主要是指人调节身体运动及用巧妙的双手改变物体的技能。表现为能够较好地控制自己的身体，对事件能够做出恰当的身体反应及善于利用身体语言来表达自己的思想。武术、拳击、体操等运动员、演员、舞蹈家、外科医生、宝石匠、机械师、手艺人等都有这种智能优势。

5)音乐/节奏智能

音乐/节奏智能主要是指人敏感地感知音调、旋律、节奏和音色等能力,表现为个人对音乐节奏、音调、音色和旋律的敏感及通过作曲、演奏和歌唱等表达音乐的能力。这种智能在作曲家、指挥家、歌唱家、乐师、乐器制作者、音乐评论家等人员那里都有出色的表现。

6)人际交往智能

人际关系智能是指能够有效地理解别人及其关系、以及与人交往能力,包括四大要素:①组织能力,包括群体动员与协调能力。②协商能力,指仲裁与排解纷争能力。③分析能力,指能够敏锐察知他人的情感动向与想法,易与他人建立密切关系的能力。④人际联系,指对他人表现出关心,善解人意,适于团体合作的能力。适合的职业是:政治家、外交家、领导者、心理咨询师、教师、公关人员、推销员等。

7)内省智能

内省智能指自我认识和善于自知之明并据此做出适当行为的能力。包括能够认识自己的长处和短处,意识到自己的爱好、情绪、意向、脾气和自尊,喜欢独立思考的能力。这类人对自己的生活有规划,能自尊、自律,会吸收他人的长处;会从各种回馈管道中了解自己的优劣,常静思以规划自己的人生目标,爱独处,以深入自我的方式来思考;喜欢独立工作,有自我选择的空间。这种智能优秀的政治家、哲学家、思想家、心理学家、教师等人员那里都有出色的表现。

8)自然探索智能

自然探索智能指善于观察自然界中的各种事物,对物体进行辨别和分类的能力。它包括有着强烈的好奇心和求知欲,有着敏锐的观察能力,能了解各种事物的细微差别,在观察自然客观事物时善于比较,有较宽的知识面,能从中提取出有用的规律。自然探索智能强的人,在打猎、耕作、生物科学上的表现较为突出。适合的职业是:天文学家、生物学家、地质学家、物理学家、考古学家、环境设计师等。

2.技能分类

辛迪·梵和理查德·鲍尔斯将技能分为三种类型:①专业知识技能;②自我管理技能;③可迁移技能。

1)专业知识技能

如果把知识看成是一种信息,那么知识性技能则是将信息进行分类、加工、整合等进行应用的一种能力。知识本身是静态的,而知识性技能则是一种动态的表达。这类技能与专业学习或工作内容直接相关,需要经过有意识、专门的培训获得,不能迁移。专业知识技能并非只通过正式专业教育才能获得。它的获取还有下列途径:课程学习,课外培训、辅导班、自学,专业会议、讲座或研讨会,资格认证考试、证书,上岗培训,爱好、娱乐休闲、社会实践、社团活动、家庭责任等。

2)自我管理技能

良好的自我管理技能能够帮助个体更好地适应周围的环境、应对工作中出现的问题,因此它也被称为适应性技能。自我管理技能经常被看作个性品质,被用来描述或说明人具有的某些特征,常以形容词或副词的形式出现,如仔细的、慷慨的、喜悦的、欢快的、聪明的、高尚的等。自我管理技能无论是一个人先天具有的,还是后天习得的都需要练习。它可以从非工作领域转换到工作领域。

3)可迁移技能

人们所获得的各种技能之间可以相互作用,已经掌握的技能可能对新的技能起促进作用,也可能妨碍学习新的技能。这种现象叫作技能的迁移。可迁移技能的特征是它可以从生活的方方面面,特别是工作之外得到发展,却可以迁移应用于不同的工作之中。因此,也被称为通用技能。

2.1.4.2 **职业能力测评**

大学生从校园步入职场,都需要什么样的职业能力呢?职场上通用的职业能力要求是什么呢?成功的职业人士身上都有哪些共同的职业能力呢?

通用的职业能力主要有:运用知识的能力、自我推销的能力、专业能力、沟通能力(包括书面沟通能力和语言沟通能力)、应变能力、学习能力、信息收集能力、抗挫折能力。

【课堂活动】

职业能力测评

一、测评说明

请您根据自己的实际情况,在最符合的地方打上圈。然后根据所给分数,以每一种智能单位分别相加。分数越高,意味着这方面智能的发展越好。

二、测评题目

语言智能

题后“2”表示很符合,“1”表示不太符合,“0”表示不符合。

1. 喜欢模仿方言…… 2 1 0
2. 有写日记的习惯…… 2 1 0
3. 一有时间,就会捧着一本书 …… 2 1 0
4. 善于跟各种各样的人说话…… 2 1 0
5. 总是能耐心地听别人讲述…… 2 1 0
6. 写作时感到思如泉涌…… 2 1 0
7. 对外语学习很感兴趣…… 2 1 0
8. 和别人意见不同时总能说服别人…… 2 1 0

数学/逻辑智能

题后“2”表示很符合,“1”表示不太符合,“0”表示不符合。

1. 对各种物品的功能都要了解得很清楚…… 2 1 0
2. 有掂量物体的习惯…… 2 1 0
3. 喜欢做数学运算题…… 2 1 0
4. 善于找出事物之间的逻辑关系…… 2 1 0
5. 觉得数学公式比语言描述更容易理解…… 2 1 0
6. 对什么问题都喜欢做出假设…… 2 1 0
7. 思考问题时能进行层层推理…… 2 1 0
8. 喜欢用抽象的符号来替代语言文字的描述…… 2 1 0

视觉/空间智能

题后“2”表示很符合,“1”表示不太符合,“0”表示不符合。

1. 对各种物品的形状和颜色等很敏感………………………………………… 2　1　0
2. 善于玩“走迷宫”的游戏　……………………………………………………… 2　1　0
3. 哪怕是第一次去的陌生地方都不会搞错方向…………………………… 2　1　0
4. 能在交通拥挤的地方自如地穿梭前行…………………………………… 2　1　0
5. 理解新学的事物时脑中会浮现一幅幅图像……………………………… 2　1　0
6. 喜欢摄影或绘画………………………………………………………………… 2　1　0
7. 能自己设计一些图案或形状各异的物品………………………………… 2　1　0
8. 喜欢用坐标图等来替代语言文字的描述………………………………… 2　1　0

身体/动觉智能

题后“2”表示很符合,“1”表示不太符合,“0”表示不符合。

1. 喜欢摆弄物体…………………………………………………………………… 2　1　0
2. 能很好地保持身体平衡……………………………………………………… 2　1　0
3. 手眼的配合很协调…………………………………………………………… 2　1　0
4. 对穿针线等精细活很在行…………………………………………………… 2　1　0
5. 喜欢跑步、打球等体育项目　……………………………………………… 2　1　0
6. 走路时体态轻盈………………………………………………………………… 2　1　0
7. 学东西时总喜欢亲自动手…………………………………………………… 2　1　0
8. 每天总保持一定量的运动…………………………………………………… 2　1　0

音乐/节奏智能

题后“2”表示很符合,“1”表示不太符合,“0”表示不符合。

1. 喜欢听各种各样的声音……………………………………………………… 2　1　0
2. 每天都要有音乐陪伴………………………………………………………… 2　1　0
3. 一首新曲子,只要听几遍就能哼出来　…………………………………… 2　1　0
4. 善于捕捉各种曲调所表达的意义………………………………………… 2　1　0
5. 喜欢购置大量的音带等声像资料………………………………………… 2　1　0
6. 听到不同曲子时会有很多联想…………………………………………… 2　1　0
7. 只要给出音乐片段,就能说出所蕴涵的意义　………………………… 2　1　0
8. 能够弹奏乐器…………………………………………………………………… 2　1　0

人际交往智能

题后“2”表示很符合,“1”表示不太符合,“0”表示不符合。

1. 孝顺父母………………………………………………………………………… 2　1　0
2. 与陌生人交谈都能有一见如故之感……………………………………… 2　1　0

3. 有许多一直保持联系的朋友……………………………………………… 2　1　0
4. 善于同各种人打交道…………………………………………………… 2　1　0
5. 在各种场合都会成为受人关注的对象………………………………… 2　1　0
6. 在同事中很有号召力…………………………………………………… 2　1　0
7. 善于从别人的表情中揣摩出内心想法………………………………… 2　1　0
8. 总能赢得大家的喜爱…………………………………………………… 2　1　0

内省智能

题后“2”表示很符合，“1”表示不太符合，“0”表示不符合。

1. 对自己有一个适度的评价……………………………………………… 2　1　0
2. 经常都能保持心情愉快………………………………………………… 2　1　0
3. 总为自己设定一个新的人生目标……………………………………… 2　1　0
4. 对人生有自己独特的价值观…………………………………………… 2　1　0
5. 喜欢独自一人思考……………………………………………………… 2　1　0
6. 清楚地知道自己的弱点………………………………………………… 2　1　0
7. 总有很高的生活热情…………………………………………………… 2　1　0
8. 总能独当一面完成任务………………………………………………… 2　1　0

自然探索智能

题后“2”表示很符合，“1”表示不太符合，“0”表示不符合。

1. 对自然环境的变化很敏感……………………………………………… 2　1　0
2. 了解各种植物的名称和特性…………………………………………… 2　1　0
3. 喜欢到野外勘察………………………………………………………… 2　1　0
4. 对生物链等问题感兴趣………………………………………………… 2　1　0
5. 喜欢观察星座等天文现象……………………………………………… 2　1　0
6. 经常收集石头或其他标本……………………………………………… 2　1　0
7. 对动物充满好奇，总想了解他们的习性 ……………………………… 2　1　0
8. 喜欢到森林等纯自然的地方去旅游…………………………………… 2　1　0

三、分数汇总

很符合为2分；不太符合为1分；不符合为0分。

分数汇总见表2-9。

表2-9　分数汇总

智能项目	语言智能	数学/逻辑智能	视觉/空间智能	身体/动觉智能	音乐/节奏智能	人际交往智能	内省智能	自然探索智能
每项得分								

四、测评解释

每项智能若有 13～16 分，则说明你的这项智能发展得很好；

每项智能若有 9～12 分，则说明你的这项智能发展得较好；

每项智能若低于 9 分，则说明你在这方面要努力。

【思考题】

1. 霍兰德生涯理论是由哪几个部分构成的？

2. 性格对职业的选择及职业生涯的成功有着怎样的重大影响？

3. 在学习了职业锚理论后，你有什么样的收获？

2.2　对劳动意识与能力的认识

【导入案例】

著名全国劳模申纪兰逝世全国总工会特致唁电

全国劳动模范、第一届至第十三届全国人大代表、山西省平顺县西沟村党总支副书记申纪兰，因病医治无效，于 2020 年 6 月 28 日凌晨 1 时 31 分在长治逝世，享年 91 岁。全国总工会特致唁电，表达沉痛哀悼，并向其亲属致以诚挚问候。

全国总工会在唁电中表示，申纪兰同志于 1979 年、1989 年、1995 年三次被评为全国劳动模范。她积极维护新中国妇女劳动权利，倡导并推动“男女同工同酬”写入宪法。她身体力行，大力弘扬劳模精神、劳动精神，一辈子扎根农村、艰苦奋斗，带领村民勇于改革，为发展农业和农村集体经济，推动老区经济建设和老区人民脱贫攻坚做出巨大贡献。“申纪兰同志的一生体现了新中国劳动人民的伟大品格，是广大劳动群众永远学习的光辉榜样！申纪兰同志永远活在我们心中！”

申纪兰 1929 年出生于山西省平顺县，曾荣获全国优秀共产党员、全国道德模范等称号，获得“全国脱贫攻坚‘奋进奖’”，2018 年被授予“改革先锋”称号，2019 年荣获“共和国勋章”。

据了解，申纪兰遗体告别仪式于 2020 年 6 月 30 日上午 9 时在长治殡仪馆举行。

（摘自工人日报）

思考：从这个新闻报道中，你是否意识到劳动者的光荣、劳动的重要？

分析：劳动光荣一词最早来源于空想社会主义文献《太阳城》，作者托马斯·康帕内拉。党的十八大以来，习近平总书记多次围绕劳动的价值、弘扬劳动精神、构建和谐劳动关系等内容进行深刻阐述，内涵丰富、思想深邃，为决胜全面建成小康社会、夺取新时代中国特色社会主义伟大胜利、实现中华民族伟大复兴的中国梦提供了强大的思想引领和精神支撑。

2.2.1　劳动的深刻价值

以下摘录自中国共产党新闻网关于劳动的重要讲话值得我们认真学习。

人民对美好生活的向往，就是我们的奋斗目标。人世间的一切幸福都需要靠辛勤的劳动来创造。我们的责任，就是要团结带领全党全国各族人民，继续解放思想，坚持改革开放，不断解放和发展社会生产力，努力解决群众的生产生活困难，坚定不移走共同富裕的道路。

——2012年11月15日，习近平在同采访十八大的中外记者见面时指出

人民创造历史，劳动开创未来。劳动是推动人类社会进步的根本力量。幸福不会从天而降，梦想不会自动成真。实现我们的奋斗目标，开创我们的美好未来，必须紧紧依靠人民、始终为了人民，必须依靠辛勤劳动、诚实劳动、创造性劳动。我们说“空谈误国，实干兴邦”，实干首先就要脚踏实地劳动。

——2013年4月28日，习近平在同全国劳动模范代表座谈时的讲话

全面建成小康社会，进而建成富强民主文明和谐的社会主义现代化国家，根本上靠劳动、靠劳动者创造。因此，无论时代条件如何变化，我们始终都要崇尚劳动、尊重劳动者，始终重视发挥工人阶级和广大劳动群众的主力军作用。这就是我们今天纪念“五一”国际劳动节的重大意义。

——2015年4月28日，习近平在庆祝“五一”国际劳动节暨表彰全国劳动模范和先进工作者大会上的讲话

劳动是人类的本质活动，劳动光荣、创造伟大是对人类文明进步规律的重要诠释。“民生在勤，勤则不匮。”中华民族是勤于劳动、善于创造的民族。正是因为劳动创造，我们拥有了历史的辉煌；也正是因为劳动创造，我们拥有了今天的成就。

——2015年4月28日，习近平在庆祝“五一”国际劳动节暨表彰全国劳动模范和先进工作者大会上的讲话

幸福不是毛毛雨，幸福不是免费午餐，幸福不会从天而降。人世间的一切成就、一切幸福都源于劳动和创造。

——2015年6月1日，习近平会见中国少年先锋队第七次全国代表大会全体代表时强调

“人生在勤，勤则不匮。”幸福不会从天降，美好生活靠劳动创造。

——2016年4月26日，习近平在知识分子、劳动模范、青年代表座谈会上的讲话

梦想属于每一个人，广大劳动群众要敢想敢干、敢于追梦。说到底，实现中华民族伟大复兴的中国梦，要靠各行各业人们的辛勤劳动。

——2016年4月26日，习近平在知识分子、劳动模范、青年代表座谈会上的讲话

全党全军全国各族人民要在中国共产党坚强领导下，同心同德，开拓进取，用辛勤劳动创造中国人民的美好生活、创造中华民族的美好未来，继续同世界各国人民一道构建人类命运共同体。

——2019年2月3日上午，中共中央、国务院在人民大会堂举行2019年春节团拜会，习近平发表讲话时强调

2.2.2　劳动能力的自我认知

劳动能力和技术能力相差不远，劳动能力意味着你在什么技术都没有的情况下，依然可以通过自己的劳动活下去的能力。比如，在中国的广大农村地区，11亿农民过着面朝黄土背朝天的农耕生活，靠种地活着，在不需要太多农业科技的前提下，生存状态就是简单的劳动，劳动就能活，不劳动者不得食，这个道理很简单。

2.2.2.1 理论基础

马克思主张教育与生产劳动相结合，苏霍姆林斯基认为劳动能够使得学生养成良好的道德品质与行为习惯，能够促进学生智力发展、激发学习兴趣、发展学生个性。我国学术界很早就有学者研究劳动教育，但是对劳动教育的定义，学者们各有各的看法，至今未达成一致意见。目前，普遍认为，劳动教育是使青少年学生获得正确劳动观念、劳动习惯、劳动情感、劳动精神，了解和懂得生产技术知识，掌握生活和劳动技能，在劳动创造中追求幸福感的育人活动。它包括劳动思想观念的教育、劳动技术知识和劳动技能的教育。

在全国教育工作会议上已经明确，劳动教育的本质含义是指通过参加劳动实践活动所进行的一种有目的、有计划、有组织的培养受教育者多种素质的教育活动，是融德育、智育、体育、美育为一体的全面提高学生素质的综合性教育。当前，大学生群体是学生群体中与社会、高校、家庭联系都较为紧密的群体，因此对大学生进行劳动教育离不开社会、高校、家庭这三者的相互作用与影响，同时也离不开大学生自身对劳动教育的接受与发展。

劳动教育按照付出对象分为体力劳动教育和脑力劳动教育，高职学生应将体力劳动与脑力劳动相结合。在学校努力学习科学文化知识，将教学的内容转化为自己的知识，在原有知识的基础上有所创新。同时大学生也应该自立自强，应该将生活打理得井井有条，注意个人与宿舍卫生，只有这样在将来踏入社会之时才能得心应手，才能顺应时代的变化，才能满足劳动力市场的需求。

2.2.2.2 职场需要"劳动观"

劳动观是人们对劳动的总的看法和根本观点，是一个人的世界观、人生观和价值观的基础。大学生劳动观是指大学生对待劳动总的看法和根本观点，即大学生是否以劳动为荣，是否热爱劳动、服务社会，是否艰苦朴素、勤俭节约，是否尊重劳动人民、珍惜劳动成果。

1. 树立以辛勤劳动为荣的价值取向

劳动包括体力劳动与脑力劳动，是创造物质财富和精神财富的人类活动，也是人类赖以生存和发展的基础。人类的历史是人民群众创造的历史，辛勤劳动是社会发展的根本保证，人们只有在劳动中才能为自身乃至整个社会创造价值，才能让我们生活着的社会不断地向前发展。同时以辛勤劳动为荣是对劳动者的肯定，是对中国传统文化的继承和发展。

2. 培养热爱劳动、服务社会的奉献意识

物质决定意识，劳动的实践过程也能产生意识并推动意识的发展，然而意识具有相对独立性、能动的反作用，正确的劳动意识能够推动个人的进步及社会的发展，错误的劳动意识会阻碍个人和社会的进步。热爱劳动是中华民族的传统美德，服务社会是对大学生在自我管理、帮助他人的基础上更高层次的要求。因此，培养大学生热爱劳动、服务社会的奉献意识是促进大学生全面发展的基础，是提高社会综合素质的前提。

3. 端正劳动态度、珍惜劳动成果

劳动态度是个人对劳动的一种心理反应，这种心理反应受生活习惯、行为习惯、教育程度、生活环境等方面的影响，由对劳动的认识、情感反应、行为倾向三方面构成。通过对大学生进行课堂学习、课后实践、家庭熏陶、社会引导等途径进行劳动教育，树立大学生正确的劳动观念，端正大学生的劳动态度，使大学生主动劳动、热爱劳动、以劳动为荣、尊重劳动人民、珍惜他人的劳动成果；不奢侈浪费、贪图享乐，做到勤俭节约、艰苦奋斗。

2.2.2.3 职场需要"劳动习惯"

《教育大辞典》(增订合编本)(上海出版社,1998年版)中指出:劳动习惯是指通过经常劳动而巩固下来的一种具有自动劳动需要的行为方式。也就是说,通过不断地劳动使得劳动成为人们不自觉的行为习惯时,劳动习惯也就养成了。

1. 有助于大学生更快适应职场生活

当前大学生多为独生子女,在其成长的前20年的时间里由于父母的溺爱,因此参加劳动少之又少。到了大学阶段,学生缺乏劳动意识主要是由于学校不重视劳动教育。因此,养成了一些大学生懒散、浪费、奢侈、拜金等不良的行为作风。为了改变当前一些大学生所带有的不良作风,社会各个层面应对大学生进行劳动习惯的养成教育。让劳动成为大学生的日常活动,让其体力与脑力都能达到最活跃的状态,充分体现大学生的青春与活力。

社会与社会各部门及大学生个人之间应该相互作用,为大学生劳动习惯的养成贡献力量。社会应当积极主动地提供场所,同时制订一些激励政策,鼓励大学生积极参加劳动。学校应积极组织大学生参加劳动实践与社会义务劳动,如清理公共场所垃圾、给福利院送上问候与祝福、植树、勤工俭学等。家庭要引导大学生,培养大学生拥有独立生活的能力,为将来适应职场的挑战打下坚实的基础。

同时,在自己力所能及的范围内努力为他人提供帮助,为社会奉献力量。大学生自身也需从塑造自我开始,摒弃缺点,养成热爱劳动的好习惯。大学生能够在劳动中感受到自己的付出,在实践中感受理论知识的余温与劳动价值的真正所在。在大学生自我的劳动教育中,这一阶段的教育是主观意义上的教育,大学生是这一劳动教育过程中的主体。家庭、高校、社会都是劳动教育的客观因素,而大学生自身是劳动教育的主观因素。

决定大学生劳动教育成败的关键因素是大学生自身这一主观因素,如果主观不接受,客观因素再怎么起作用,效果也是事倍功半。大学生劳动教育通过对大学生自身的劳动教育,能够让其在主观上认同劳动,不抵触劳动,拥有正确的劳动观念,对劳动具有无限的热爱,同时能够让大学生对劳动具有无限的热情,在劳动过程中不断巩固自己、提升自己,使劳动成为武装与提升自己的技能,在将来的就业大军中所向披靡。

教师应该积极引导,让民社专业学生充分认识到本专业的特点,意识到劳动的重要性。首先应培养专业学习志趣,把吃苦耐劳变成一种乐趣,积极探索多样化教学模式,强化实践实习教学的作用,将实习与教学有机联合起来。以家政专业为例,可以充分结合民政行业优势,紧贴社会服务业、紧贴特殊儿童、老年人、社区建设、社会组织建设、婚庆等社会管理和服务岗位设置专业。例如,长沙民政职业技术学院从2019年初开始,为适应经济发展和社会需求开设了民生类专业,专业依托国内蓬勃发展的家政服务及相关领域的综合服务、基层管理、运营策划类岗位,通过深度产教融合培养具有良好职业道德、人文素养等服务领域的高级技能人才。新专业的增设进一步明确了学院的办学方向,优化了专业结构,丰富了办学资源。

2. 有助于大学生保护自身劳动合法权益

大学生劳动法律教育是大学生劳动教育的内容之一,大学生劳动法律教育主要从劳动合同法的适用范围,劳动合同订立的基本规定,劳动合同的履行、变更、解除与终止,劳动争议的处理四个方面来对大学生进行教育,在后面的章节中我们会进行深入学习。大学生在毕业之后，无论是自主创业还是择业都要与人签订劳动合同，因此对大学生进行劳动法律教育具有重要意义。通过对大学生劳动合同法适用范围的教育，有利于大学生明确在就业时与用人单位签订的劳动合同是适用劳动合同法还是公务员法，也有利于对大学生进行劳动教育，让劳动成为大学生的日常习惯，有利于促进大学生个性的全面发展。劳动教育能够促进大学生脑力、体力协同发展。现今绝大多数家长不愿意让孩子劳动，其目的在于让孩子花更多的时间在学习上，认为学习才是孩子们的第一要务。殊不知，劳动不仅能够使大学生劳逸结合、放松疲惫的大脑，而且能够通过大学生左右手协调的操作劳动，促进左右脑的开发、思维的拓展。大学生进行任何形式的劳动都要消耗一定的体力，这在一定程度上能够增强大学生的体魄，促进大学生的身心健康。

因此，当个人积极主动地要求自己，为自己劳动、为社会劳动时，个人的价值就能够充分体现出来。当我们每个人都能够主动要求劳动，我们整体素质将显著提高，社会将一片和谐与美好。劳动教育有利于大学生良好道德品质的形成。高校的教育中离不开对大学生进行思想政治的教育，单纯的思想政治教育容易让大学生产生乏味、单调、传统、陈旧甚至抵触的情绪。而通过劳动这一实际方法，能够让大学生在劳动的过程中更加轻松、更加愉悦地接受思想政治教育。对大学生进行劳动教育有利于他们在不断的劳动实践中养成热爱劳动、艰苦朴素、善于奉献的良好品质及德、智、体、美、劳全面发展的高素质劳动者和技术技能人才。

2.2.3 认识劳动就业

2.2.3.1 基本含义

劳动就业简称就业，是指具有劳动能力的劳动者在法定劳动年龄内自愿从事某种具有一定劳动报酬或经营收入的社会劳动。劳动就业的方式有 3 种，即劳动部门介绍就业、组织起来就业或自谋职业、高等学校毕业生由国家根据生产建设的需要及本人的专长和志愿进行安排。对于各单位劳动力的再分配，采用劳动调配方式进行。在由计划经济体制向社会主义市场经济体制转变的过程中，中国的就业制度和就业机制发生了重大变化，国家改变了计划经济体制下统包统配的就业制度，逐步过渡为市场经济条件下的市场就业。

2.2.3.2 相关概念

1. 劳动法规

劳动者同生产的物质条件相结合，为社会创造物质财富或提供劳务，并取得劳动报酬或经营收入。从事有一定劳动报酬或经营收入的工作人员，称为就业人员。在有的国家，雇主、自营人员和家庭工人（即协助家庭经营企业或农场而不支付报酬的）也算就业人员；有的国家则规定其工作时间达到正规工作时间一定比例的才算就业人员。在资本主义雇佣劳动制度下，失业是资本积累的必然产物，劳动者不可能全部就业。在社会主义制度下，劳动者由国家统筹规划，通过各种方式可以得到劳动就业的机会。

2. 就业方式

就业方式有：①劳动部门介绍就业。②组织起来就业或自谋职业。③对高等学校毕业生由国家根据生产建设的需要及本人的专长和志愿进行安排。对于各单位劳动力的再分配，采用劳动调配方式进行。随着多种经济形式的发展和经济体制的改革，在一定程度上允许用人单位选择用人和允许劳动者选择职业，使劳动者和工作岗位相适应。

3. 政策措施

中国现阶段劳动就业的方针政策和措施:①在国家统筹规划和指导下,实行劳动部门介绍就业、自愿组织起来就业和自谋职业相结合的方针。这一方针是同多种经济形式和多种经营方式长期并存相适应的。这一方针改变了多年来依赖国营单位包下来就业的单一渠道,使集体经济和个体经济成为安置就业的重要渠道。发展集体经济和个体经济,可以发挥企业事业单位、机关团体及待业人员各方面的积极性,解决资金、门路、厂房、设备、技术等一系列的问题,而且经营灵活,适应性强。②调整产业结构,相应地调整就业结构。调整工业与其他产业、重工业与轻工业之间的产业结构比例,大力发展容纳劳动力多的、与人民生活关系密切的商业、服务性行业和消费品生产行业,以扩大就业门路。③加强就业前培训,逐步实现先培训后就业,以提高劳动者的素质。对各种培训方式进行统筹规划,使培训专业的设置适应社会需要,并且同就业相衔接。④实行待业人员的登记管理制度,掌握待业人员的情况,并根据国民经济发展和人民生活需要编制就业规划,对就业进行有计划的指导。⑤管好用好就业经费,建立和健全有关制度。经费的使用,特别是用于扶持生产的周转金的使用,既要注意安置就业的效果,又要注意经济效益。⑥发展劳动服务公司在安置就业中的作用。⑦通过发展多种经营和乡镇企业,建设星罗棋布的小城镇,就地安置因农业劳动生产率提高而多余的农村劳动力。

4. 服务体系

在由计划经济体制向社会主义市场经济体制转变的过程中,中国的就业制度和就业机制发生了重大变化,国家改变了计划经济体制下统包统配的就业制度,逐步过渡为市场经济条件下的市场就业。实行国家促进就业、市场调节就业和劳动者自主择业的市场就业新机制。

5. 就业服务体系

中国的就业服务体系包含职业介绍、就业训练、失业保险和劳动就业服务企业等四项主要内容:

(1)职业介绍的主要任务是:求职登记,企业用工调查与登记,劳务市场信息收集,就业与用工的指导与咨询,以及就业预测预报。

(2)就业训练的主要任务是:面对失业青年、妇女和残疾人等开展的就业前训练,失业职工转业训练。

(3)失业保险的主要任务是:失业救济、失业医疗补助、失业职工管理及对失业职工的再就业给予帮助。

(4)劳动就业服务企业的主要任务是:在国家资金、税收和就业政策支持和主办单位扶持下,举办各类生产经营网点,直接安置失业人员。

随着我国高职教育的发展,高职毕业生的就业问题越来越受到人们的关注。2008年初,我国实施了《中华人民共和国劳动合同法》。此法的出台不仅规范了我国的劳动力市场,同时对大学生的就业也产生了较大的影响。基于《中华人民共和国劳动合同法》与高职毕业生就业的相互关系,本书尝试提出在此背景下高职毕业生的就业对策。高职教学的任务是为国家培养技术技能人才,这个属性决定了高职的就业方向一般为基层或企业等体能劳动型单位。

【课堂活动】

关于劳动与就业的关系,你自己了解吗?

活动背景:当前,高职类大学生就业中的经验歧视相当普遍,已经成为大学生就业的新瓶颈。经验歧视的普遍性给大学生就业、企业用人方面都带来了消极的影响,导致劳动力资源配置效率的缺损和社会财富的减少。大学生的根本任务是学习,要求尚未毕业的学生具有完全意义上的社会工作经验,那是不现实的。但是,学生通过兼职实习等方式获得劳动技能和“准工作经验”则是可行的。大学生通过合适有效劳动,可以锻炼能力,而这种能力在学校里面往往因缺少锻炼机会而难以获得。企业为了追求利润最大化,希望员工马上能够胜任工作,而不是要经过较长时间的培训才能够进入工作状态。我认为,通过积累丰富的社会经验和劳动技能获取“准工作经验”可以弥补自己在这方面的不足,在一定程度上减少企业的经验歧视。高职院校应通过扶持学生重视劳动意识,积累丰富的社会经验和劳动技能、开展创新创业实践等多种方式大力发展素质教育,锻炼学生的能力,多方位探索校企合作的方式,探索高职院校的新模式,更好地开展高职院校的就业工作,降低企业或单位对于高职类学生的经验歧视。

活动目的:劳动是人类特有的,为满足自身的物质和精神需要,有目的地调整和控制人与自然界之间的物质变换过程的一种改变自然物的社会实践活动。通过本活动使学生了解劳动、就业、劳动与就业之间的关系。

活动程序:各个小组先进行问卷调查,再进行分组讨论,然后在全班范围进行汇报与分享。

活动内容:围绕下列问题展开讨论。

(1)你在什么情况下会主动去劳动?

(2)进入大学后,你对学校的卫生安排满意吗?

(3)你在宿舍的生活中是如何分配宿舍劳动的?

(4)你认为自己的劳动素养如何?

(5)您认为劳动和就业之间有什么关系?

(6)作为一名高职学生,你怎样看待劳动对未来职场的促进作用?

拓展训练:可以绘制一幅关于劳动、就业、劳动与就业之间关系的思维导图。

(活动时间 15 分钟)

【思考题】

1. 如何理解“劳动技能教育是指对大学生进行劳动与生产技术的教育,是提高大学生综合素质、促进大学生全面发展的举措之一”?

2. 如何理解“对劳动技能认知的主要目的是使大学生在步入工作岗位之时能够掌握一些专业知识与生产技能从而能够胜任心仪的岗位,满足岗位的需求”?

模块三　职业生涯规划

第3章　职业生涯路线

【学习指南】

确定职业生涯目标，就是明确自己想成为一个什么样的人。比如，在行政管理上达到某一级别、担任某一职务，在专业技术上达到某一职称、成为某一领域的技术专家。有了目标才有了追求成功与事业的方向和动力。但是不少大学生却不了解职业生涯目标对整个人生的意义和作用，认为确立目标只不过是一种形式而已，没有目标照样可以工作和生活，从而甘愿将自己一生的命运完全交给别人去主宰。无数的事实与研究证明：凡是在一生中称得上“成功”的人，都有明确的奋斗目标；那些没有奋斗目标的人，都没有获得理想的成功。当然在有奋斗目标的人中也有没有成功的，不过他们都另有原因，有的是由于目标失当，有的是行动不够，有的是由于失误或遇到某种意外等。由此可以得出这样一条规律：有了目标未必一定成功，但若想成功必须要有明确的目标。

生涯规划是一个动态变化的过程，规划方案的超前性包含了方案实施过程中的诸多不确定因素，因此必须重视规划方案实施过程中的行动反馈和结果反馈。如可能出现的目标制定过高或过低的情况；或者实施方案与目标不太吻合；或者尽管方案与目标吻合，而自己在执行中不是很坚决，这些因素导致在目标与结果之间出现差距。这时，我们就要对出现的差距进行分析，找出原因，重新调整自己的目标，或者修改自己的实施方案，或者改变自己执行不力的习惯。

能否有效地进行时间管理直接关系到职业生涯能否取得成功，甚至可以说起着决定性作用。时间是一种资源，但是它只在有效运用的情况下，才可能变成有效资源。“时间管理”所探索的是如何减少时间浪费，以便有效地完成既定目标。时间就是生命，时间就是金钱。人们往往重视生命，乐于理财，而忽略了时间管理。善用时间，就是善用自己的生命！

【能力标准】

分类	具体内容
知识	了解职业生涯规划路线图并能够制订计划行动方案 了解时间管理的相关知识
技能	通过实践不断地进行反馈、评估与修正，更好地实施职业生涯规划 掌握时间管理的原则与方法，认识到时间管理的重要意义

分类	具体内容
态度	对待未来的职业生涯有明确的认识与理解 了解常见的时间管理问题,掌握改进的方法,提升执行能力

3.1 职业生涯路线概述

【导入案例】

目标对人生的影响

“蚯蚓”是我从小到大的朋友。“蚯蚓”不是原名,由于他长得黑矮瘦弱,因而得名。

18岁分开后,我在外为生活四处漂泊奔波;“蚯蚓”却上了大学,什么事都挺顺当。在这分开的十年里,我们几乎每隔两三年见一次面。每一次我都喜欢问他同一个问题:你将来的目标是什么? 而我得到的答案总是不相同。

下面记录的是蚯蚓每次谈及目标的原话:

18岁,高中毕业典礼上:我发誓要当李嘉诚第二! 我要当中国首富!

20岁,春节老同学团聚会上:我想创立自己的公司,30岁时拥有资产2 000万元。

23岁,在某工厂当技术员,第二职业是炒股:我正在为离开这家工厂而奋斗,因为在这里工作太没前途了。我将全力炒股,3年内用5万元炒到300万元。

25岁,炒股失意而情场得意,开始准备结婚:我希望一年后能有10万元,让我风风光光地结婚。

26岁,不太风光的结婚典礼上:我想生一个胖小子,不久的将来当个车间主任就行,别的不想了。

28岁,所在的工厂效益下滑,偏偏正是妻子怀胎十月的时候:我希望这次下岗名单里千万不要有我的名字。

(摘自新浪新闻客户端)

思考:“蚯蚓”的故事给你带来哪些启示?

分析:

从上面的小故事可以看出,“蚯蚓”显然没有对自己的人生进行合理的规划。刚开始的时候当技术员,但他没有去细心研究技术,而是去炒股,想赚到300万元,后来炒股失败而又想当车间主任,最后可能技术也不是很精通,希望下岗名单中不要有他的名字。他这样一个没有规划的人生,显然是很容易失败的。

在现实中,我们多少人做事半途而废,这其中的原因,往往不是因为困难太大,而是觉得成功离我们太远。多少人想一步登天,结果却摔了个四脚朝天。究其原因都是不懂得目标分解。在人生的旅途中,如果我们成功的理念中多一点目标阶梯,社会上就少一些“蚯蚓”,人生中也许就会少许多懊悔和惋惜。

3.1.1　职业生涯路线图

3.1.1.1　职业生涯路线简介

职业生涯路线是指一个人选定职业后选择从什么途径去实现自己的职业目标。发展方向不同,要求也不同。这就如登山,要达到山顶的目标,就要选择最佳的登山路线与方式。人们也常说条条大路通罗马,讲的是道路多、选择多、办法多的道理。可是那么多道路到底哪条是到罗马最近、最好走的路呢?这就是实现目标过程中的路线选择问题,选择了捷径好路,就易于进入职业发展的快车道;否则,就会耽搁在路上。没有一个职业发展的路线蓝图,就会走错路、走弯路、走回头路,这将直接影响我们的心情和成就,导致我们的努力、动力、能力不能直接作用于目标,就会产生资源、时间、精力的浪费,在无形中延长了我们成功的期限。因此,在职业确定之后,必须对职业生涯路线进行选择,以使今后的学习和工作沿着职业生涯路线和预定的方向发展。

3.1.1.2　确定职业生涯路线

职业生涯路线是为了实现职业生涯目标而选择的发展方向和所走的职业道路轨迹。在确定人生目标后,就必须考虑向哪一条路线发展,是走行政管理路线,向行政方面发展,还是走专业技术路线,向业务方面发展。这是在职业生涯规划和设计中必须涉及的问题。这些问题必须很好地解决,以便使自己的学习、工作和各种行为沿着你的生涯路线和预定的方向前进。因为每个人的个性特征、专业兴趣和目标不同,自然发展路线和具体要求也就不同,即使同一职业,也有不同的岗位。有的人适合搞行政,可在行政管理方面大显身手;有的人适合搞研究,可在某一领域有所突破;有的人适合搞技术,能成为技能高手。选择适合自己的发展路线,是关系到事业能否成功的重要步骤之一。其具体情况如图 3-1 所示。

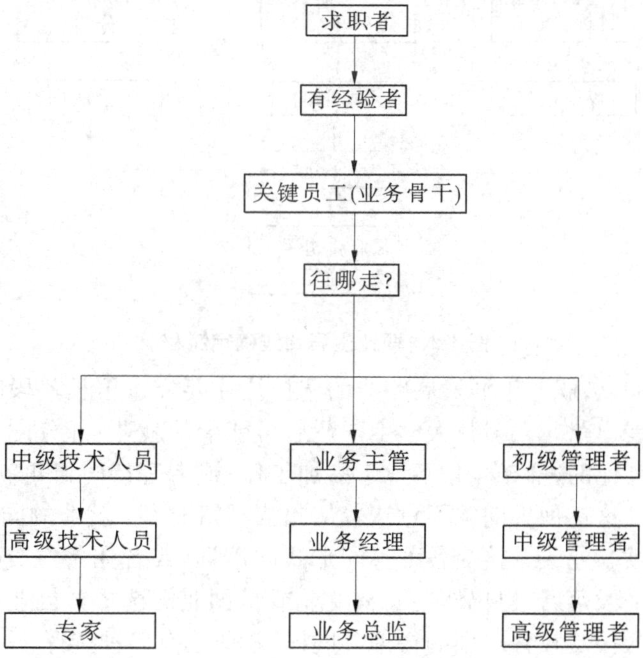

图 3-1　各类职业目标关系

职业生涯发展路线选择的重点是对职业理想、职业能力、职业环境三方面职业生涯选择要素进行系统分析，并在此基础上确定自己的职业生涯发展路线。大学期间，你要对自己的职业生涯发展路线做出合理的规划，在抉择的过程中通常需要考虑以下三个问题：①我想往哪一路线发展？②我适合往哪一路线发展？③我可以往哪一路线发展？

第一个问题是我想往哪一路线发展。这是通过对自己的价值、理想、成就动机等的分析，确定自己的职业目标取向。

第二个问题是我适合往哪一路线发展。这是通过对自己的性格、特长、情商、技能等的分析，确定自己的职业能力取向。

第三个问题是我可以往哪一路线发展。这是通过对自己身处的社会环境、经济环境、政治环境、组织环境的分析，确定自己的机会取向。

回答这三个问题，其实就是对“知己”“知彼”有关情况的综合分析成果加以利用的过程。三个取向确定后，进行综合分析，确定自己的职业生涯路线，这对大学生的职业生涯发展是十分重要的。职业生涯路线确定流程见图 3-2。

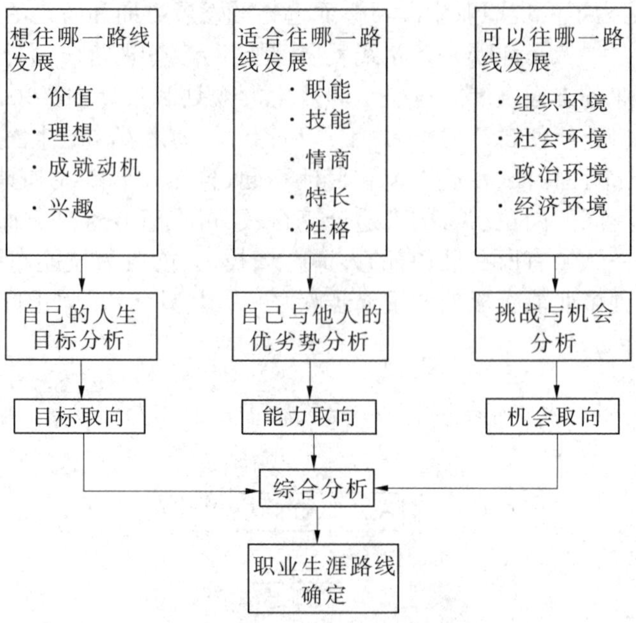

图 3-2　职业生涯路线确定流程

同时需要注意的是，职业生涯发展路线的选择往往要经过很长一段时间的探索后才能找到适合自己的发展道路。大多数大学生毕业后可能会先就业；部分同学可能会进入本科阶段学习或者进行其他的进修学习，不急于参加工作，或者等待时机再就业；而有的同学可能会选择直接创业。这三种去向并不意味着从此就不相干了。就业的同学将来仍然可以选择重新回到学校继续学业或者接受各种不同形式的培训，或者在条件成熟时创业。继续求学的同学在学习告一段落后，也仍然会面临就业或是创业的选择。创业的同学也有可能重新进入就业或是进入接受教育培训的行列。同样，就业也有多种选择。

3.1.2 职业生涯发展路线的常见类型

典型的职业生涯发展路线图是一个“V”形图。V 的最低点即开始工作的年龄和起点,V 的两边代表两个不同的职业发展路线和阶段性目标。假如一个人 24 岁大学毕业参加工作,即 V 形图的起点是 24 岁。由起点向上发展,V 形图的左侧是行政管理路线,右侧是专业技术路线。将路线分成若干等份,每等份表示一个年龄段,并将专业技术的等级、行政职务的等级分别标在路线图上,作为自己的职业生涯目标。

通常来说,常见的职业生涯发展路线如表 3-1 所示。

表 3-1 常见的职业生涯发展路线

类型	典型特征	成功标准	主要职业领域	典型职业通路
技术型	职业选择时,主要关注工作的实际技术或智能内容。即使提升,也不愿到全面管理的位置,而只愿在技术职能区提升	在技术区达到最高管理位置,保持自己的技术优势	工程技术、财务分析、营销、计划、系统分析等	财务分析员→主管会计→财务部主任→公司财务副总裁
管理型	能在信息不全的情况下,分析解决问题,善于影响、监督、率领、操纵、控制组织成员,能为危机所激励,善于使用权力	管理越来越多的下级,承担的责任越来越大,独立性越来越强	政府机构、企业组织及其各部门的主要负责人	工人→生产组组长→生产线经理→部门经理→行政副总裁→总裁
稳定型	依赖组织,怕被解雇,倾向于按组织要求行事,高度的感情安全,没有太大抱负,考虑退休金	一种稳定、安全、氛围良好的家庭、工作环境	教师、医生、研究人员、勤杂人员	更多地追求职称,如助教→讲师→副教授→教授
创造型	要求有自主权、管理才能,能施展自己的特殊才能,喜好冒险,力求新的东西,经常转换职业	建立或创造某种东西,它们是完全属于自己的杰作	发明家、风险性投资者、产品开发人员、企业家	无典型职业通路,极易变换职业或干脆自己单独干
自主型	随心所欲制定自己的步调、时间表、生活方式和习惯,认为组织生活是不自由的、侵犯个人的	在工作中得到自由与欢乐	学者、研究人员、手工业者、工商个体户	在自由领域发展自己的个人事业

以上这几条路线并不是一条道走到底的,其中也可能会出现交叉和并轨。例如,一开始在某企业从事软件开发类的技术工作,不断积累经验和能力后,被提升为研发部经理,然后走向更高层的管理位置,逐步由专业技术型向行政管理型转化;或者是时机成熟后,自己离开企业,创办自己的计算机公司,就转变成自主创业型。

3.1.3 制订计划行动方案

3.1.3.1 计划行动方案的特点

计划行动方案是实践的依据所在,所以在制订的过程中,一定要全面考虑,避免重复修改而浪费实践。大学生在计划初期,一定要有一个宏观的、整体的把握,一定要通过各方面收集资料对职业目标及职业路线有一个大体的了解，杜绝自己想象、闭门造车。只有这样，才能够更加顺利地实践职业目标。

职业目标具有下列特性：

(1)长期性。职业生涯发展路线的计划方案不是一个月、一年的，而是需要多年努力去实践的，甚至是一生。我们要不断对行动方案做评估与反馈，根据社会的发展及技术的不断提高去进行修正，是一个不断改进的长期过程。

(2)限时性。计划行动方案是讲求时间限定的，类似于我们做的计划，如果第一步计划没有完成，那么会影响以后的进度，会对心理、心态及身体程度造成影响。给人带来一种慌乱、不知所措的感觉。所以，在制订计划行动方案的同时，要考虑时间要求，从多个角度衡量时间制订得是否妥当、是否合理，才能更好地执行。

(3)直观性。计划行动方案避免冗长、繁杂，给人的感觉应该是一目了然，非常直观、清晰可见。这样的行动方案给人的身心不会带来压力，让学生愿意去接触它、实践它。

(4)阶段性。阶段性计划是行动方案的核心所在，也是衡量大学生是否按计划执行的关键所在。因为人们不可能一下子完成很多任务，把任务分成阶段性来完成，更有利于提高效率，阶段性进展的顺利能够促进学生继续按计划实践，阶段性进展受阻，会带来厌烦甚至疲惫的心理感受。

(5)挑战性。计划行动方案不是将计划罗列出来就能成功的，而是通过实践才能实现的，计划有简单的，有复杂的，艰巨的、富有挑战性的计划需要为之坚持不懈的努力。

(6)单一性。因为每个人的发展路径不尽相同，每个人的职业需求也不尽相同，所以每个人的计划方案也会不一样，那么详尽的计划行动方案的实践对象一定是个人，是单一的，不是一个团队，也不是一个群体。

3.1.3.2 制订计划行动方案

在确定了职业生涯发展路线后，一定要按照发展路线图所示，制订计划行动方案，有了方案，按照计划一步一个脚印地完成，才能离自己的职业目标更近。所以，计划是实践的关键所在，是实现职业目标的先决条件。目标是计划的所向之处，所以制订行动计划可以对职业目标进行分解，即分解为短期目标、中期目标和长期目标。

1. 制订短期目标

短期目标通常是指时间在一至两年内的目标，是中期目标和长期目标的基础，是最清楚的、着手可行的目标。一般来讲，在制订职业生涯行动计划时可分为日目标、周目标、月目标、年目标。一般短期目标具有以下几个特征：

(1)目标要与现实相结合；

(2)目标具备可操作性；

(3)对实现目标有把握；

(4)明确规定具体的完成时间；

(5)目标需要适应环境；

(6)目标可以自主选择；

(7)服从于中期目标。

2. 制订中期目标

中期目标通常是指时间在三至五年内的目标，是前期目标的后续，相对长期目标要更加具体一些。其特征主要有：

(1)通常与长期目标保持一致；

(2)根据企业的环境及要求来制订的目标；

(3)可以估量目标能够实现；

(4)有比较明确的时间，可做适当的修正与调整；

(5)应该有激励价值，并且现实可行。

3. 制订长期目标

长期目标通常是指时间为五至十年的目标。相对短期目标和中期目标而言，长期目标则更接近自己的人生目标。长期目标也可以根据企业内外部形势的变化而变化，所以在制订长期目标时宜以勾画轮廓为主分解短期的目标有利于个人完成计划，同时可以根据环境变化制订和调整短期行动计划，并针对具体计划目标采取有效措施。长期目标有以下特征：

(1)目标有可能实现，具有挑战性；

(2)现实充满渴望；

(3)常符合自己的价值观，为自己的选择感到自豪；

(4)目标的选择和社会发展需求相结合；

(5)有明确规定的实现时间，在一定范围内实现即可；

(6)立志改造环境。

【课堂活动】

专科毕业生——张文怡的“步步高升”之路

张文怡以专科毕业生的身份进入贝塔斯曼集团，经过6年多的努力，成为贝塔斯曼中国区人力资源总监。她说我的经历对专科生来说应该是一种鼓舞。我对自己的职业发展有很清晰的规划，对未来充满希望。我刚进贝塔斯曼当培训讲师时，就希望将来有一天能成为专业的人力资源管理者。我前进的每一步都走得很扎实，同时接受了很多在职培训，包括MBA短期课程培训、领导力培训、顾客关系管理培训、心理学培训等。很多人问她是什么原因获得老板的赏识，她说大概有以下三个方面的原因：

第一，对自己的职业发展有很清晰的规划。刚进贝塔斯曼做培训讲师时，她就想将来要做培训主管，虽然有一年多时间没有得到任何晋升，但她对职业发展规划的目标从没放弃。当她被提升为培训主管时，就设想：下一步是到企业做人力资源管理工作，还是到咨询部门进行咨询服务。这一阶段，她要与5个企业的经理打交道，相当于供职5家公司。按照贝塔斯曼集团的规定，这5个企业每年各出资2万元以得到人力资源服务。对于企业主管来说，即使你做得再好，他也希望你做得更好，对工作提出了很高的要求。在这一阶段，她得到了很多锻炼，提高很快。后来，终于走上了人力资源总监的岗位。

第二，要做就做得最好，付出100%的努力。每次面对困难，她都对自己说“这是一次难得的宝贵的锻炼机会”。在她任人力资源总监前，公司曾经做过一次幅度很大、涉及200多个员工的岗位调整。当时困难很多、问题十分棘手，其前任对她说，这是锻炼你的千载难逢的机会，把这个问题处理好了，你的人力资源管理能力会提高很多。那段时间，她几乎天天在公司里与有关人员一起讨论，策划新的组织构架。

第三，善于总结并不断改变自己。张文怡是一个善于总结、不断找出自己的问题并加以改进的人，经常思考自己有哪些问题、存在哪些不足，并想办法进行调整。今天，在贝塔斯曼集团，高职高专学生依然很受欢迎。公司对员工的专业、学历没有太多的要求，不会考虑对方是本科生还是大专生，只要能够与该公司"以客户为中心、讲究团队精神、尊重每一个人、面向市场、积极改变"的企业文化相匹配，达到公司的要求，就是公司所需要的人。这说明机遇垂青于有准备的人，不管你是何种学历层次，只要你有一个清晰的职业生涯规划并不断进取，就有可能获得成功。

贝塔斯曼集团中国区人力资源总监张文怡的经历告诉我们，高职学生不应因为自己学历低而苦恼自卑、怨天尤人。大多数单位更看重的是能力，而非学历。成功属于不断进取的人，而成功也总是有规律可循的。只要是能够在自己的岗位上创造出企业价值和社会价值的人，就是人才。从这个意义上说，学历层次与人才级别之间不能简单地画上等号。一个人只有在适合自己的岗位上工作，才有可能最大程度地发挥自己的作用。一般来说，人尽其才、才尽其用是最理想的就业模式。

自我剖析：

我们要想在未来职业生涯中获得成功，需要对自己有个明确的自我规划。

首先____________________，然后______________________________________，并且付诸行动，经过不断努力和调整，直到最后实现我们的职业发展目标，获得人生的最大成功。

【思考题】

1. 简单叙述，什么是职业发展路线图？
2. 在确定了职业生涯发展路线图后，如何制订计划行动方案？

3.2　职业规划调整

【导入案例】

方法比想法更重要

在伊索寓言中，有这样一个故事：老鼠们在一起开会，商讨怎样才能不被猫抓住。其中一只老鼠提议，在猫的脖子上挂一个铃铛。全体老鼠欢声雷动——"这个主意太好了！"但当有老鼠问，怎样才能将铃铛挂到猫的脖子上时，刹那间全体老鼠鸦雀无声。

思考：这个小寓言故事告诉我们，方法比想法更重要。对此，你怎么认为？

（摘自《伊索寓言》）

分析：影响职业规划的因素很多，无论社会、组织环境，还是个人的价值观、能力、兴趣点，都会经常发生这样那样的变化，有的变化因素是可以预测的，而有的因素则是难以预测的。不确定因素的存在可能会使实际结果偏离原来的规划目标。在此情况下，要使规划实施方案行之有效，就要求我们时时注意内外环境变化，不断审视自我、调整自我、修正策略和目标，就需要不断地对职业生涯规划进行评估反馈与修正调整。

职业规划作为一个长期性的计划，它的成功实施与很多因素相关。俗话说“计划赶不上变化”，有很多变化因素难以预测。在这种情况下，要使我们的职业生涯规划行之有效，就必须不断对其进行评估与修订。同样，整个职业生涯规划也要在实施中去检验，看其效果如何，并及时诊断职业生涯规划各个环节出现的问题，找出相应对策，对规划进行调整和完善。

职业规划的评估与修订过程，是职业规划具体化的重要一环，是对自己的不断认识过程，也是对社会的不断认识过程，是使职业规划更加有效的有力手段。修订的内容主要包括职业的重新选择、路线的选择、人生目标的修正、实施措施与计划的变更等。

3.2.1 实施反馈

3.2.1.1 反馈的概述

卢梭曾说过，选择职业是人生大事，因为职业决定了一个人的未来。那么在大学期间，做好职业规划就显得尤为重要。职业设计是一种人生的设计，也是命运的设计，它能够为以后快速地找到适合自己的工作奠定基础。由于现实社会中不确定的内因和外因的存在，会使大学生与原来制订的职业目标有所偏差，这就要求我们在实践的过程中不断地反省自己的职业目标和行动方案，并对结果进行反馈。

反馈的含义就是沟通双方期望得到一种信息的回流，是执行力中的一个重要因素。在职业生涯规划中，大学生及时地反馈能体现出对待事情的态度，在实践过程中也可以减少不必要的曲折延误，大大提高执行的效率，从而保证职业目标能够顺利地实现。从某个意义上来说，反馈就是一个在实践过程中再认识、再发现的过程。这就要求我们在实践的过程中要审时度势，时时注意自身的条件变化，不断地审视自我，不断地调整自我，另外需要关注社会经济因素的变化，不断地修正计划行动方案和职业目标，才能确保职业发展路径畅通无阻。

3.2.1.2 反馈的特点

1. 针对性

信息反馈不同于一般的反映情况，它是针对个体的决策所进行的回馈，它不是被动反应，而是主动收集，有很强的针对性。在职业规划中，主动地进行信息反馈，体现着一个人的能力素养，能带给整个环境一种积极、热情的氛围，产生的连环效应更是有形的。

2. 及时性

在职业规划中，反馈要讲究时效，信息反馈更要及时，及时反馈可能会减少困扰，不要等到不可挽回的地步，因为有的事情解决的时机如果错过就没有挽回的余地了，争取做到早发现问题，早解决问题。

3. 连续性

信息反馈的连续性是个人按照活动计划方案对实践活动的情况连续，做到有层次的反馈，有助于认识的深化。切记不可三天打鱼，两天晒网，心情好了就做到反馈，心情不好就放弃反馈，应该在反馈的问题上形成良好的自控力、执行力。

3.2.1.3 反馈的主要方式

1. 正反馈

正反馈一般为反映决策执行中的成绩、经验方面的反馈信息。返回来的信息对决策者的组织指挥起到肯定或加强的作用,使工作按既定的方向发展。不断打破旧的平衡状态,促使系统变化和发展。可以使大学生知道自己的哪些能力需要发展提高,从而改进其学习、工作表现和行为。

2. 负反馈

负反馈一般为反映执行中的问题、失误方面的反馈信息。也就是说,返回的信息对决策者的组织指挥起减弱、否定或部分否定作用。负反馈可及时发现和纠正实践过程中的偏差和错误的理解,通过改变或部分改变原来工作的方向和状态,使偏离目标的方案得以纠正,保证职业目标达到预期的目的。

3. 前反馈

前反馈是指在反馈之前,对总体目标或者阶段性目标产生的偏差进行预测,并把预测中得出的某些常有苗头、倾向性的信息做出具体的分析,使在决策前对出现的偏差采取措施,以防止偏差的产生和发展,使决策能得以更好地实施,达到预期目标。

4. 后反馈

后反馈是在信息发出之后所产生的反馈。实质上就是计划实施之后对结果进行的反馈,这种类型的反馈没有前瞻性,只能对结果进行测量,基本上是反馈方式中的最后一个选择。

3.2.1.4　实施全方位反馈评价

全方位反馈,也称360度反馈。在职业生涯规划中,可以使用360度评价法,那么评价的实施者可以是职场人士、家长、老师、亲戚朋友、同学及个人等,步入职场之后,还可以是密切接触的人员(如同事、领导、客户等)。全方位评价是一种基于对评价实施者收集信息并提出意见的方法。

1. 反馈是调整行动计划的依据

在职业生涯中,大学生通过实践行动计划,将信息反馈传递给本人,反馈的结果有好有坏,如果是与计划相一致的消息,你可以继续按照原计划执行,如果是与计划相违背的消息,可以通过对反馈回来的信息进行全方位的分析,找出造成偏差的原因并从中发现差距,进而对行动计划做出适当调整,根据调整的计划再去实践,再进行反馈,这是一个循环往复的过程。通过信息反馈还可以发现一些边缘情况,为个人剔除与淘汰某些过时的、老化的信息和修改、补充新的信息提供依据。

2. 反馈是决策的重要基础

信息反馈是收集信息,为计划做出切实可行的决策的一条重要途径,大学生可以通过信息反馈整理、完善、修正计划,有利于更快更好地实现当前目标,提高了实现职业目标的效率。在做的每个决策中,都需要大量的反馈信息。没有反馈信息就不能继续决策,没有反馈信息就不能改善决策。信息反馈是决策执行结果的反映过程,是决策执行效果向决策者的回传,是决策进一步修正的信息来源。

3. 反馈是计划顺利进行的可靠保证

任何规划都不会尽善尽美,需要有人去落实。大学生在职业规划的实施过程中要从自身做起,自觉做起,正确看待反馈,当你的行动计划做到反馈时,你要完成的任务就会更加顺畅,工作思路也会更加清晰,更加有条理,不必要的错误发生的概率会更小。将反馈看成自己的良好习惯,最终受益人不是他人,而是自己。因此,在计划的执行过程中必须建立完善的反馈系统,便于在多方案决策中选择最佳决策方案,对决策方案的执行过程进行有效控制,使决策取得理想的效果。

3.2.2 职业生涯评估

职业生涯规划作为一个长期性的计划,它的成功实施与很多因素相关。俗话说"计划赶不上变化",有很多变化因素难以预测。在这种情况下,要使我们的职业生涯规划行之有效,就必须不断对其进行评估与修订。同样,整个职业生涯规划也要在实施中去检验,看其效果如何,并及时诊断职业生涯规划各个环节出现的问题,找出相应对策,对规划进行调整和完善。职业生涯规划的评估与修订过程,是职业生涯规划具体化的重要一环,是对自己的不断认识过程,也是对社会的不断认识过程,是使职业生涯规划更加有效的有力手段。修订的内容主要包括职业的重新选择、生涯路线的选择、人生目标的修正、实施措施与计划的变更等。

3.2.2.1 评估的内容

1. 职业生涯目标评估

我们在职业规划的实施过程中,如果一直无法胜任我们的职业生涯目标,一直无法适应我们自己设计的职业生涯行动方案,那么,会有一系列反作用影响我们。比如,压抑、不愉快、自暴自弃、自甘堕落,在学习和工作过程中得不到价值的体现;或者是一个女生做销售5年,觉得特别辛苦,又感觉自己在外打拼也不容易,职业目标有所动摇……像这种情况就要考虑修正和调整职业生涯规划。调整职业生涯规划的第一要务是做好职业目标的评估和调整,及时了解情况的变化,在这个过程中,要对实际情况和职业目标的实现程度进行分析,做好职业目标的考核、修改和调整,重新制订适合自身发展的职业目标,确保可行性,才能完成职业目标的实现。

另外,我们还要从总体上对职业生涯的目标进行评估,评估年度目标的完成情况,对未完成目标进行分析,找出未完成原因及发展障碍,制订相应解决障碍的对策及方法。最后,依据评估结果对下年的计划进行修订与完善。

2. 职业生涯路径评估

主要是评估职业生涯路径对自己职业生涯发展的影响,每一个人都有一条发展之路,离开了这条路或者没有找到捷径,可能比较晚地实现职业目标或者与职业目标相背离。所以,在实施职业生涯规划时,要分析环境条件的特点、环境的发展变化情况、自己与环境的关系、自己在这个环境中的地位、环境对自己提出的要求及环境对自己有利的条件与不利的条件等。只有对这些环境因素充分了解,才能做到在复杂的环境中趋利避害,使你的职业路径选择正确,使你的职业生涯规划具有实际意义。

3. 实施策略评估

这是一个日新月异的社会,市场竞争全球化,客户需要也千差万别,我们一成不变地实施策略可能导致失去职业目标的机会,所以我们就要评估行动策略,看看有没有更好地方法补充或者代替当前策略,这种实施策略评估的方法,如果是在技术比较高的行业,对实施者要求相对较高,实施者需要具备较高的情商、智商及行动力,才能更好地完成行动计划,这种实施策略的评估结果会更加直接影响着个人行动策略。

4. 其他因素评估

影响我们实现职业生涯目标的因素有很多,如我们的身体状况、家庭需求、经济状况及偶然的机遇、意外情况等,我们都需要对此进行评估。如果家庭需要更多的照顾,则要将更多的精力放在家庭,甚至暂时放下工作;如果身体条件不适应当前的工作,也要做出适当的调整;在生活中,如果有其他意外的产生,也迫使我们不得不调整职业生涯规划。

3.2.2.2 评估的方法

1. 反思法

反思法就是自我反思,自我解剖,直面真实的自己。自古就有:"吾日三省吾身"。它的意思就是每天要反省自己很多次,每天要严格对照行为准则来检查自己的言行,这才能明白事理,日后的言行才不会出现过错。

反思法在职业生涯规划中是经常使用的一种自我评价方法,通过这种方法可以更全面地认识自己,反思法要有及时性和经常性,如果间隔时间太长,反思的内容就不是特别清晰,就会比较片面,这样就会使错误和缺点不能得到及时的纠正,影响进步,也可能影响职业生涯目标。

2. 访谈调查法

1)访谈法

在职业生涯规划的实施过程中,应该把自己的进度和想法及遇到的问题和其他人或者专业人士分享,并主动询问他们的建议。"不识庐山真面目,只缘身在此山中",说的就是这样的一个道理:往往自我了解、自我反思比较困难,但别人能从旁观者的角度清楚地看到自己的处境,能了解自己的弱点。所以,虚心、主动、积极、经常地征求别人的意见及对自己职业规划的看法,往往有意想不到的积极的效果。

2)问卷调查法

问卷调查法是调查者运用统一设计的问卷向被选取的调查对象了解情况或征询意见的调查方法,它的特点是不直接与人面对面交流。在职业生涯规划中如果想使用问卷调查法,可以将评估中所要了解的问题编制成问题表格,发送给被调查人填答,从而了解被调查人对某一现象或某一问题的看法。这种调查法的运用,关键在于编制问卷,选择调查对象及对调查结果归类分析。然后,根据分析的情况,恰如其分地修改下一步拟订的计划。

3. 观察对比法

1)自我比较

自我比较,是将自己的现在与之前做对比。自古就有"以古为镜,可以知兴替"的说法。人是不断变化、发展的,"我"的昨天、今天和明天不是一成不变的,而是不断发展变化的。他们既相互联系又相互区别,区别主要受知识、经验、兴趣、爱好和能力、愿望等因素影响。因此,人们通过自己的前后比较,可以深刻地了解自己、认识自己。这种方法非常适合大学生阶段性比较。比如大一、大二学年进行比较,可以了解自己在思想品德、学习能力、专业知识、特长等方面的差异;毕业后与结婚后进行比较,可以了解自己的适应能力、职业价值观、社交能力、实践能力等方面的变化。

2）与他人比较

古人云："以人为镜，可以知得失"。每个人有自己的职业目标，都有自己追求的方法。所以，在职业生涯规划的评估时应多比、多思、多学，吸取别人科学的方法。与他人比较时，要注意挖掘自身的相对优势，同时参照比较对象实践的可行性。

3.2.2.3　评估注意的问题

评估可以参照各类短期、中期预定目标和实际结果比照而行。一般来说，任何形式的评估都可以归结为自我素质和行为对现实环境的适应性判断，分析自己的现值，特别是针对变化的环境，找出偏差所在，并做出修正。

1. 资料收集的全面性

职业生涯规划是分阶段的，同样，行动方案也是分阶段进行的。那么想要对当前阶段进行评估，资料收集一定是全面性的，否则评估就没有任何效力。评估也会缺乏准确性。

2. 分离出最新的需求

在职业生涯规划的评估过程中，要注意的是了解变化了的内外环境，并善于发掘最新的趋势，对于新的变化和需求，制订计划方案，并为之努力。

3. 找到突破方向

在反馈评估过程中，一方面要肯定自己的成绩，肯定自己的长处；另一方面要找到自己的弱点，关注自己的短板。短板可能是受观念、知识储备、能力素质、心理素质影响。对于自己的短板，要找到突破口，在短板上取得突破性的进展将对整个局面发生意想不到的改变。这就是管理学著名的木桶理论，即一只沿口不齐的木桶，其容量的大小不取决于最长的那块木板，而取决于最短的那块木板。然后再想办法修正，或者把这块短木板换掉，或者接补增长，唯有如此，你的职业生涯这只桶才能有更大的容量。

3.2.2.4　分析差距产生的原因

1. 目标定得过高或过低

（1）目标过高，超过个人能力，再努力也白搭，这时要适当调低自己的目标，否则会伤害自己的自信心；

（2）目标过低，自己不需要花费很大的精力就可以达成，那这种目标也没有什么价值，这时你就要及时调高自己的预期目标，使自己的能力充分发挥出来。

2. 目标合适而行动方案与之不匹配

当目标合适而行动方案与之不相配时，可以导致目标无法实现。例如，大一的学业规划目标有考英语四级，但却在实施方案中没有安排足够的英语学习时间。

3. 目标和行动方案都合适但执行不力

比如，目标是考大学英语四级，实施方案中安排了英语学习的具体时间，但由于有其他许多事情耽误了英语学习，导致目标无法实现。这是执行过程中存在的问题。

3.2.2.5　评估的要点

一般来说，职业生涯规划的评估都可以归纳为自我素质和行为对现实环境的适应性判断，分析自己的现状，特别是针对变化的环境，找出偏差所在，并做出修正。

1. 抓住最重要的内容

猎人如果同时瞄准几只兔子，那么他可能一只兔子也打不到。同样，在大学生的职业生涯规划评估中也不必面面俱到，而是抓住一两个关键的目标和最主要的策略方案进行追踪。在大学生职业生涯的某一阶段，1～2年内，或者2～3年内，总有一个最重要的目标，其他目标都是指向这个核心的，你完全可以通过优先排序，重点评估那些可能达到这个核心目标的主要策略执行效果。

2. 分离出最新的需求

针对变化了的内外环境，要善于发掘最新的趋势和影响。俗话说"跟上形势"，对于新的变化和需求，要分析怎样的策略才是最有效而且最有新意的。大学生职业生涯规划过程中，要善于抓住外部环境的最新变化而找出适当的策略，使自己的职业规划不落伍。

3. 找到突破方向

有时，在某一点上取得突破性的进展将使整个局面发生意想不到的改变。想一想，你先前规划中的策略方案，哪一条对于目标的达成有突破性的影响？你达到了吗？如何寻求新的突破？

4. 关注最弱点

管理学中有个著名的木桶理论，即一只沿口不齐的木桶，其容量的大小不取决于最长的那块木板，而取决于最短的那块木板。在反馈评估过程中，当然要肯定自己取得的成绩与长处，但更重要的是切合变化的环境，发现自己的素质与策略的"短木板"，然后想办法修正，或者把这块木板换下，或者把它加长。唯有如此，你的职业生涯这只桶才能有更大的容量。你可以在1年、2年或者毕业后的任何时候回过头来，看看你在制定实施策略前，通过矩阵分析（SWOT）发现的劣势等如今是否通过阶段行动的努力而有所改观。如果没有，为什么会行而无效，或者行不通？差距又在哪里？

一般而言，你的"短木板"可能存在下列方面：

（1）观念差距。观念陈旧往往会造成策略的失误，导致行动失败。因此，要不断检查自己的观念、更新自己的观念。

（2）知识差距。按照实施策略所积累的知识仍然不够，还是学错了方向？要取得职业的成功，需更加注重建立合理、科学的知识结构。

（3）能力差距。环境在变化，对人的能力的要求也是在不断变化的。彼一时通过种种努力提高了某种能力，但此一时可能又会出现新的差距。另外，前一阶段是否坚持按计划措施来提高能力了？提高了多少？遇到了什么困难？这对以后都是一个重要的启发。

（4）心理素质差距。很多时候，我们没有取得预期的进步，并不是规划得不够好，或者措施不够得当，而是心理素质不够。一个人职业生涯的发展，首先是心理素质的成长过程。要不断加强心理素质锻炼，提高心理的适应力、承受力，树立良好的职业心态及阳光心态。

【深度阅读】

张健的职业生涯评估经历

张健，国际经济法专业本科毕业，英语通过专业八级。张健毕业后做过贸易，主要是涉及生产计划、跟单及部分外销，由于公司是一般的国有企业，工资不高，所以张健就跳槽到了目前的公司。目前公司是外资代表处，其实业务主要是和江浙一带的小型制造企业打交道，负责采购和出口物流。张健觉得公司很小，管理上不规范。薪资福利上也没什么空间。刚进代表处半年多时,他找了某职业顾问机构,咨询后,由于设定的目标与张健的实际情况相差比较远,结果在目前代表处做了两年多也没有实现。

张健认为自己的职业经历都是一些小的不规范的公司,希望能进规范的大型企业。但所做的工作与规范企业的工作流程差距很大,不知道如何能切入大企业。职业顾问通过与张健的多次沟通,了解到张健虽然语言表达能力很强,但在考虑问题和思路方面其实比较主观和固执;受到家庭环境的影响,张健的主动性很差,生活和工作中依赖性比较强;另外,在职业选择和工作中,张健决策能力很弱,做事优柔寡断,想法很多,但行动力比较差;张健在与人沟通中存在一些不好的肢体语言。张健的优势在于表达能力、整体形象和职业气质都很不错。职业顾问同时借助权威的职业测评系统对张健进行了职业能力、兴趣等各方面的评估。综合测评结果和职业顾问对张健的评价,职业咨询专家给出了适合张健的职业建议:张健外表给人比较外向的感觉,但其实个性方面偏内向,因此在做事和思考方面有些固执。张健的逻辑分析能力很强,做事有条理、有计划,更注重一个系统的整体性,有很好的全局观。另外,张健做事非常谨慎,都是经过一步一步的计划然后完成。职业咨询专家认为张健会是一个好的计划制订者,在沟通协调方面也很有优势。

综合张健的职业经历和潜在的优势,职业咨询专家建议张健应该在一个规范系统的环境下工作,从事与机械五金相关(如汽车零部件、机械制造、电子等大型外资和合资企业的物流方面)的工作。职业咨询专家亲自指导张健的简历撰写,简历中突出与物流相关的经历及自己工作的计划性和协调能力。张健根据新的职业目标和简历进行了求职,在两周后就获得了某知名企业的物流职位的面试。张健说这是第一次去心中向往的企业面试,很紧张。职业咨询专家亲自指导张健的面试,帮他调整好面试的心态,准备好一些基本的面试问题的回答思路,提醒他在面试中注意自己的肢体语言,在面试后注意一些礼仪。经过第一轮人力资源和部门主管的面试后,张健收到了复试通知,参加人力资源和部门总监的面试,获得复试的张健非常激动。他再次通过职业咨询专家的指导进行了第二轮面试。在复试后的几天里,张健觉得自己心里非常不安,不能安心工作,很期待面试的结果,但心里又很担心。他说:"自己似乎又进入几年前等高考成绩的状态了。"不过,两天后张健接到了该公司的体检通知,并于几天后收到了公司的录取通知。通过两年多的努力,张健终于在职业顾问的帮助下消除了困惑,找到了自己梦寐以求的位置而且在薪资和福利方面都大大提高了,张健终于完成了人生中最关键的一步。

3.2.3 修正调整

所谓修正是改正、改进、修改使其正确的意思。修正调整,就要根据评估的结果进行目标和策略方案的修正。职业生涯规划修正的内容有很多,但主要包括:职业及职业目标的重新选择、职业发展路线的重新选择、职业阶段目标的修正、职业生涯规划的行动计划的更改,以及实施措施的更改等。

3.2.3.1 修正目的

通过反馈、评估及修正,应该达到的目的如下:

(1)对自己的发展目标有一个清楚的了解。

(2)以合适的方式答复那些给予反馈的人,并表示感谢。

(3)实施你的行动计划,确保你能取得显著的进步和成就。

(4)对自己的强项充满自信。

(5)对自己的弱项了如指掌,并愿意接受挑战。

(6)为这些有待改进之处制订详细的行为改变计划。

3.2.3.2 修正计划

实施生涯规划时,评估与反馈过程中出现错误的信息,就必须修正职业生涯规划,那么修正的依据一定是评估后反馈回来的信息。在计划修正的过程中,必须考虑以下内容:

(1)实施的每个阶段都要检测阶段性目标的达成进度。

(2)当一阶段目标达成之后,要依自身因素和社会环境的变化及阶段性目标达成之后的实际效果,进行下一步策略的修订。

(3)在职业生涯规划中,需要不断地反省修正,随着时间和环境的改变,评估方案和计划是否恰当可行,如果不可行,就必须通过评估反馈的结果进行修正。

3.2.3.3 修正考虑的因素

1. 政治因素

当今社会,政治因素的出现多带有突发性,事前无征兆,并且难以预测,所以会对行业的前景有所破坏,造成行业的大起大落。因此,在一些和国际接轨的职业选择时,在职业生涯规划修正时,也要考虑到发生的政治局势,留意各国政治动态,也必须经常了解、分析世界政治格局的变化及地区性热点问题的动态,对有关信息做出迅速的反应,否则很容易产生损失。

2. 经济因素

经济因素对职业生涯规划的调整与修正产生着不可估量的作用,如果一个行业不景气,它所带来的创收就会不乐观,会直接影响修正的结果。从区域角度考虑,在经济发展水平高的地区,企业相对集中,优秀企业也就比较多,个人职业选择的机会就比较多,因而有利于个人职业的发展。相反,在经济落后的地区,个人职业选择的机会就比较少,个人职业生涯也会受到限制。

3. 文化因素

随着经济全球化的迅速发展,带来的就是各种生产要素也会跨越国界,在各国之间自由流动,这种国家之间的相互交流,势必会加速不同文化的交融,使文化全球化的趋势日益明显。即使在文化相互融合的年代,每个国家也有自己独有的特征,假设你目前在一家国企工作,你想修正职业生涯路线,想到一家外企工作,就必须考虑到外国的企业文化是否符合你的价值观念。

4. 科技因素

随着科技的不断进步,科学技术日益渗透到经济建设、社会进步和人类进步的各个领域,越来越多地运用到生活和生产中,使行业不断地提高管理效率,成为生产力中最活跃的因素。在职业生涯修正过程中,科技创新能力也应该是我们考虑的关键因素,只有这样,职业生涯目标才会离我们越来越近。

5. 组织因素

组织因素是指一切与职业生涯发展相关的组织因素。组织因素对人的影响也相当明显，只要社会存在，组织就存在，要改变组织因素非常困难，但个人可以选择到最适合自己发展的组织中工作。

6. 个人因素

随着时间的推移，个体也会不断发生变化。比如兴趣、爱好、工作经历、家庭环境、理想等。在职业生涯规划修正时，一定要正确认识自己，在认识自己的基础上，不断完善自己，寻求个人发展的突破点。

3.2.3.4　修正的作用

1. 帮助修正职业生涯发展目标

评估是职业生涯规划的基础，修正是职业生涯规划的实施手段，只有对自己有一个全面的了解，知道自己是谁，想要什么，能做什么之后，评估自己的职业生涯规划，然后通过修正的手段不断完善自己的选择，使自己的潜能不断地开发，为职业发展的成功奠定基础。

2. 帮助大学生了解职场环境

修正不仅是对自己计划的修订，也是对工作性质、工作内容和工作环境的再认识，它能够帮助学生们更加了解各种环境对职业生涯发展的影响，通过不断地评估与修订，能够更加客观地帮助大学生分析工作特点、自己与工作的关系、自己与职业的关系、自己的有利条件、自己的不利条件。通过修正，使大学生明确今后的职业目标，促进他们更好地发展。

3. 促进大学生抓住重点工作

大学生在修订时，是一个认识，实践，再认识的过程，知道哪些方法应该采用，哪些方法不应该采用，进一步明确自己的工作重点，可使大学生以自己的最佳状态、最大兴趣、最优性格应用到工作中，以谋求职业规划的成功实践。

4. 充分认识自我、不断发现潜能

修正的过程可以说是一个认识自我的手段，通过不断长期修正，能够帮助大学生不断地认识自我、了解自我、发展自我、完善自我。这是一个循序渐进的过程，一个积极的、正向的认识自我的过程。通过不断的修正，在认知的刺激下，大学生的潜能也不断地被激发，进而促进个人职业能力的提高。

5. 提高分析问题的能力

在职业生涯过程中，你修正自己的计划时，肯定是做了大量的准备工作，肯定是留心职业发展动向的，处处留心皆学问，世事洞达即文章，提高洞察力和判断力可以提高你的修正能力。在这个过程中，你所做的事的每一个环节都需要做出具体的分析，如果涉及的问题多，你就需要全面地掌握，整体把握，然后各个击破。这肯定需要在平时就要多看、多听、多想，养成良好的分析习惯。

6. 提升创造能力

修正人生规划也可以提升创造能力，大学生觉得人生规划出现偏差时，不得不改变自己当初的想法，科学的创造及创新能力对人生职业生涯规划的顺利实现有着重要的、正向的作用。因此，在平时就提升大学生科学素质和创新能力是非常有必要的，它能够培养大学生养成科学创造的习惯，使之在修正职业生涯规划时，能够有理有据，更快更好地实现职业生涯目标。

【思考题】

1. 职业生涯评估的内容有哪些?

2. 职业生涯评估的方法有哪些?

3. 如何结合自己的专业对职业生涯进行评估?

4. 职业咨询专家是如何把张健的性格优劣势和他的职业生涯目标结合起来的?

5. 我们应该如何确定自己的职业生涯目标?

3.3 时间管理与执行力

【导入案例】

摩托罗拉公司的有效执行力

摩托罗拉公司就是因追逐目标而成功的典型:就外表看,你也许会觉得美国国家品质奖是一座不太起眼的小雕像,可是它却象征着美国企业界的最高荣誉。要赢得此奖,公司必须使蓝带小组的人信服,他们能生产全国最高品质的产品。在1988年有66家公司竞夺美国国家品质奖,竞争非常激烈。大部分参赛单位实际上都是大公司,像IBM、柯达、惠普的某一部门。但最后夺魁的是摩托罗拉整个公司,而非单一部门。

摩托罗拉公司于1981年就开始竞争该奖章,它派遣侦察小组,分赴世界各地表现优异的制造机构进行考察。目的不仅是看他们怎么做,也要看他们如何精益求精。

所有摩托罗拉公司的员工都面临着挑战,力求大幅度降低工作中的错误率。一批以时计酬的工人,负责指出错误并有奖赏。工程师将所设计的移动电话零件数目,由1 378项减至523项。结果是错误率降低90%。但摩托罗拉公司仍不满意。

公司又设定了新的目标。就移动电话而言,目标是每产生100个零件,其中仅能容许三四个错误。也就是说,要求所生产的电话的合格率达到99.999 7%。

所有摩托罗拉公司员工,都收到一张皮夹大小的卡片,上面标示着公司的目标。公司还制作了一盒录像带,解释为什么99%的产品无故障仍嫌不足。这盒录影带指出,如果这个国家的每一个人,都以99%的品质来工作,那每年就会有20万份错误的医药处方,更别说会有3万名新生儿被医生或护士失手掉落地上。试问,99%的品质,对于将其性命托付给摩托罗拉无线电话的警察而言,是否足够?到了美国国家品质奖真正评审的时间,摩托罗拉公司的产品品质达到了无人可匹敌的水准,轻易获胜。

这样做值得吗?赢得一面金牌,对一名奥运会选手而言,是一辈子拥有一份永恒不变的光辉记忆。不论他是否获得厂商数百万美元的赞助,那个时刻都足以使其毕生引以为荣。然而,一家公司并不能仅凭着最高主管办公室里的一尊小奖杯便维持对品质要求的高度执着。摩托罗拉全公司上下士气高昂。一名主管声称:"得美国国家品质奖,有一种金钱买不到的奇效。"这就是目标的效力,有什么样的目标就有什么样的人生。

思考:摩托罗拉公司的管理经验,有哪些是值得我们学习之处?

(摘自新浪新闻客户端)

分析:从以上的案例不难看出,只有确定目标,才有实现愿望的可能性。根据自己的情况分析，只有恰当的、合适的、明确的目标，我们才能通过努力实现它。也就是说，计划像一座桥，连接我们现在所处的位置和你想要去的地方。同样的，计划是连接目标与目标之间的桥梁，也是连接目标和行动的桥梁。没有计划，实现目标往往可能是一句空话。计划对于人生来说相当重要，如果你在计划上失败了，那你注定会在执行上失败。没有计划的人生杂乱无章，看似忙碌却是空缺的。做任何事情都应有计划，以明确目标，避免盲目性，使工作循序渐进，有条不紊。步入大学时，就应该为就业做准备，在职业生涯规划中规划好人生的目标，然后按部就班地进行实践。

3.3.1 时间管理概述

时间是一种重要的资源，它不可伸缩，不可逆转，也不可替代。但却可以对其进行有效的管理和使用。所以，大学生在职业生涯规划的实施过程中要懂得珍惜时间，利用时间资源，运用有效的方法和技巧进一步学会管理时间。职业生涯规划是大学生作为人生连续而关键的时期，能否有效合理地对时间进行管理利用，关系到大学生的成长、成才及职业理想能否顺利实现。

3.3.1.1 时间管理的定义

所谓时间管理，是为了提高时间的利用率和有效性，而对时间进行合理的计划和控制、有效安排与运用的管理过程。管理的目的除要决定你该做些什么事情外，另一个很重要的目的是决定什么事情不应该做。

随着社会生活的节奏不断加快，竞争日趋激烈，人们的压力也越来越大。一方面社会的快速发展对大学生就业能力提出了更高的要求，另一方面大学生为了适应未来社会发展，也需要不断发展自身各方面的能力。作为即将步入社会、参加工作的大学生，时间管理的培养已成为各项资源管理策略中至关重要的一环。因此，有效的时间管理，会让大学生在进入社会之后，经受得住环境与他人的考验，成为一个真正优秀、卓越的人。

从更深层次来看，时间管理的核心是人的自我管理，人们研究它是为了最大限度地利用自己的一切。一个人能否有效地管理时间，不单是方法和技巧是否掌握的问题，还与这个人对时间价值的认识、自身素质（包括文化、知识素养、智力水平、人格等），及对工作和休闲这些相互联系的事情的看法有关。

3.3.1.2 时间管理的产生

国外有学者认为，时间管理理论经历了四代嬗变。第一代时间管理理论，着重利用便条与备忘录，在忙碌中调整分配时间与精力，它使人能够逐步完成待办事项，但却没有严整的组织结构，容易令人在忙忙碌碌中疲于应付。第二代时间管理理论，强调日程表，简言之就是"规划与准备"，反映出时间管理已经注意到规划未来的重要性，通过制定目标和规划，能完成较多事，但容易导致"实现了更多目标，却不见得满足真正的需求"的后果。第三代时间管理理论，讲求优先顺序的观念，注重效率，能将价值观化为目标和行动，但也可能在不同角色间造成规划过度、失衡等情形。第四代时间管理理论，是迄今为止的集大成者，又被称为"罗盘理论"，它注重任务的轻重缓急的性质，以价值、成果、贡献为中心，强调目标和方向，对效能的关注高于效率，其主张关键不在于时间管理，而在于个人管理。

3.3.1.3　时间管理的意义

高尔基曾经说过“世界上最快而又最慢，最长而又最短，最平凡而又最珍贵，最易被忽视而又最令人后悔的就是时间。”可见，时间是一种宝贵的资源，是生命的组成形式。“一寸光阴一寸金，寸金难买寸光阴”。这是自古就流传下来的，时间观念虽然早已深入人心，但由于大学生对时间管理的重视程度不同，其产生的效果也大为不同。同样的时间可能使有的学生成就事业，有一番作为，实现自己的职业理想；同样的时间也可能使有的学生虚度年华，一无所成。因此，大力倡导学生对时间进行有效的管理，可以使学生在学校甚至是毕业以后对时间管理更加重视，让每分每秒都发挥最大的效益，对学生来说意义重大。提升学生时间管理具有如下几个重要意义。

1. 有利于养成良好的习惯

良好的习惯不是一蹴而就的，而是一朝一夕慢慢养成的。俗话说，培养习惯，收获成功。在一朝一夕中，对时间管理进行有效的控制是非常必要的，良好的时间管理不仅能促进个人的身心健康，而且能对个人的未来发展有重要作用。大学生精力旺盛，又处于长身体、长见识的阶段，良好的时间管理是确保顺利度过大学阶段的一个重要基础。习惯真是一种顽强而巨大的力量，它可以主宰人生，没有人天生就拥有超人的智慧，成功的捷径恰恰在于貌似不起眼的良好习惯，而所有的良好习惯都源于对时间的把握之中。

2. 有利于完善学生人格

大学生应该都知道，从小就被提倡良好的人格、品格，我们都知道其意义所在。所以，我们就要充分利用应有的时间，并合理地利用、合理地安排，对时间有一个正确的管理，以尽可能地获得自身的发展来完善我们的意志品质，来完善我们的人格。在现实生活中，我们尽管不能控制时间，不能够让时间说停就停、说走就走，但是我们可以对其进行合理的管理，通过管理我们能控制自己的活动，通过调节自己的活动，培养自己良好的素养，形成高尚品格，从而实现人生价值。

3. 有利于科学规划职业生涯

当今社会处在变革的时代，到处充满着激烈的竞争，物竞天择，适者生存。在校大学生如果对时间进行有效的管理，能更有效地安排日常活动，将自己未来的长期目标和短期目标与每天的行动计划联系起来，就可以做到心中有数，不打无准备之仗。据调查所知，很多大学毕业生不是首先做好自己的职业生涯规划，而是拿着简历与求职书到处求职，总想会撞到好运气找到好工作。结果是浪费了大量的时间、精力与资金，最后感叹招聘单位是有眼无珠，不能“慧眼识英雄”，叹息自己英雄无用武之地。那么如何在最短的时间内完成更多的事情；如何更好地减少就业压力、完成人生阶段性目标；要解决这些疑惑，就必须通过时间管理来规划自己的职业生涯。

4. 有利于改善学生的生活质量

对当代大学生来说，校园生活是宝贵的，是人生的黄金时期。学生生活质量的好坏与科学的时间管理有着密不可分的关系。良好的时间管理能使我们在生活中保持良好的平衡状态，或者让我们反思，发现不平衡的状态，能够帮助我们提高做事效率，提升幸福指数，改善生活质量。在校内，重要的是学会充分利用和安排闲暇生活，加强零散时间的管理和充实。没有时间管理则会产生相反的效果，是我们应该摒弃的、排斥的。只有科学的时间管理才能不断塑造自我、修正自我，从而得到更好的发展。职业生涯规划的实施过程中，学会管理时间对于实现职业目标有特殊意义，所以我们要正确地对待时间管理，科学地规划好它。

3.3.2　时间管理原则与方法

3.3.2.1　时间管理的原则

1. 积极能动的原则

大学生在职业生涯规划中，应该是积极的、主动的，充分发挥自己能力作用的。大学生应根据自己的职业目标及个人愿望主动选择和确立自己的人生价值，通过坚持不懈的努力，不畏艰苦奋斗来实现自己的人生价值。在这个过程中，不断发扬人性的优点，改善人性的弱点和陋习，用创造性的思维去思考、去实践，并善于利用客观环境中的有利条件，能动地对待客观环境中的干扰因素。

2. 成就目标的原则

成就目标的原则就是大学生在确定职业生涯规划以后，要求将职业目标放在首位，把自己的时间和精力集中在自己的优势上，把自己生命价值体现在具体目标上，将全部精力着眼于为成就目标而努力，使自己在时间管理中不仅重视效率，而且重视效果。

3. 计划控制的原则

计划控制的原则就是把首要的事放在首位，结合实际情况，统筹安排自己的工作、学习、生活等各种活动，根据个人实际情况将目标确立优先，合理分配时间，并在实施过程中，排除各种干扰，能动地应对各种变化，确保计划的圆满完成。

4. 实践发展的原则

实践发展的原则就是要求学生根据自身的发展变化及外在环境、时代和科技的发展，不断更新自己的时间管理方法和技术，并在实践中加以运用、创造和完善。另外，实践发展的原则还意味着时间管理存在个体差异，需注意不同专业、不同学历的学生在系统计划的基础上的权变性发展。

3.3.2.2　时间管理的方法

时间管理是自我管理中一项十分重要的内容，但凡成绩显著的人大都是具有高效时间管理的人，成功者与失败者的差别不在于他们拥有时间的多少，而在于他们如何掌控时间。成功者一般都能够最大限度地发挥时间的效力，提高工作效率，实现自己的人生目标；一般都根据自己的自身情况及周围的环境进行考量。时间管理的方法具有以下几种。

1. 设立明确的目标

事实上，随波逐流、缺乏目标的人，永远没有淋漓尽致地发挥自己的潜能。作为大学生，一定要做一个目标明确的人，生活才有意义。设立明确的目标要求大学生在选择所从事的职业后，把自己的时间精力集中在自己的优势上，全方位地、全身心地对职业发展目标进行策划，制订计划行动方案，为实现自己的职业目标不断地、坚持不懈地努力奋进，以实现自己的人生价值。所以，无论是人生目标，还是年度目标、季度目标，一定要装在心中，制订详细的实施计划，并按照计划全力实施。

【小测验】

按照下面的问题，看看你自己平时喜好用哪种方式？

(1)先做喜欢做的事,再做不喜欢做的事。

(2)先做熟悉的事,再做不熟悉的事。

(3)先做容易的事,再做难做的事。

(4)先做短时间即可做好的事,再做需要花费大量时间才能做好的事。

(5)先处理资料齐全的事,再处理资料不全的事。

(6)先做已排定时间的事,再做未排定时间的事。

(7)先做经过筹划的事,再做未筹划的事。

(8)先做其他人的事,再做自己的事。

(9)先做紧迫的事,再做不紧迫的事。

(10)先做有趣的事,再做枯燥的事。

(11)先做易于完成的整件事或易于告一段落的事,再做一段时间难以完成的整件事或难以告一段落的事。

(12)先做自己所尊敬的人或与自己关系密切的有利害关系的人所拜托的事,再做别人拜托的事。

(13)先做已发生的事,再做未发生的事。

2.分清轻重缓急

按照下面的问题,看看你自己平时喜好用哪种方式?

平时我们会有大量的任务,面对众多任务你应该如何科学合理地安排你的工作顺序?什么样的事情是应当马上去做的,什么样的事情是可以排在最后的?我们以下面的时间管理方法来探讨“急事”与“要事”的关系,请参考麦克利兰的四象限原则:

第一象限:重要紧急的事,必须要马上去处理的事情,那是每天首要完成的工作。这是考验我们的经验、判断力的时刻,需要我们用心去分析。但我们也不能忘记,很多重要的事都是因为一拖再拖或没有做好充足的准备而变成迫在眉睫。

第二象限:是做重要而不紧急的事,这一类的事情影响深远,如果不处理好这一类的事情,那迟早有一天会向第一象限扩大,使我们陷入更大的压力,在危机中疲于应付。我们要多投入一些时间在这个领域,这个领域的事情不会对我们造成催促力量,所以必须亲自去做,这是发挥个人领导力的领域,也有利于提高实践能力。

第三象限:紧急但不重要的事。一个人的时间和精力是有限的,对于自己不重要的事情或者毫无意义的事情要学会拒绝,适当拒绝此类事情会大大提高时间利用率。一个人只有学会说“不”,他才会得到真正的自由。当然这并不等于推卸责任,如果确实需要自己来完成,那么就使用最短的时间完成这些工作。

第四象限:不重要也不紧急的事。对于这类事情尽量不去做。如果确实需要做,那么要严格限定时间,比如在休息时间观看毫无内容的电视节目,既耽误休息,又没有收获,得不偿失。所以,不重要也不紧急的事,应放在最后做,最好要限定时间,时间一到就立刻停止,千万不要被无聊的人和无关紧要的事缠住。

3.合理地安排时间

“一寸光阴一寸金,寸金难买寸光阴。”说明时间流逝飞快如箭,如果你没有合理安排时间,那就等于浪费了生命。今天应该做的事,就一定要及时完成,一定要做得好,不能随意拖到明日去做，因为明日还有明日的事情。明日复明日，明日何其多。切记做事情要认真、迅速，切勿拖泥带水，慢吞吞地做事是很耽误时间的。

4. 制订规则、遵守纪律

我们很小时，都应该接受过这样的教育——没有纪律，就没有自由。举的例子很简单，就是排队上车的重要性——人人都排队，速度就快；谁都不排队去挤，恐怕谁都上不去。排队，是守纪律，好像个人自由受到限制，但比挤到一起时还是自由的。人人都去挤好像个体都有自由，但最后谁都没自由。在时间管理中，也应该充分考虑规则，考虑到纪律，才能使我们事半功倍。

5. 抓住“黄金时间”

每个人都有两种黄金时间。一种是内部黄金时间，是一个人精神最集中、工作最有效率的时候。内部黄金时间因人而异，通过观察掌握了自己的内部黄金时间时，建议用这段时间处理最为重要的工作。外部黄金时间是指自己跟其他人交往的最佳时间。这须遵循他人的日程，我们可以利用这段时间充分表达自身的优势。

6. 安排“不被干扰”的时间

大学生生活在一个集体中，他们的时间也是极容易被干扰的。假如你每天能有几个小时完全不受任何人干扰地思考一些事情，或是做一些你认为最重要的事情，这几个小时可以抵过你一天的工作效率，甚至可能比几天的工作效率还要高。所以，在人生规划中，要安排不被干扰的时间，才能高效率地完成设定的任务。

7. 学会强调收益

收益，不仅是用在经济学上，也可以用在完成任务上。在处理一件漫长而复杂的工作时，可以通过强调工作收益给自己加油。可以把当前工作和自己的职业生涯目标联系起来，对收益的强调会激发出强烈的内驱力，让您保持对工作的兴趣和热情。

8. 确立个人的价值观

价值观作为一种社会意识，对个人和社会有普遍的显著的导向作用。正确的价值观起促进作用，在生活中，我们要树立正确的价值观，发挥正确价值观的导向作用。假如价值观不明确，就很难知道什么对你是最重要的，就无法做到合理地分配时间。时间管理的重点不在管理时间，而在于如何分配时间。你永远没有时间做每件事，但永远有时间做你觉得最重要的事。

9. 严格按期限规定完成

巴金森法则里面这样说“你有多少时间完成工作，工作就会自动变成需要那么多时间。”如果你有一整天的时间可以做某项工作，你就会花一天的时间去做它。而如果你只有一小时的时间可以做这项工作，你就会更迅速有效地在一小时内做完它，因为效率是逼出来的。

10. 学会充分授权

学会授权他人，许多人不肯或不能这样做，因此始终被钉在从属的位置上。一个事无巨细、不能将工作或任务授权别人的人，就会被很多事情牵绊着，可能会遇到极大的障碍。授权他人是成功的一半，列出你目前生活中所有觉得可以授权的事情，把它们写下来，找适当的人来授权。

【课堂活动】

"找差距"

活动内容：了解一则故事。

阿诺德和布鲁诺同时受雇于一家店铺，拿着同样的薪水。可是一段时间以后，阿诺德青云直上，而布鲁诺却仍在原地踏步。布鲁诺到老板那儿发牢骚。老板一边耐心地听着他抱怨，一边在心里盘算着怎样向他解释清楚他和阿诺德之间的差别。"布鲁诺，"老板说话了，"你去集市一趟，看看今天早上卖的有什么东西。"布鲁诺从集市上回来向老板汇报说，今早集市上只有一个农民拉了一车土豆在卖。"有多少？"老板问。布鲁诺赶快又跑到集市上，然后回来告诉老板说一共有40袋土豆。"价格是多少？"布鲁诺第三次跑到集市上问来了价格。"好吧"，老板对他说，"现在请你坐在椅子上别说话，看看别人怎么说。"阿诺德很快就从集市上回来了，向老板汇报说，到现在为止，只有一个农民在卖土豆，一共40袋，价格是多少；土豆质量很不错，他带回来一个让老板看看。这个农民一个钟头以后还会运来几箱西红柿，据他看价格非常公道。昨天他们铺子的西红柿卖得很快，库存已经不多了。他想这么便宜的西红柿老板肯定会要进一些的，所以他不仅带回了一个西红柿做样品，而且把那个农民也带来了，他现在正在外面等回话呢。此时，老板转向布鲁诺说："现在你知道为什么阿诺德的薪水比你高了吧？"

小组讨论：这个案例给你什么启示？

讨论结果展示：每个小组将讨论的结果进行汇总，并绘制一幅名为"阿诺德和布鲁诺"的思维导图，然后在全班进行展示。

【思考题】

1. 高职学生应该如何进行时间管理？

2. 什么样的执行力才是有效的？

第 4 章　职业生涯规划书撰写

【学习指南】

根据中国职业规划师协会的定义，职业规划是对职业生涯乃至人生进行持续的、系统的、计划的过程，是指对一个人职业生涯的主客观条件进行测定、分析、总结后，对自己的兴趣、爱好、能力、特点进行分析，根据职业倾向，确定最佳的职业目标，并为实现目标做出安排。一般来说，职业生涯规划有以下六个基本特征：第一，可行性。职业生涯规划必须依据个人实际情况及其所处环境的现实来制定，而不仅是一份计划、一些不着边际的幻想。我们所制订的计划必须具有可行性，可实施。第二，适时性。职业生涯规划是对未来的职业生涯目标和未来职业行动的预测。因此，各项活动的实施及完成时间，都应该有时间和顺序上的安排，以便作为检查行动的依据。第三，灵活性。规划未来的职业生涯目标与行动，涉及很多不确定因素，因此规划应有弹性。随着外界环境和自身条件的变化，个人应及时调整自己的职业生涯规划方案，以增加其适应性。第四，持续性，或者称为发展性。职业生涯目标是人生追求的重要目标，职业生涯规划应贯穿人生发展的每个阶段，通过不断地调整和持续的职业活动安排，最终实现职业生涯目标。第五，独特性，即差异性。每个人的个性、水平都不同，每个人都是社会上独立的个体。职业生涯规划也是我们基于自身的条件而制定的，因此千万不要跟风随大流。第六，社会性。在做职业生涯规划时，一定要考虑社会条件，时代在不断地发展变化，同时出现了很多新兴的职业，对职业也提出了不同的要求，所以在我们设计自己的职业生涯规划时，一定要分析社会需求，择世所需。

【能力标准】

分类	具体内容
知识	探索自我在职业兴趣、性格、价值观和能力方面的职业倾向
技能	学会制订职业生涯目标，掌握科学职业生涯决策的方法 掌握职业生涯规划的内容、方法和基本原则
态度	掌握职业生涯规划书撰写的基本内容、基本要求和注意事项

4.1　职业生涯概述

【导入案例】

梅西打进职业生涯第 700 球

西甲第 33 轮的一场焦点战在诺坎普球场上演，巴塞罗那队主场 2 比 2 战平马德里竞技队，在多赛一场的情况下在积分榜上落后皇马 1 分。梅西利用主罚点球的机会打进职业生涯第700球。巴萨拥有美妙开局,第12分钟梅西开出右侧角球,足球击中对方的迭戈·科斯塔后折射入网,巴萨取得领先。但此后不久,马竞的萨乌尔主罚点球将比分扳平。第48分钟,费利佩禁区内踢倒塞梅多被黄牌警告,梅西主罚点球帮助巴萨再次领先,这也是他职业生涯的第700个进球。第62分钟,塞梅多禁区内左膝轻微撞到卡拉斯科脚部,主裁判第三次判罚点球。萨乌尔一蹴而就,马竞再次扳平比分。值得一提的是,梅西是现役球员中第二位打进700球的球员。另一位实现此壮举的球员是C罗,他在2019年10月达到了这一纪录。此役过后,巴萨33战积70分,仍然排名第二,而皇马32轮比赛积71分。本轮西甲,皇马主场对阵赫塔菲,只要获胜,他们领先巴萨的分数就能达到4分。考虑到和巴萨的胜负关系(同分情况下皇马排名比巴萨高),皇马最终夺冠的希望更大。“巴萨开始远离冠军!”西班牙《每日体育报》在赛后打出的标题透露出绝望。该报表示,巴萨丢掉了2分,可能彻底丢掉了本赛季的西甲冠军。

(摘自环京津新闻网)

思考:从梅西的案例中,你有什么收获?

分析:大学生首先要认识到生涯规划的重要意义,职业生涯活动将伴随我们的大半生,拥有成功的职业生涯才能实现完美人生。因此,职业生涯规划具有特别重要的意义。职业生涯规划可以发掘自我潜能,增强个人实力。因此,一份行之有效的职业生涯规划将会引导你正确认识自身的个性特质、现有与潜在的资源优势,帮助你重新对自己的价值进行定位并使其持续增值;它会引导你对自己的综合优势与劣势进行对比分析,使你树立明确的职业发展目标与职业理想,使你评估个人目标与现实之间的差距,这样的话,你就会搜索或发现新的或有潜力的职业机会,使你学会如何运用科学的方法采取可行的步骤与措施,不断增强你的职业竞争力,实现自己的职业目标与理想。

4.1.1 职业生涯目标与决策

4.1.1.1 职业生涯目标及意义

1. 什么是生涯目标

生涯目标,也就是我们常谈的人生目标,人生的目标实际上就是探讨人的一生要成为什么样的人,人的一生该如何度过,怎样才能使人生过得有意义、有价值,怎样才能取得成功,怎样才能拥有幸福的生活,生涯目标是指引人生成长和发展的导航标。

2. 确定目标的意义

一个人要获得事业的成功,须按照人生成功的规律来制定行动的目标和规划。确定目标具有以下几方面的意义:

目标使我们产生积极性。你给自己定下目标之后,目标就在两个方面起作用:它是努力的依据,也是对你的鞭策。目标给了你一个看得着的射击靶。随着你努力实现这些目标,你就会有成就感。

目标使我们看清使命。每一天,我们都可能遇到对自己的人生和周围的世界不满意的人。你可知道,在这些对自己处境不满意的人中,有98%对心目中喜欢的世界没有一幅清晰的图画,他们没有改善生活的目标,没有一个人生目标去鞭策自己。结果是,他们继续生活在一个他们无意改变的世界上。

目标有助于我们安排轻重缓急。制定目标的一个最大的好处是有助于我们安排日常工作的轻重缓急。没有这些目标,我们很容易陷进跟理想无关的日常事务中。

目标引导我们发挥。当我们不停地在自己有优势的方面努力时,这些优势会进一步发展。最终,在达到目标时,我们自己成为什么样的人比我们得到什么东西重要得多。

目标使我们有能力把握现在。人在现实中通过努力实现自己的目标,正如希拉尔·贝洛克说:当你做着将来的梦或者为过去而后悔时,你唯一拥有的现在却从你手中溜走了。虽然目标是朝着将来的,是有待将来实现的,但目标使我们能把握住现在。

目标使我们把重点从工作本身转到工作成果。不成功者常常混淆了工作本身与工作成果。他们以为大量的工作,尤其是艰苦的工作,就一定会带来成功。也就是说,成功的尺度不是做了多少工作,而是做出多少成果。

目标有助于评估进展。不成功者有个共同的问题,他们极少评估自己取得的进展。他们大多数人或者不明白自我评估的重要性,或者无法量度取得的进步。目标提供了一种自我评估的重要手段。如果我们的目标是具体的,看得见摸得着的,我们就可以根据自己距离最终目标有多远来衡量目前取得的进步。

目标使我们未雨绸缪。成功人士总是事前决断,而不是事后补救的。他们提前谋划,而不是等别人的指示。他们不允许其他人操纵他们的工作进程。不事前谋划的人是不会有进展的。

4.1.1.2　职业生涯目标的分类

1. 性质

1) 外职业生涯目标

外职业生涯规划目标是指侧重于职业过程的、外在的、看得见的标记,它主要包括工作内容、职务目标、经济收入目标、工作环境和工作地点等。

2) 内职业生涯目标

内职业生涯规划目标是指在职业生涯规划中的知识、经验的积累、观念的转变、能力和素质的提高,及成就感、价值感等内心感受。这些目标必须通过自己的努力才能获得和掌握。

职业生涯的内外目标不是截然分开的,两者是相辅相成、相互促进的,内职业生涯目标的发展可以推动外职业生涯目标的发展,而外职业生涯目标的实现又可以促进内职业生涯目标的实现。

2. 时间

生涯目标按照时间可以划分为长期、中期和短期目标。一般来说,短期目标服从于中期目标,中期目标服从于长期目标,长期目标又服从于人生目标。具体实施目标,通常是从具体的、短期的目标开始的。当然,在制定人生目标和长期目标时,要多考虑一些自身因素和社会因素,而制定中期目标和短期目标时,则要更多地考虑工作环境因素。通过制定个人的长期目标、中期目标和短期目标,就形成了完整的个人目标体系的制定。

1)长期目标

长期目标,主要是指时间为五年以上的目标,通常比较粗略、欠具体。有可能随着各种情况变化而变化,具有战略性、挑战性和动态性等特点。长期目标主要受自己的人生目标的影响,常言道"人无远虑,必有近忧",尽管如此,在生活中,人们最容易忽视的就是长期目标,人们总认为,五年后的事情太远了,考虑这么多、这么远,没什么用,果真如此吗?当然不是了。设定长期目标一般要考虑以下方面:

(1)是否非常符合自己的价值观。

(2)是否对自己的目标感兴趣。

(3)目标是否具有一定的挑战性。

(4)目标是否是自己能够实现的。

2)中期目标

中期目标一般为3到5年,在整个目标体系中起着承上启下的作用,也是职业生涯能否有效实施和实现的重点。对大学生来说,也就是在大学学习期间应该达到什么目标。中期目标是在长期目标的基础上确立的,如毕业时找到一份满意的工作;或者上理想的学校和专业的研究生;到自己所梦想的国家去留学,成为一名海归;先择业再创业,实现当老板的理想等。中期目标相对长期目标要具体一些,中期目标有如下特点:

(1)一般与长期目标保持一致。

(2)结合自己所学专业、能力、兴趣和掌握的社会资源来确定。

(3)用明确的语言来定量说明。

(4)对目标实现的可能性做出评估。

(5)有比较明确的时间,且可做适当的调整。

3)短期目标

短期目标通常是指每日、每周、每月、每季、每年的目标,是中期目标和长期目标的具体化、现实化和可操作化,是最清楚的目标。其主要特征有:

(1)目标具备可操作性。

(2)明确规定具体的完成时间。

(3)对现实目标有把握。

(4)服从于中期目标。

(5)目标需要适应环境。

(6)目标要切合实际。

短期目标,对大学生来说是十分重要的,短期目标设定是否合理,决定着中期目标和长期目标是否可以实现。相对而言,短期目标的分类也更为复杂一些,分类的标准不一样,分类则不尽相同。

按照年级来分,可分为一年级目标、二年级目标、三年级目标。

按照学期来分,可分为上学期目标、下学期目标。

按照假期来分,可分为暑假目标、寒假目标。

按照内容来分,可分为学习目标、生活目标、社团实践目标、兼职目标、实习目标等。

按照毕业后的去向来分,可分为就业目标、升本目标、创业目标、培训目标。

4.1.2　职业生涯目标的确立方法

4.1.2.1　目标管理的 SMART 原则

目标管理,即以目标为导向、以个人为中心、以成果为标准,从而使组织或个人获得最佳业绩的一种现代管理方法。自我目标管理,主要指根据个人实际情况,树立科学合理的目标,以其为方向指导自己的行动,取得个人成功的过程。

SMART 原则是目标管理中的一种重要方法。目标管理的任务是有效地进行成员的组织与目标的制定和控制以达到更好的工作绩效,由管理学大师彼得·杜拉克于 1954 年首先提出。SMART 原则便是为了达到这一目的而提出的一种方法,目前在企业界有广泛的应用。

1. S(Specific)明确性

明确性是指目标设置要有项目、衡量标准、达成措施、完成期限及资源要求。明确的目标几乎是所有成功人士的一致特点。很多人不成功的重要原因之一是目标定的模棱两可。目标能够清晰表达目标是什么,要做哪些事情,完成到什么样的程度。比如时间、地点、事件等要素要明确具体。

2. M(Measurable)衡量性

目标只有量化,总结评估时才有标准,才能准确衡量结果。如果制定的目标没有办法衡量,就无法判断这个目标是否实现。目标应该有一组明确的数据,作为衡量是否达成目标的依据。目标的衡量标准应遵循“能量化的量化,不能量化的质化”的原则,使制定时与评估时有一个统一的、标准的、清晰的、可度量的标尺,杜绝在目标设置中使用形容词等概念模糊、无法衡量的描述。

3. A(Attainable)实现性

目标是要通过努力可以实现的,也就是目标不能偏低和偏高,偏低了无意义,偏高了实现不了。目标是要能够被执行的,不能一厢情愿地制定不可实现的高目标,不然热情还没点燃就先被畏惧打消了念头。目标设置要坚持联系实际,使拟定的目标既要内容饱满,也要具有可达性。例如,可以制定跳起来“摘桃”的目标,不能制定跳起来“摘星星”的目标。

4. R(Relevant)相关性

目标要与个人长期规划、现实条件有相关性,别设定与自己职业生涯无关的目标。要考虑达成目标所需要的条件,这些条件包括资金、时间、人力、硬件条件、技术、信息、社会环境因素等。目标要有实际意义和效果,要考虑成本和结果的效益,取得投入和结果的平衡点。

5. T(Time bound)时限性

目标要有时限性,即要有完成目标的时间要求。要在规定的时间内完成,时间一到,就要看结果。没有时间限制的目标没有办法评估,没有时间限制的目标,也会导致我们对目标轻重缓急的认识出现偏差,从而影响计划执行和结果。定期检查目标的完成进度,及时掌握目标进展的变化情况,根据目标计划的异常情况及时调整执行计划。

只有使自己的目标符合 SMART 原则的要求，目标才可能是客观的、科学的，具有指导意义的。

4.1.2.2 职业生涯目标的确立

1. 定向的方法

先定向，就是根据现在所学的专业来确定自己未来的职业方向，你需要回答一个简单的问题，你对自己的专业有兴趣吗？你毕业后会选择专业对口的单位就业吗？如果你的回答是肯定的，就可以基本确定你的职业方向了。比如说，你是学法律专业的，又很喜欢法律专业，你就需要了解法律专业对口的职业（即专业所对应的职业群）有哪些？法律专业对应的职业有公务员、律师、教师、法律研究人员、企业法律顾问、法制专栏媒体记者、公司法务职员等。如果你的答案是否定的，那你就必须找到自己有兴趣的专业，你可以通过转专业，或通过辅修、选修专业课程，或者通过跨专业考研来调整和确定自己的职业方向。

如果你已经定向，接下来就可以考虑定位的问题了，你需要对已确定方向的职业群进行更深入的探索，定向时需要尽可能扩大自己的职业选择面，而定位则需要逐步缩小职业的选择范围。相对于定向而言，定位的选择也并不容易，因为定位不仅需要了解职业的基本要求，而且需要通过提前参加招聘会、兼职和实习等方式进行社会实践和工作体验，感受意向职业是否适合你自己，是否与个人的主观想象一致。

在定位的过程中，还需要注意一个非常重要的问题，定位的目标不宜过于具体，应该有一个选择的范围。比如，你从小就梦想成为一名检察官，学的也是法律专业，你也争取到了在检察院实习的机会，你发现检察官非常适合你，可是，检察官职业在社会上比较饱和，求职竞争非常激烈，如果你仅锁定这一个目标，那么毕业时如果你考公务员失败，将给你的择业带来很大的风险。所以，定位的职业不宜仅限于个别职业，可以有几个职业可供自己选择。

大学生在定向和定位的过程中，不能完全以个人的兴趣进行职业决策，还必须考虑人才供求关系。在一、二年级开始定向，在三年级定位。如果经过对职业的探索后你仍然不能定位，但定向是必须的，没有方向，你就不知在大学期间如何努力和准备。

2. 梦想的方法

这里的梦想是指以你在生活中对所接触、听闻的职业的不完全了解来确定一个职业生涯目标。具有很大的随意性和局限性。但这也是让你有一个职业生涯目标的方法。

列出你梦想的内容，即你希望拥有什么？希望做什么？希望成为什么？考虑一下你的目标全部实现后你的理想生活：最想和谁生活在一起？你喜欢做什么？这样的生活如何开始？你会到哪儿去？你会遇到什么样的环境？这样惬意的日子结束时你会有何感受？

3. 其他方法

1）榜样法

你可能以一些成功的精英为榜样，就也想成为像他一样的人，那这个期望就是职业目标。

2）理论法

理论法就是在饱览众多职业后，根据自己的想法树立一个职业生涯目标。简单的操作是，你可以去登录一些招聘网站，看看所招聘的职位都有什么，一定具体了解职位，在察看了职位描述和职位工作内容之后就可以初步确定目标了。此种方式只是在理论上确定了,其树立的目标并不一定是你所想要的,所以要大量阅读职位信息,与职位对照自身。

3)实践法

实践法是指你在参加具体的职业活动、行业活动、公司活动、社会活动中真实地体验到职业之后所形成的职业目标。在现实活动下,你可能会因为自己的一时冲动或受其启发,或颇有感受等,确定一个职业目标。多去参加各种活动,以增加见识和阅历。

4.1.2.3　职业生涯目标的分解与组合

目标分解是将目标清晰化、具体化的过程,是将目标量化成可操作的实施方案的有效手段。目标分解帮助我们在现实环境和美好愿望之间建立起可以拾级而上的途径。目标分解从最远、最高的目标开始,一直分解到最近的目标。在现实中,很多人做事之所以会半途而废,其中的原因往往不是难度较大,而是觉得离成功较远,确切地说,不是因为失败而放弃,而是因为倦怠而失败。

目标分解是实现目标的第一步。目标分解帮助我们在现实环境和美好愿望之间建立起可以拾级而上的通道,一直分解到你知道为实现你的目标今天干什么、明天干什么。如果你不知道明天应该干什么,你的目标永远只是一个美好的愿望,不可能变成现实。所以,目标分解是实现目标非常重要的方法。

1. 职业生涯目标的分解

分解方式有两种:一是按性质分解,二是按时间分解。具体如图 4-1 所示。

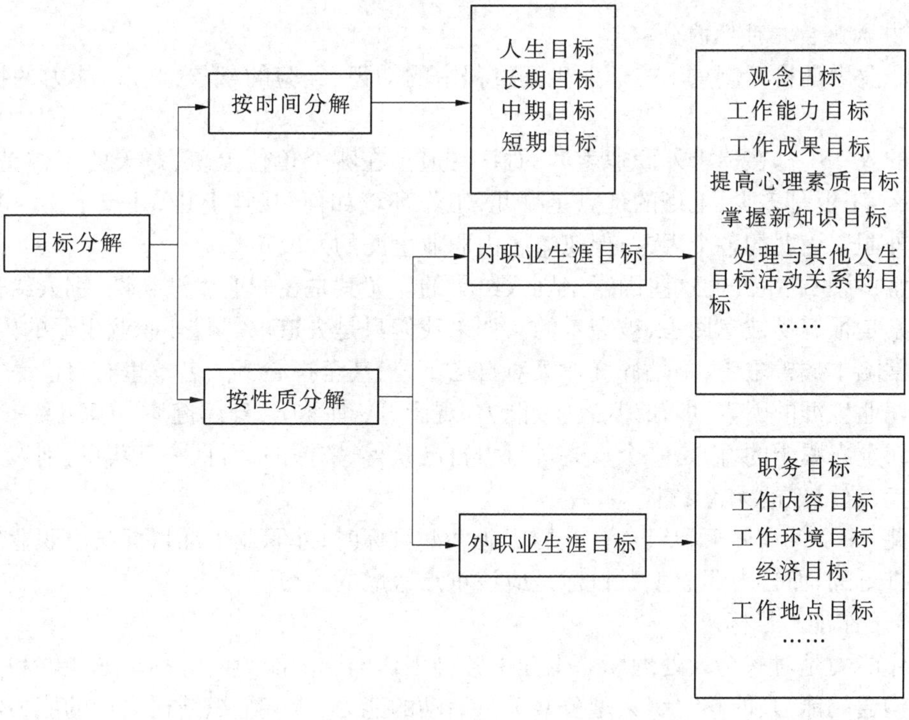

图 4-1　职业生涯目标分解

首先,介绍职业生涯目标按性质分解的内容和方法。

1)外职业生涯目标的分解

外职业生涯目标侧重于职业过程的外在标记,包括以下内容。

(1)职务目标。

许多人在确定职务目标时,定位很模糊。

例如:"我在两年之内成为公司的培训主管",这是可以的;但"在两年之内成为公司的经理",就比较模糊。我们必须明确是哪一类专业的职务。因此,职务目标是"专业"加"职务",如"人力资源经理"、"财务经理"、"负责销售的地区经理"等。

做管理人员是职业生涯的方向,但不是具体的目标。职务目标需要具体化:负责全面工作的管理人员,如总经理;负责某一个部门的管理人员,如财务部门经理或人力资源经理等。

某管理人员 10 年职业生涯的职务目标是担任制药公司的经营总监。担任经营总监需要三方面的工作经验:组织建立商业渠道(商业销售部的工作);组织市场策划(市场部的工作);管理推广销售队伍(推广部的工作)。如果目前职务是推广部的地区经理,为了担任经营总监应分别在商业销售部和市场部工作,积累经验。因此,职务目标分解为市场部经理或销售部经理,担任市场部经理之前还应做产品经理或广告经理。

(2)经济目标。

经济目标属于外职业生涯目标,比如要在30 岁之前赚取20 万元,40 岁之前赚取200 万元,对这些目标也要敢于制定。经济目标往往可以很直接地促进其他外职业生涯目标的实现。

2)内职业生涯目标的分解

内职业生涯目标侧重于在职业生涯过程中的知识、经验的积累,观念、能力的提高和内心感受。

有的人一生都在追求外职业生涯的目标:追求在哪个单位上班,每天的工作是什么,职务是什么,工资是多少,上班的地点是哪儿,工作环境如何,几点上班,几点下班。其着眼点是追求外职业生涯的各个因素,但忽略了内职业生涯的发展。

通常,外职业生涯的这些因素是别人给予的。尤其是在职业生涯初期,别人给你的这些外在因素是很容易被拿回去、被夺走的。如果我们只是去追求那些外职业生涯的内容,自己就会经常陷于痛苦之中,总是怀疑上级对自己不公,甚至担心下岗名单里有自己。

内职业生涯的因素,即知识、经验、能力、观念、心理素质、身体健康、内心感受这些因素都不是靠别人赐予的,而是一个人通过努力自己获得、掌握的,而且一旦获得,别人无法从他身上拿走,这是他的无价之宝。

因此,一个人在分解和组合自己的职业生涯目标时,外职业生涯目标与内职业生涯目标是同时进行的,而且内职业生涯目标是应该重点考虑的内容。

(1)工作能力目标。

工作能力是对一个人处理职业生涯中各种工作问题的能力的统称。如能够和上级领导无障碍沟通的能力、能够组织大型公共关系活动的能力、能够组织结构设计的能力等。

提示:认真思考自己在企业中处于哪个阶段?在具体职位上处于哪个阶段?然后制定具体的能力目标。

(2)工作成果目标。

工作成果目标指发现和应用新的管理方法,发表管理方面的文章,研制新的产品,创造新的销售业绩等。工作成果目标既有外职业生涯内容又有内职业生涯内容。工作成果本身属于外职业生涯目标,如创造每年 1 000 万元的销售额。但在取得工作成果目标的过程中所获得的知识、经验及提高的心理素质和能力属于内职业生涯目标。本书将其列入内职业生涯目标,强调取得工作成果时内心的收获和成就感。

工作成果目标举例:

①秘书部主任计划用两年时间编写一本详细的《秘书工作手册》;

②销售经理用一年时间建立公司的营销网络管理体制;

③培训中心主任在年底前建立新的公司培训管理制度。

(3)提高心理素质目标。

最终能够实现职业生涯目标的人和最终没能实现目标的人,区别并不在于是否在实现的过程中遇到困难,而是在于心理素质的不同。前者认真寻找真正的不足所在,并努力学习,掌握克服这些困难的方法;后者或者根本没有找到实现这些目标的方法,或者尽管发现了一些困难,但没有勇气找到合适的方法去解决这些困难。心理素质可以通过情绪智力的培训加以提高。

提高心理素质目标,包括能够经受住失败的挫折,经受住成功的考验,能够做到临危不惧、宠辱不惊等。

(4)观念目标。

观念是对人对事的态度、价值观。

引导行为的主要因素不是知识,而是观念。只有树立正确的观念,才能走好人生之路。

2. 职业生涯目标的组合

目标组合是处理不同目标相互关系的有效措施。如果只看到目标之间的排斥性,就只能在不同目标之间做出排他性选择;而如果能看到目标之间的因果关系与互补性,就能够积极进行不同目标的组合。

目标组合有三种方法:时间组合、功能组合和全方位组合。

(1)时间组合。职业生涯目标在时间上的组合可以分为并进和连续两种情况。

①并进。所谓职业生涯目标的并进,指同时着手实现两个平行的工作目标或建立和实现与目前工作内容不相关的预备职业生涯目标。有时,外部环境给予我们的机会很多,这让我们面临多个选择,于是会出现两个或多个不同方向的职业生涯目标。只要处理得好,在一定时期内,是可以做到鱼与熊掌兼得的,当然,前提条件是你有足够的精力和能力来应对,对普通年轻人,我们仍然建议你在一段时间内只定一个大目标。

这里所说的“同时着手实现两个平行的工作目标”,指的是短期内进行的不同性质的工作,一般多为中、高级管理层“双肩挑”的情况。

建立和实现与目前工作内容不相关的预备职业生涯目标,多发生在中、青年人身上,意在居安思危、未雨绸缪。例如,学校团支部书记为了今后获得更大的发展空间,在做好本职工作的同时,进修 MBA 课程。进修有利于开启潜能,在同样的时间内迎接更大的挑战;浓缩生命,发挥更大的价值。

②连续。连续是指用时间坐标做纽结,将各个目标前后连接起来,实现一个目标再进行下一个。一般来说,较短期目标是实现较长期目标的支持条件。目标的期限性是相对的,随着时间的推移,长期目标成为中期目标,中期目标成为短期目标,短期目标成为近期目标。只有完成好每一个近期目标和短期目标,最终目标才有可能实现。

职业生涯目标分为最终目标和阶段目标(长期目标、中期目标、短期目标、近期目标),各个阶段目标的设定大体与最终目标一致并互相关联。这里应该明确,阶段目标是在一段特定的时间内要达到的结果。如果将职业生涯的阶段目标转变为职业生涯最终目标,只需将各个阶段目标连接起来,加上一个时间表,再加上一个衡量目标达成结果的评估方式。

(2)功能组合。很多职业生涯目标在功能上可以存在因果关系或互补作用。

①因果关系。有些目标之间存在着明显的因果关系,如前面提到的工作能力目标与职务目标和收入目标,前者是因,后者为果,表现为:工作能力提高—职务提升—收入增加。通常情况下,内职业生涯目标是原因,外职业生涯目标是结果。

②互补关系。一个管理人员希望在成为一个优秀的进口部经理的同时取得MBA证书,这两个目标之间存在着直接的互补作用。实际管理工作为MBA学习提供实践的经验体会;而MBA学习又为实际的工作提供理论支持和方法指导。同样的,高校教师往往同时肩负着基础教学和科研两项任务,教学基础为进行科研工作提供了理论基础和方法指导,科研实践又促进了教学内容的丰富更新和质量的提高。

(3)全方位组合。全方位组合已超越职业的范畴,它涵盖了人生全部活动。全方位组合指职业生涯、家庭和个人事务的均衡发展,相互促进。事业不是生活的全部,任何一个人都不能离开家庭和休闲娱乐,完美的职业生涯规划不应把生活中的其他内容排斥在外。目标组合可以超越狭隘的职业生涯范围,将全部的人生活动联系协调起来。

【文件摘要】

关于公布2020年职业教育对口升学专业综合课考试科目和技能考核要点的通知

各市教育局,各有关学校:根据《辽宁省教育厅 辽宁省招生考试办公室关于进一步完善职业教育对口升学考试招生工作的意见》(辽教发〔2016〕37号)、《辽宁省教育厅办公室关于公布2017年职业教育对口升学专业综合课考试科目和技能考核要点及2020年起不再招生专业的通知》(辽教办发〔2017〕32号)、《辽宁省教育厅办公室关于进一步做好职业教育对口升学考试招生有关工作的通知》(辽教发〔2017〕92号)等文件精神,经研究,确定2020年辽宁省职业教育对口升学专业综合课考试科目和技能考核要点,现予以公布。2020年继续招生的师范类专业对口升学本科专业招生考试的各项组织工作与考试要求保持不变。请各市教育局和有关职业院校及时将此通知内容转发各所辖职业院校和广大考生。有关专业综合课考试和技能考核的相关要求和信息,请咨询各省级职业教育对口升学专业考核牵头院校。

【深度阅读】

2020年辽宁省高校毕业生"三支一扶"计划招募公告

根据《中共中央组织部人力资源社会保障部等九部门关于实施第三轮高校毕业生"三

支一扶”计划的通知》(人社部发〔2016〕41号)、《中共中央组织部办公厅人力资源社会保障部办公厅等九部门办公厅关于做好2020年高校毕业生“三支一扶”计划实施工作的通知》(人社厅发〔2020〕57号)和《关于印发2020年辽宁省高校毕业生“三支一扶”计划实施方案的通知》(辽人社发〔2020〕11号)精神,为深入实施人才强省战略、就业优先战略和乡村振兴战略,引导和鼓励更多高校毕业生到基层工作,现就2020年辽宁省高校毕业生“三支一扶”计划招募工作有关事宜公告如下:

一、招募数量

2020年,我省计划招募350名高校毕业生到农村基层从事支教、支农、支医和扶贫服务。具体计划、岗位、资格条件详见《2020年辽宁省高校毕业生“三支一扶”计划招募岗位信息表》(附件)。

二、招募对象

重点招募2020年普通高校应届毕业生,辅助招募2018年、2019年毕业离校未就业的省内生源普通高校毕业生。

三、招募条件

(一)政治素质好,热爱祖国,拥护党的基本路线和方针政策;

(二)具有敬业奉献精神,遵纪守法,作风正派;

(三)普通高校大专以上学历;

(四)学习成绩良好,具有相应的专业知识和符合岗位要求的工作能力;

(五)具有正常履行职责的身体条件;

(六)具有拟招募岗位所要求的资格条件。

参加过“三支一扶”服务的大学生,不能再报名参加“三支一扶”招募选拔。

四、招募程序

(一)网上报名

1. 报名时间:2020年6月30日9:00—7月3日16:00。

2. 报名网站:辽宁人事考试网(www. lnrsks. com)。

报考人员登录网站后,按要求如实、正确填写资格审查表,并上传本人电子照片(本人近期免冠2寸正面证件电子照片,jpg格式,大小为5~30 kB)。

3. 报名要求。每人限报一个职位,并使用同一有效居民身份证参加招募选拔。报名人员提交的报名信息应当真实、准确。提供虚假报名信息的,一经查实,即按有关规定给予取消相应环节资格等处理。对通过伪造、变造有关证件、材料、信息而骗取招募选拔资格的,将按有关法律法规给予处理。

4. 查询资格初审结果。请考生于7月3日17:00前查询资格初审结果并打印报名登记表,资格初审未通过的考生请于7月3日17:00前根据初审意见修改报名信息并提交“报名确认”,逾期不予以审核。注意:报名人员必须进行“报名确认”操作,否则无法进行资格审查。

(二)现场审核

1. 现场审核时间:由各市“三支一扶”计划办公室另行通知。

2. 各市"三支一扶"办，负责所辖地区招募岗位资格现场审核工作，需证明生源的应有生源地证明(由毕业学校或存档机构出具，或其他能够证明生源地的材料)。

3. 资格审查通过人员下一步参加具体招募选拔环节的相关事宜，由各市确定，其结果将在辽宁人事考试网及时发布。

(三)招募选拔

招募选拔由各市组织实施。具体招募选拔时间和方式，以各市"三支一扶"办公室通知为准。

(四)资格审查复审、体检和考核

资格复审、体检、考核的时间和具体要求，由各市"三支一扶"办公室负责并公布。资格审查贯穿于招募选拔工作全过程，凡发现报考人员与招募岗位所要求的资格条件不符的，取消招募资格。

招募名单确定。各市"三支一扶"办公室按照招募岗位计划1∶1比例确定拟招募人员，并通知到报考人员本人，如该报考人员确认放弃，可按照招募选拔排序依次递补，经公示无异议后上报省"三支一扶"办公室。

(五)公布人选

省"三支一扶"办公室将各市上报的拟招募人选名单汇总后，统一正式公布。

五、相关待遇和优惠政策

(一)服务期间相关待遇

"三支一扶"计划人员，在基层服务期间主要从事乡镇、村的农技、卫生、水利、扶贫、农村文化建设、就业和社会保障基层服务等方面的工作，可根据需要兼职乡镇团委副书记、基层供销社主任助理、妇女儿童之家辅导员等。并按照国家、省和服务地区的有关规定，享受工作生活补贴和社会保障等相关待遇。

(二)服务期满相关政策

1. 服务期满且考核合格的"三支一扶"人员，可参加全省各级机关(参照公务员法管理单位)考试录用公务员(参照公务员法管理单位工作人员)考试，并可报考相应的定向招录计划职位。

2. 服务期满且考核合格的"三支一扶"人员，可参加各地事业单位公开招聘，并可报考相应的定向招聘职位。

3. 服务期满且考核合格的"三支一扶"人员，3年内报考硕士研究生的，初试总分加10分，同等条件下优先录取。对于已被录取为研究生的应届高校毕业生参加"三支一扶"计划的，学校为其保留入学资格。高职(高专)毕业生参加"三支一扶"计划服务期满考核合格的，可免试入读成人高等学历教育专科起点本科。

4. 服务期满的"三支一扶"人员，可享受各地提供的创业培训、创业指导、创业孵化等创业公共服务，并按规定享受培训补贴、税费减免、创业担保贷款等扶持。其中，创办农民合作社、家庭农场等新型农业经营主体的人员，符合农业补贴政策支持条件的，可按规定享受相应的政策支持。在"互联网+"、电子商务领域网上创业，经工商注册登记的网络商户从业人员，同等享受各项就业创业扶持政策；未经工商注册登记的网络商户从业人员，可认定为灵活就业人员，并享受相应的灵活就业人员扶持政策。

5. 服务期满的"三支一扶"人员，享受各级公共就业和人才服务机构免费提供的政策咨询、职业指导和职业介绍。其中，实现灵活就业的人员，按规定享受社会保险补贴政策；未能及时就业的人员，享受其服务地区为其提供的岗位信息、职业培训等就业服务。

6. 服务期满的"三支一扶"人员，落实工作单位的，公安机关按有关规定办理户口迁移手续；未落实工作单位的，可享受各级政府部门所属人力资源服务机构为其提供的免费代理服务。

7. 服务期满考核合格的"三支一扶"人员，被机关事业单位录（聘）用或进入国有企业就业的，其基层服务期限计算工龄，参加工作时间按照其到基层报到之日起算；首次评聘专业技术职务时，可享受县以下专业技术人员的优惠政策。

8."三支一扶"人员中表现特别突出的，可被推荐参加辽宁青年五四奖章、辽宁优秀青年志愿者及国家人力资源社会保障部、团中央有关奖项的评选。

六、咨询电话

省"三支一扶"办：024－22904752

报名网站技术咨询：024－12333－0

各市"三支一扶"办：

沈阳 024－31401083

大连 0411－84618709

鞍山 0412－5539184

抚顺 024－52443200

丹东 0415－3105856

锦州 0416－5055177

营口 0417－2980126

阜新 0418－2680166

辽阳 0419－2297299

铁岭 024－74844013

朝阳 0421－2638175

盘锦 0427－2288211

葫芦岛 0429－6660756

部分专科学历岗位信息表见表4-1。

表4-1　部分专科学历岗位信息表

103	丹东市	宽甸县	红石镇	1	财务会计类	大专及以上	丹东户籍
104	丹东市	宽甸县	青椅山镇	1	计算机类	大专及以上	丹东户籍
105	丹东市	宽甸县	大川头镇	1	广播影视类	大专及以上	丹东户籍
106	丹东市	宽甸县	古楼子乡	1	机械设计制造类	大专及以上	丹东户籍
107	丹东市	凤城市	凤山区	1	不限	本科及以上	丹东户籍

续表 4-1

108	丹东市	凤城市	石城镇	1	不限	本科及以上	丹东户籍
109	丹东市	凤城市	青城子	1	不限	大专及以上	丹东户籍
110	丹东市	凤城市	通远堡	1	机械类	大专及以上	丹东户籍

（文件来源：http://www.lnrsks.com/html/kaoshidongtai/kaoshigonggao/1918.html）

【课堂活动】

小昭的故事

故事概要：小昭毕业于上海某财经类大学国际会计系，性格坚强，有上进心，刻苦，学习能力强。她的目标是高级财务经理。但她在毕业之前同时收到英国某大学的录取通知书和普华永道的录取通知书。英国留学的专业是行政管理；普华永道的录取职位是审计师。在留学与就业之间，小昭犹豫了。职业设计师认为应该先就业，去普华做审计师，然后选择合适的机会出国深造。理由是小昭原本希望出国进修工商管理类课程，但国外大学对申请工商管理类专业的学生都有工作经验要求，所以最后只收到了行政管理专业的录取通知书。小昭学会计，喜欢商务，对行政组织兴趣不大，若为一时能出国而放弃原有兴趣并不明智，职业设计专家认为：先工作或先出国都应该是为了将来有更好的职业发展前景，违背个人兴趣和职业理想而求得一时出国，为出国而出国，从个人职业发展看并不可取。从职业发展考虑，普华位列国际四大会计师事务所之一，有完善的培训计划、良好的工作氛围，规范的工作机制对职业技能发展大有好处，出国学习行政管理硕士一年课程之所获专业资质资历和在普华工作一年之经历技能积累相比，前者在职业市场上的价值未必比后者高。

普华是专业的国际性会计师事务所，审计工作与小昭大学所学基本对口，且小昭勤奋刻苦，事业心强，意志坚定，加上名牌大学毕业生的综合素质，保证了小昭在工作中必会有所表现。从小昭职业目标定位于高级财务经理这一点看，小昭具备会计专业学历资质和专业技能，但缺乏作为高级财务经理所必须具备的专业管理知识，小昭希望学工商管理类课程的想法是正确的，为一时出国而放弃原本计划并不合乎长远的职业发展。国外工商管理类硕士课程要求申请者具备一定工作经历，小昭先工作后出国，正合乎要求。高级财务经理必须具备的另一大要素就是丰富的专业工作经历。所以先工作，积累工作经历，也是在为实现职业理想做铺垫。

课堂讨论：

1. 作为刚刚毕业的大学生，选择合适的职业发展方向尤为重要，人生精力有限，必须选准方向，强化发展。职业方向的确定应该遵循什么原则？

2. 应届毕业生选择出国深造，应该是为出国而出国还是为就业而出国？

3. 当你面临诸多选择时，应该如何做出职业生涯决策？

（活动时间：10 分钟）

4.2　职业生涯规划的计划

【导入案例】

需要重新择业的小帅

小帅毕业于师范中文专业,性格文静,善文字不善口头表达,不善与人沟通,做了两年中学语文教师,却发现自己虽具备相应的学历,但不具备老师应有的管理学生能力,课堂上调动学生积极性的能力亦不够,所带班级成绩并不理想,学校对其工作表现不是很满意,小帅自己也很苦恼。但学校工作环境稳定,福利优厚。同时,小帅害怕转不到其他行业或者转不到合适的行业。

职业设计师认为小帅应该重新择业,建议尝试广告公司文案、多媒体行业文字编辑、传统媒体行业文字工作等职位。理由是一个师范类毕业生并不一定就是一个称职的教师,某咨询公司研究成果表明,职业成功必须全面具备专业技能、学历资质、良好综合素质三方面因素。根据这个标准,小帅在教师岗位上可以说很难成功。眼前教师工作的确能给小帅带来稳定的收入和不错的福利,但凭小帅的表现,这个“稳定”还能维持多长？所以,小帅必须果断做出选择,重新择业,找一份真正适合自己发展的工作。

（摘自网易新闻）

思考:为什么小帅需要重新择业?

分析:因为我们很早就知道这个问题,小时候被问过很多次,甚至初高中都有要求写过类似的作文。但是很惭愧,我几乎从来没有把它当作一个重要的问题好好思考过。甚至一度认为,写那些东西是没有意义的,它仅代表一个梦想,或者一个老师(提问者)希望的蓝图。而那个蓝图是不具有任何现实意义的,因为现实不受想象支配,现实有太多艰难险阻,随随便便就可以扰乱计划。值得庆幸的是,这一次我们没有忽视这个问题,而是应该仔细去思考了。虽然当时没有答案,但在经过了一年的学习、思索和实践之后,我们终究会找到目的地,于是不再迷茫,也能底气十足地回答这个问题了。

4.2.1　实现目标的计划与行动

4.2.1.1　制订行动计划

行动计划分为短期计划、中期计划和长期计划。长期计划一般是职业规划和设计中要达到的最高点或是一个相对较长时间(一般为5～10年)要达到的计划;中期计划和短期计划是指在实施长期计划的过程中必须要经历的阶段计划,从时间上来讲,中期计划一般为3～5年,具有一定的战略规划价值;短期计划又有日、周、月、年计划之分,一般应该清晰、明确、切实可行。

制订职业生涯规划行动计划,通常遵循以下步骤方法:

(1)行动计划思考准备:①个人发展计划必备的要素;②我的职业目标是什么;③怎样才能实现职业目标呢。

(2)制订行动计划书。完整的行动计划书应包含题目、职业方向与总体目标、社会环境分析、学校分析、自身条件及潜力测评、角色及建议、目标分解、成功标准、差距、缩小差距的方案。

(3)实施行动计划:①实际行动;②做好记录;③分析行动结果;④利用一切资源和机会。

(4)反思改进:①发生了什么事;②为什么会发生;③结果如何;④现在怎么办;⑤该如何改进。

4.2.1.2 立即行动

成功不是靠别人的帮助,也不是靠机会的垂青,而是靠自己实实在在的行动。亚里士多德有句名言:奥林匹克的桂冠只会颁发给竞技场上的参赛者,场边的俊男美女跟它没有任何关系!这句话的道理不难理解——行动才会有结果。

一个具有高效行动力的人,会对目标和任务积极主动地执行,他们不会在乎要付出多大的代价,或者自己能得到什么样的结果。他们只是按照计划有条不紊地行动,当出现问题时能及时解决,这些都是成功者必备的品质。

【深度阅读】

激发行动力的方法

德国寓言大师克雷洛夫说:现实是此岸,理想是彼岸,中间隔着湍急的河流,行动则是架在河上的桥梁。

"说一尺不如行一寸。"任何希望、任何计划最终必然要落实到行动上。只有行动才能缩短自己与目标之间的距离,只有行动才能把理想变为现实。做好每件事,既要心动,更要行动,只会感动羡慕,不去流汗行动,成功就是一句空话。哲人说:想得好是聪明,计划得好更聪明,做得好是最聪明又最好。

通过以下五大问句,激发你的行动力:

1. 我为什么还没有采取行动?
2. 不行动有什么好处?
3. 长期不行动有什么坏处?
4. 假如现在就行动,长期有什么好处?
5. 我什么时候开始行动?

4.2.1.3 实施计划

职业发展规划的内容不仅要有明确的职业志向,更要有翔实的相关职业技能的操练内容。假如你希望从低端的销售岗位做起,立志成为一名出色的职业经理人,对于成为一名合格的销售人员所必需的信息采集、语言沟通、市场活动策划、人际关系处理、经历挫折的心理训练等基本素质和技能训练,及传统的人际传播和广告传播的销售模式,现代的网络营销、电子商务模式等,都必须进行深入具体的接触和实践。首先,通过系统的理论学习,完善你的知识结构。然后,有目的地通过社团活动,积极参加各种拓展自我的实践活动,拓展销售人员所需要的素质和能力。最后,通过在企业中兼职、假期中的企业实习,及业余时间自己创办和打理网上店铺等实战演练,将企业销售岗位的相关技能在自己未出校门之前就有了明确的认知和具体的实践经验。具备了这样的基础,就业的成功与职业生涯的顺利开始将水到渠成;在未来的职业发展阶段也必将占尽先机。

根据同学们在校期间的不同节点,实施计划的策略和内容也有差别。以下是某高职电子商务专业学生的职业目标实施计划,以供参考。

1. 我的目标

我的目标见表 4-2。

表 4-2　我的目标

职业生涯目标		时间	预期结果
长期目标	商业企业的职业经理人	2033 年—	发展状况良好的职业经理人
中长期目标	外企职业经理人	2029～2032 年	进入外企,成为一名外贸行业的职业经理人
中期目标	销售经理或市场经理	2025～2028 年	攻读本科学位,学习期间任职销售副经理、销售经理。若未一次性通过考试,继续考 MBA
近期目标	销售专员 客户代表	2024～2028 年	进入外资企业的基层销售岗位
短期目标	1. 获得毕业证书 2. 参加专升本入学考试 3. 获得相关职业资格证书	2020 年 9 月至 2023 年 6 月	获得省优秀毕业生的称号和专升本录取通知书,考取各类从业证书

2. 我的总体计划

我的总体计划见表 4-3。

表 4-3　我的总体计划

完成短期职业目标及大学学习生活的计划与措施	
大学期间规划	1. 选修理科类和艺术类课程,促进自己全面发展。 2. 担任学生干部,培养自己的领导能力。 3. 参与社会实践活动(志愿者活动、见习活动)。 4. 从大二阶段开始准备专升本,并在大三进行最后冲刺。如果专升本不成功,则选择先工作,再继续考。 5. 准备简历,找工作
近期目标的规划	1. 提高自己的沟通和演讲能力,积累与人交流的经验。 2. 参加相关的营销或电子商务专项培训,增强专业技能
中期目标的规划	1. 认真完成专升本攻读过程中的学习任务。 2. 按要求完成专业实习。 3. 通过兼职销售工作继续积累经验和阅历
长期目标的规划	1. 持续积累英语听说读写的应用能力,考取商务英语等级证书。 2. 持续进行市场策划与营销管理能力的培训和素养提升。 3. 锻炼团队协作和团队领导与沟通能力。 4. 获得销售或营销管理中高级职位

3. 我的短期计划

我的短期计划见表 4-4。

表 4-4　我的短期计划

<table>
<tr><td colspan="4">大一阶段</td></tr>
<tr><td>学习</td><td colspan="3">适应大学学习，培养自主学习能力，每天练习语音 1 h，听 VOA 1 h</td></tr>
<tr><td>能力</td><td colspan="3">加入学生会，从干事开始了解学生会；加入大学生英语协会；争取大一下学期成为干部</td></tr>
<tr><td>生活</td><td colspan="3">培养健康的生活作息习惯；坚持一周练习瑜伽 5 d</td></tr>
<tr><td colspan="4">大二阶段</td></tr>
<tr><td rowspan="3">英语四级复习计划</td><td>听力部分</td><td>每天听一篇听写</td><td>每天坚持做一套模拟题</td></tr>
<tr><td>综合部分</td><td>每周巩固一个语法点</td><td>每天坚持 1 篇完型填空、4 篇阅读理解</td></tr>
<tr><td>写作部分</td><td colspan="2">每周背 2 篇英文作文范本；每周写作文 1 篇</td></tr>
<tr><td colspan="4">大三阶段</td></tr>
<tr><td rowspan="3">能力培养</td><td>设定目标</td><td colspan="2">选取专升本专业及学校</td></tr>
<tr><td>考取证件</td><td colspan="2">准备营销师资格证等证件的相关资料</td></tr>
<tr><td>积蓄力量</td><td colspan="2">多参加社会实践，如学校三下乡活动、校外兼职等，积累经验</td></tr>
</table>

4. 我的细化行动

我的细化行动见表 4-5 ~ 表 4-9。

表 4-5　细化行动 1：在专升本的冲刺阶段做好准备　（2022 年 9 月至 2023 年 1 月）

9 月	继续按照以往的复习计划复习，开始做专升本的各类模拟题，上英语、政治辅导班
10 月	按照 9 月的计划继续执行，开始做基础英语的历年真题
11 月	按照 10 月的计划继续执行，开始将政治在辅导班所学内容及时事再巩固一次，并且将专业课再从最开始内容进行巩固一次
12 月	备考的冲刺月，脱离题海战术，开始查漏补缺
次年 1 月	准备考试，不要有太大压力，看错题集上的题目，争取不犯同样的错误。复习各科期末考试的内容，争取获得好成绩。参加英语巩固班，提升综合能力

每周保证五个清晨早起(06:30)；对每天的学习和工作计划进行评估和调整。

表 4-6　细化行动 2：提高求职能力、就业资本和知识储备　（2023 年 2 ~ 3 月）

2 ~ 3 月	收集招聘信息，准备专业笔试，做好求职计划
3 月	阅读各种求职技巧书籍，掌握面试技巧，制作具有独特风格并适应职场需要的简历。为求职做好充分的准备
3 ~ 4 月	准备营销师或电子商务策划师资格证考试

每周保证五个清晨早起(06:30)练习口语。对每天的学习和工作计划进行评估和调整。利用闲余时间练习书法、电脑技术和各类策划书的书写能力。

表 4-7　细化行动 3:等待专升本结果,为就业做好准备　(2023 年 4～7 月)

4 月	考试结果将会揭晓,如果考上,将准备复试内容。若没考上,将计划在外企找一份销售岗位的工作。准备做毕业设计
5 月	备考证书,营销师资格证
6 月	精心准备毕业答辩。参加各地招聘会,积累求职经验,签订就业协议
7 月	做好离校工作。做好走向就业岗位的准备工作

巩固自己的英语口语水平。仍保持不断学习的习惯和结交朋友扩大人脉的计划。

情况 1:如果顺利地考上,在就读的三年中(2023～2025 年)继续在营销和商务方面深造,并依旧按着以往的良好习惯学习和生活,继续兼职一些销售或市场策划工作。

表 4-8　细化行动 4:就读本科或是到外企去做销售　(2023～2025 年)(情况 1)

2023 年 8 月	学习计算机各类应用软件实用技巧,提高使用计算机的效率
2023 年 9 月	报到,熟悉、适应新的校园生活
2023 年 10 月至 2024 年 2 月	积累市场营销方向的专业知识,主修市场营销,并提升自己的英语水平
2024 年 3～7 月	在相关专刊上发表论文,成为市场营销专业课老师的得力助手
2024 年 6～8 月	适时抓住机会,到外企汲取新鲜血液充实自己,尤其是锻炼销售技能
2024 年 9 月至 2025 年 8 月	为撰写毕业论文做好准备,为应聘工作做好安排

情况 2:如果没考上,争取进入外企,并继续准备考试(2024 年 7 月至 2025 年 4 月)。

表 4-9　细化行动 4:就读本科或是到外企去做销售(2023～2025 年)(情况 2)

7 月	学习职场商务礼仪和销售技能
8～9 月	第一年定位在基础销售岗位,以销售业绩赢得发展空间,继续准备专升本考试
9～12 月	熟悉并独立开展销售工作,锻炼销售能力,积累销售经验。根据计划有步骤地复习
次年 1 月	参加考试,并争取不影响销售工作

4.2.1.4　目标实现的阻力分析

在目标的实现过程中不可能总是一帆风顺的,面对挫折与失败,有的人愈战愈勇,有的人却晕头转向,为什么会有这么大的区别呢？究其原因,在于不同的人分析与解决问题的能力不一样。

对目标实现过程中的阻力进行分析是很有必要的，大学阶段目标实现的阻力主要有以下几种情况。

1. 目标设置不合理

比如说某大学生在大学期间，既想学习成绩一流又想当个好的学生干部，既想恋爱成功，又想打工赚钱，这显然是不太可能的。以上目标如果分割成阶段性目标是可以实现的。

就业、出国、创业均可以作为大学期间的发展目标，但必须具体和现实。如选择先就业，那就要想清楚去什么地方就业、在什么行业就业、从事什么职位与性质的工作、希望拿多少工资等；如选择出国留学，那就要考虑家庭经济承受能力、个人学习成绩尤其是外语水平等；如毕业后自主创业那就必须积累经验、学会分析市场行情、制订创业计划等。

目标没有好坏、对错之分，适合的就是最好的。如果选定的目标不合理，那就已经失败了一半。

2. 制定目标的当事人缺乏执行力

性格决定命运，细节决定成败。这话讲得非常有道理。经常听一些大学生讲："我要考研。"可是没过多久，他就改变主意了。还有的大学生说："从下周开始，我要好好学英语。"大家可能会问：为什么非要从下周开始而不是从今天开始呢？

执行力相当于心理学中所说的毅力。"毅力就是为了梦想去敲天堂的大门，频繁大声地敲，最后终于如愿以偿。因为天堂被你打扰得烦不胜烦，但求让你闭上嘴，于是你成功了。"有很多学生就是因为缺乏毅力，稍一碰钉子，就马上否定自己的方向，踏上速成路线混上几年后，发现可供行走的路越来越窄，最后被逼上死角。不得已进行反思，又重新跳回到以往的职业规划中来。然而如此反复的过程中你就错失了很多学习和发展的机会，到最后极有可能越做越累，甚至一无所获。正如小猫钓鱼的寓言故事。

老子曾经在《道德经》里这样说过：合抱之木，生于毫末；九层之台，起于累土；千里之行，始于足下。什么意思呢，大致是说，需要几个人合抱的树木，都是从细如针毫小苗长起来的；九层高的亭台，也是一筐土一筐土筑起来的；而千里的行程，是需要用脚一步一个脚印迈出来的。世界上任何事都是这样的，总有从量变到质变的过程，而这个过程只有有毅力的人才能坚持下来。

人生就是一场马拉松赛，开始跑在最前面的未必能一直领先，成为一名胜利者；原来落在后头的并不一定就永远不能后来居上，命中注定做一名失败者。有人老是在别人的成就和荣耀面前哀叹自己起步太晚，其实每一位马拉松参赛者都明白，迟个三五步，甚至十步百步也不算晚，关键是能否坚持到终点。

要去判断人生道路上的这场胜负，在于用毅力换来的成绩，正如判断一棵果树的优劣，是看它结的果实是否丰硕，而不是苛求它的叶子是否葱郁。成功者常常用毅力去写迷人的胜利传奇。

3. 目标实现的外在条件不具备或者发生改变

从哲学的层面上讲，目标实现的内在条件相当于内因，外在条件相当于外因。

所谓内因即内部矛盾，是指事物内部各要素之间的对立统一关系。例如，种蛋产出时已经发育成多细胞的胚胎，胚胎本身存在着同化与异化、遗传与变异的矛盾。外因就是事物的外部矛盾，是指一事物同其他事物之间的对立统一关系。例如，没有适宜的温度，种蛋中的胚胎就无法正常发育,种蛋还是种蛋,而时间过长,胚胎就会死亡,更谈不上孵出小鸡来。可见,种蛋与温度之间也是既对立又统一的关系,即鸡蛋变小鸡过程中的外部矛盾。

事物在各种外部条件的影响下,其内部矛盾的双方的力量处在此消彼长的不断变化之中,一旦矛盾双方的力量对比发生根本性的变化,便会引起双方地位的相互转化,于是新矛盾取代旧矛盾,新事物取代旧事物。

在鸡蛋孵化小鸡的发展过程中,种蛋是内因,适宜的温度是外因。种蛋和适宜的温度对于由鸡蛋孵化出小鸡的发展过程来说,都是同时必备、不可缺少的,缺少任何一种因素都不可能孵出小鸡来。可见,事物的发展是内因和外因共同起作用的结果,矛盾是事物发展的动力。

外在条件虽然有不可控制性,但它毕竟要通过内部条件才能起作用,人是有主观能动性的,人们不仅可以利用与改造外部条件,还可以创造条件实现目标。

4.2.2　职业生涯规划的方法

4.2.2.1　职业生涯规划的内容与步骤

职业生涯规划的内容与步骤具体如图 4-2 所示。

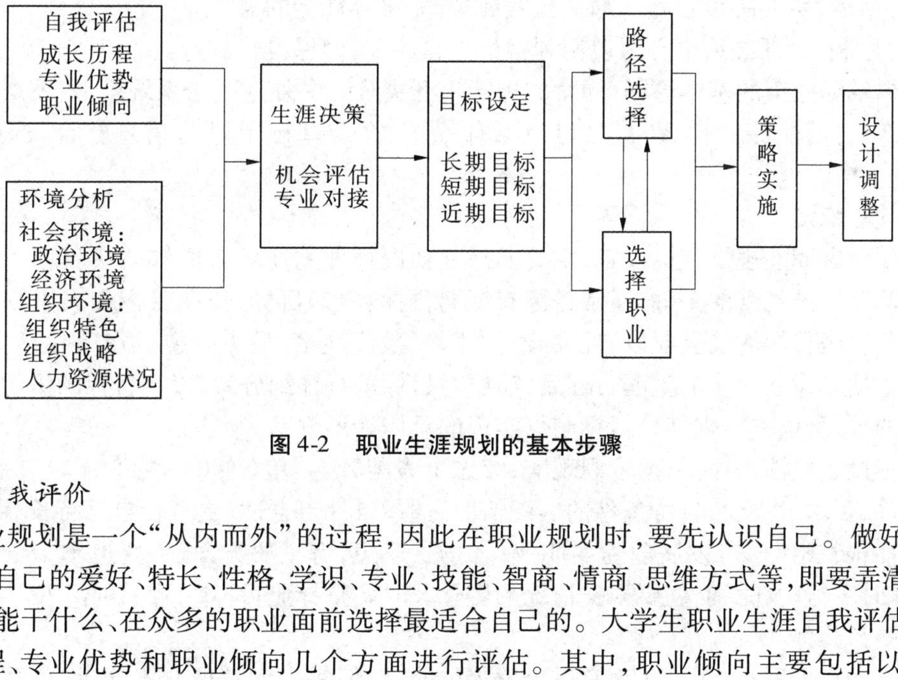

图 4-2　职业生涯规划的基本步骤

1. 自我评价

职业规划是一个“从内而外”的过程,因此在职业规划时,要先认识自己。做好自我评估,包括自己的爱好、特长、性格、学识、专业、技能、智商、情商、思维方式等,即要弄清自己想干什么、能干什么、在众多的职业面前选择最适合自己的。大学生职业生涯自我评估主要从成长历程、专业优势和职业倾向几个方面进行评估。其中,职业倾向主要包括以下四个问题:

(1)我的兴趣是什么?

(2)我的性格有哪些特点?

(3)我愿意在工作中使用哪些技能?

(4)我最渴望从工作中获得什么?

自我评估的结果可以通过自我剖析、职业测试及角色建议等方法获得。

2. 环境评价

职业生涯规划不能只从"自我"需要出发,还得结合现实的社会需要。职业生涯规划不能脱离现实,"闭门造车"、"自说自话"只会让自己制订的发展目标不切实际,无法实施。

职业生涯规划需要在系统的自我评估之后,进行深入的环境探索,包括了解工作世界和职业环境分析。探索工作世界,主要包括建立职业的概念,探究专业与职业的关系,了解工作世界的宏观发展趋势,了解职业的分类和人才市场的需求,把握具体职业特别是自己适合的职业对人员的各种要求、条件和待遇等。职业环境分析,主要包括宏观层面的社会环境分析、中观的行业与地域环境分析和微观层面的组织环境分析。

3. 生涯决策

职业生涯规划在前面"知己"、"知彼"的基础上,就可以做出对职业生涯发展方向的初步选择与决定了。综合考虑自我职业倾向与现实的生涯发展机会的匹配状况,结合自己的专业优势,评估生涯发展方向和机会的成功成本与概率,理性地做出生涯决策。

一般而言,进行生涯决策,必须遵循以下原则:

(1)所爱:对生涯发展蓝图的决定和选择,必须符合自己的兴趣。

(2)所能:对生涯发展蓝图的决定和选择,还必须依托自己的能力。

(3)所需:生涯决策必须遵循社会发展规律,符合社会的需求。

(4)所利:生涯决策也必须遵循利益最大化原则,确保自身利益。

根据生涯决策的基本原则,同学们进行生涯决策时必须立足于系统思考,重点考虑自己想要什么、自己能够做什么、自己可以做什么等,在此基础上进行信息整合,选择可行的策略。

4. 目标框定

大学生做职业规划目标设定,主要是确立初次择业的职业方向和阶段目标。目标设定是制定职业生涯规划的关键,通常目标有短期目标、中期目标、长期目标和人生终极目标之分。职业生涯目标的设立要以自己的最佳才能、最优性格、最大兴趣、最有利的环境机会等条件为依据。设立初步的生涯目标后,需要对目标进行仔细分解,以利目标的澄清和评估目标实现的可行性,并根据细分目标制订实现的具体计划方案。

目标设定应注重:①依据客观现实,考虑个人与社会、单位的关系;②比较鉴别,比较职业的条件、要求、性质与自身条件的匹配情况,选择条件更合适、更符合自己特长、更爱好、经过努力能很快胜任、有发展前途的职业;③扬长避短,看主要方面,不要追求十全十美的职业;④审时度势,及时调整,要根据情况的变化及时调整择业目标,不能一成不变。

5. 路径选择

条条大路通罗马,每个人都有适合发展的路径,但每个人都彼此不同,谁也不能完全复制别人的成功之道。职业生涯发展路径是指一个人选定职业后从什么方向上实现自己的职业目标,是向专业技术方向发展,还是向行政管理方向发展。发展方向不同,要求就不同。因此,在制订"职业发展行动计划"之前,必须结合职业决策做出发展路径选择,以便安排今后的学习和工作,使其沿着职业生涯的路径发展。

6. 策略实施

策略实施就是要制订实现职业生涯目标的行动方案,要有具体的行为措施来保证。没有行动，职业目标就是一种梦想。要制订周详的行动方案，更要注重去落实行动方案。按照规划的短期、中期、长远发展目标执行出阶段性的行动方案，再将阶段性的方案细化到日常可操作的层面。行动贵在坚持，养成习惯，很多不适应和麻烦会主动为你让路，良好的习惯是成功的保障，大胆去施行吧，只要认定了目标，坚持行动，必会成功。

7. 局部调整

事物都是处在运动变化中的，由于自身及外部环境条件的变化，职业生涯规划也要随着时间的推移而变化。影响职业生涯的内外因素很多，有些变化是难以预测的。在制定职业生涯规划时，由于对自身及外界环境了解不够，最初确定的职业生涯目标往往都是比较模糊或抽象的，有时甚至是错误的。经过一段时间的实践体验以后，有意识地回顾自己的行为得失，检验自己的职业定位与职业方向是否合适。这样在实施职业生涯规划的过程中自觉地总结经验和教训，评估职业生涯规划，修正对自我的认识，通过反馈与修正，纠正最终职业目标与分阶段职业目标的偏差，保证职业生涯规划的行之有效。

4.2.2.2　职业生涯规划的方法

1. 系统的生涯规划方法

系统的生涯规划方法，具体见图 4-3。

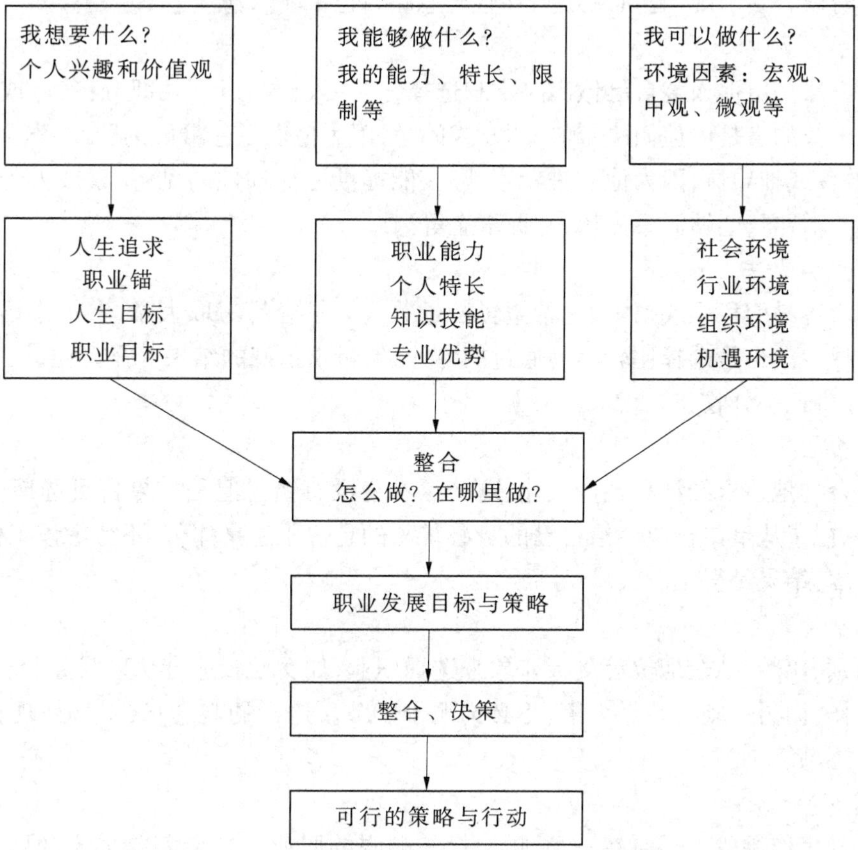

图 4-3　常见的生涯规划方法

应用该种方法，首先应该做到：

我想要什么？这是同学们的价值倾向，通过对自己的兴趣、价值观、理想、成就动机等因素的分析，确定个人目标，明确自己的方向。

我能够做什么？这是个人的能力倾向，通过对自己的能力专长、专业知识、社会经历等因素的分析，确定自己的职业能力倾向，了解自己能够向哪一条路线发展。

我可以做什么？对当前及未来的社会环境、经济环境、组织环境等进行分析，确定自己的发展机会，明确自己的职业方向是否受到环境因素的影响。

2. 常见方法

1）目前趋势法

“从众心理”是人类自我保护的本能表现，跟随现在市场的趋势，盲目地投入新兴热门行业。例如，高考时追逐热门专业，可能会暂时使心愿得到满足，但没有考虑到四年以后的变化。

应当认识到没有永远的热门专业和冷门专业，选择时应当考虑社会发展因素，更要问一问自己，“我究竟喜欢不喜欢，我究竟适合不适合？”目前趋势法，可以降低我们的外在风险，但是这个时候容易出现“盲目从众”，并且会忽略自己的个人感受。

2）假手他人法

这种方法是由他人替自己做出决定和选择，这些人包括以下几部分：父母或家人，因为过去细枝末节的事是由他们决定的；朋友或同学，因为他们是你最好的朋友，不会害你的；老师、辅导教授或辅导员，因为他们是专家，应该能提供更加理性的见解；权威人士，因为他们事业有成、有智慧，能够洞察先机、把握事态等。

3）最少努力法

选择最容易的科系或技术，总希望轻松过关。为了容易考取大学，参加小语种、艺术类考试。选择专业也是选择比较容易通过的专业，但祈求最好的结果。需记住，天上不会掉下馅饼，一分耕耘一分收获。

4）拜金主义法

合法合理地追求经济利益最大化，这一点本身没有错。但是如果盲目选择待遇最好的行业，而忽视了从事该行业会给自己的身心带来的是快乐还是痛苦，不考虑该工作与自己志趣的符合度，结果是得不偿失。

5）刻板印象法

以性别、年龄、社会地位等刻板印象来选择职业，如女性较适合从事服务业、办公文员等辅助性工作；而男性则应该做人事，不必拘泥于小节。这样的观念早已过时，现在男女的职业差异在逐渐缩小。

6）橱窗游走法

到各种工作场所走马看花一番，再选择最顺眼的职业。社会需要全才，但更需要专才。当我们无法选择时，不妨跳出选择本身，看看“我为什么会被选择困住？”或者“我最后要达成什么样的目的？哪个选择距离我的目标更近。”

7）自然发生法

一切都顺其自然，尤其是在“包分配”的年代，之所以在那个时代可以使用，是因为那是一个不太强调“个体成就感”和“自我幸福感”的时期。而今天，尤其是人类进入 21 世纪之后，随着社会的发展、人性关注的回归，人们越来越希望可以自己为自己做出最好的选择，来体现自己的人生价值和意义。

4.2.2.3　职业生涯规划的原则

职业生涯规划的过程是个体探索自我、科学决策、统筹规划的过程，为了保证职业生涯规划的实用性和科学性，应该遵循以下四个原则。

1. 具有可操作性

每个人都说有目标和计划，但并非每个人都可以实现自己的目标，完成自己的计划，甚至有人根本不知道自己是否完成了计划。这就是目标和计划的可操作性。职业生涯设计是为个体设定达成理想目标的规划的步骤，因此这些内容本身应该是具体明确的，而不能是空洞的口号。

职业生涯的可操作性，主要包括目标的现实性、计划的可行性和效果的可检查性三个方面。所谓目标的现实性，是指个体目标的设定应该建立在个体现实条件的基础上，是对个体现实资源的真实评估和科学预期，是可以达到的目标，而不能是追新逐异或好高骛远的空想。所谓计划的可行性，就是指为个体制订的计划是非常具体的，是依据他们现有能力可以完成的行动计划。所谓效果的可检查性，就是说目标的现实和计划的执行情况以客观事物为标准，是可以度量和检查的。

2. 依据各自特点

这是做好职业生涯规划应当始终遵循的原则，也是最重要的原则。人与人之间的实际条件有很大差异，他们的发展潜力无疑也会有很大不同。因此，职业生涯设计是一项完全个性化的任务，没有统一的定式，需要结合个体的具体特点进行设计。

职业生涯规划前，不仅要对个体的内在素质，如知识结构、能力倾向、性格特征、职业喜好等进行全面的测评，而且要对个体外部的职业环境和职业发展的资源等进行系统地评估。既考虑个体的职业发展动机，又考察其成功的可能性，从而为个体设定相应的职业发展目标和具体的发展规划。

3. 遵循阶段性

对职业生涯发展来说，人生的不同阶段承担着各自的发展任务，需要解决相应的发展问题。因此，职业生涯规划也应该结合个体的年龄特征，确定具体的发展方向，制定阶段性的发展目标。在现实与最终目标之间设定一个个的阶段性目标，就像从山脚到山顶的一级级台阶，每迈一步都能够感到自己在朝终极目标前进，奋斗的过程就变得不那么缥缈，而是更具体、更真实。

当然，在个体自身条件或外界环境发生改变时，所设计的理想目标和阶段性目标都需要相应的完善与修正。因此，这就要求所规划的目标存在可调整的空间，可以根据实际情况进行改变。即使是最终目标，也需要结合不同阶段性目标的完成情况适时修正。

4. 坚持发展性

发展性原则是指为个体设计职业生涯规划时,不仅局限于个体当前的发展,而且要考虑到个体未来的职业发展空间,职业生涯规划要有超前性和预测性。因此,职业生涯规划应该基于影响职业发展的核心因素和本质因素,而不是表面现象进行。比如,个体对企业文化的认知、合作与责任意识的水平可以长期影响个体的职业发展,而个人的外部形象和面试技巧仅仅能够说明个体短期的职业状况。因此,职业生涯规划要评量更核心和本质的因素,从个体长期发展的角度设计职业生涯规划。

【课堂活动】

如何步入职业正轨

活动内容:进行一个案例分析。

孙××大学里学的是会计专业,她无奈地告诉职业咨询师,她毕业至今已经换过了4份工作!在此期间,她做过会计、销售、物流、文秘,现在在一家酒店从事会展策划。可是总是觉得没一份工作适合自己。看到各大报纸和招聘网站的招聘信息,却如坠入五里云雾中:好像自己什么工作经验都有,却又很难说达到职位描述中的要求。面试了几家,都杳无音讯。唯一有了答复的几家,也都是因为公司规模太小或者在薪酬上双方无法达成共识而作罢。眼看着自己的年纪越来越大,想想自己微薄的薪水和狭窄的发展空间,孙××变得束手无策,她不知道怎样才能让自己的职业发展更上一层。

职业咨询师认为孙××从事过的工作之间缺乏连贯性,零零碎碎,而且一些工作与她本身学的专业也相差甚远。也正是因为如此,造成了她在工作经验上什么都有却无一精通的劣势和无奈。职业专家通过对她进行职业价值观、职业满意度、职业个性及职业能力等一系列的测评结果,发现她性格外向,感情细腻,办事注重规则和计划,于是建议把人事助理或者助理文秘类的职位作为职业的切入点。同时职业咨询师又给了她一些与她的职业发展休戚相关的充电建议及简历方面的辅导。在投递了三份简历之后,孙××收到了面试邀请,继而我们的专家又给她做了相应的面试辅导。现在孙××已经顺利地在杭州一家较大型的合资公司担任人事助理一职了。她说:"我现在正在根据职业咨询师为我规划好的职业发展道路一步一步进行着。假使早些年就有职业生涯规划意识,自己的职业发展现在肯定已经步入正轨了,而不至于浪费了这么多年。"

思考:通过上述案例,谈谈如何步入职业正轨?

总结:一旦你开始理解职业规划并掌握事业的哲理,便会发现这是一个无止境的过程。设法获得一份今年很适合的工作,并不意味着你的余生就可以舒舒服服地休息和享受了。你和你的工作都会不断地变化,今年适合你的工作,两年之后有可能就完全不适合了。不断地获得成功的唯一保障,就是刻苦努力和献身精神。付出与收获总成正比,你工作越卖力,得到的报偿也就越大。为了确保成功,你必须以逻辑而系统的方式仔细地规划每个职业阶段。

(活动时间:10分钟)

4.3　职业生涯规划书的撰写

【导入案例】

小刘的职业发展方向及优劣势分析

小刘，首都师范大学音乐教育本科毕业，获建设部全国城建培训中心颁发的全国物业经理岗位证书。毕业后，两年的中学音乐教师的工作经历，6 年的幼儿教师和 1 年的一级一类幼儿园园长的工作经历，后又负责文秘、档案、行政、人事、培训管理及物业项目的投标工作。成功地获得了某大型企业工业厂区的物业项目。不过小刘想要跳出国企，但不知道该如何给自己定位。

（摘自网易新闻）

思考：如果你是一位职业分析师，你会如何帮助小刘？

分析：

(1)幼儿教育方向：该行业在国内刚刚市场化，为外资、港台及国内的资金关注的热点之一，目前已经有企业化运作方式的幼儿教育产业在运作，能够投身到该领域中，应该是既符合小刘的理想又能够发挥其优势。

(2)人力资源方向：该方向比较适合小刘这样个性特点的人长期从事，但由于国有企业本身人力资源管理工作的定位和时间的问题及年龄限制，小刘的机会只会局限在比较初级的职位。

(3)物业管理方向：小刘具有全国物业管理企业经理岗位证书，但由于其只在笔头上的工作比较多，投身该行业弱势比较明显。

因此，给出发展建议：小刘比较好学，建议其安排更系统的学习计划，如选择跟确定了的方向比较一致的研修班，如教育专业、人力资源专业、物业管理，但是一定要与事业发展方向保持一致，完善自己在该方向上的知识结构，提高竞争力。

4.3.1　基本内容

职业生涯规划是对个人职业发展道路进行选择和设计的过程，规划的内容和结果应该在规划过程中及规划后形成文字性的方案，以便理顺规划的思路，提供操作指引，随时评估与修正。一份完整有效的职业生涯规划文案应该包括以下八项内容。

4.3.1.1　标题

标题包括姓名、规划年限、年龄跨度、起止时间。规划年限不分长短，可以是半年、3 年、5 年，甚至是 20 年，视个人的具体情况而定。建议大学生规划年限为 3 ~ 5 年。

4.3.1.2　目标

确立职业方向、阶段目标和总体目标。职业方向即从业方向，是对职业的选择；阶段目标是职业规划中每个时间段的目标；总体目标即当前可预见到的最长远目标，也是在特定规划中的终极目标。在确定总体目标时，如果能适当地看得远些，定得高点，则有助于最大限度地激发规划者的潜能。

4.3.1.3　**对个人的分析**

对个人的分析包括对自己目前的状况分析和对自己将来的基本展望,同时包括对自己职业生涯有一定影响的角色的建议。

4.3.1.4　**对社会环境的分析**

对社会环境的分析指对政治、经济、文化、法律和职业环境等社会外部环境的分析。

4.3.1.5　**对企业的分析**

对企业的分析主要是对职业、行业与用人单位的分析,包括对用人单位制度、背景、文化、产品或服务、发展领域等的分析。

4.3.1.6　**目标分解与目标组合**

分析制定、实现目标的主要影响因素,通过目标分解和目标组合的方法做出果断明确的目标选择。

4.3.1.7　**实施方案**

首先找出自身观念、知识、能力、心理素质等方面与实现目标要求之间的差距,然后制订具体方案逐步缩小差距,以实现各阶段目标。

4.3.1.8　**评估标准**

设定衡量此规划是否成功的标准,如果在实施过程中无法达到制定的目标或要求,应当如何修正和调整。需要注意的是,文案内容的顺序与规划的步骤不是完全一致的。职业生涯规划首先就是要进行自我评估,其次是进行外部环境分析,最后才是职业目标的确立;而文案内容的顺序是首先写出职业方向和总体目标,然后写出自我分析和外部环境分析的结果。其实,这并不矛盾,因为文案的形成是建立在按正常步骤进行规划的基础之上的,将职业方向与目标提前,是为了阅读上的方便,突出核心主题——规划的目标,并有利于与实施方案进行对照、检查和修订。

4.3.2　职业生涯规划书的基本要求

4.3.2.1　**论证有据,分析到位**

要了解有关的测评理论及知识,认真审视并思考自己的测评报告并对照自我认识与测评结果的异同,分析与测评结果形成差距的原因,从而确定自我评估结果,达到"知己";要厘清自己所处的环境(包括居住的地方、喜欢的地方、亲朋的意见等),明确自己最大兴趣是什么,最喜欢与之共事的人的类型、最重视的价值与目标、最喜欢的工作条件是什么,再通过目前环境评估和当前社会环境分析来确定自己的职业方向,做到有理有据,层层深入。

4.3.2.2　**言简意赅,逻辑严密**

语言朴实简洁,用词精练准确,行文流畅,条理清楚,这是写作最基本的要求。撰写时还应密切注意整篇文章的结构和重心所在。职业生涯规划书一般包含对职业规划的认识、对自我的剖析、对所学专业的认识、对职业方向的探索及确定目标并制订计划这五个方面的内容。在对这些内容进行分析阐述时,必须紧紧围绕职业目标这条主线来展开,从而体现文章论述的逻辑性和连贯性。要将重点放在自我评估、环境评估、目标实施上。职业生涯规划是对自己将来的规划,这个规划只有建立在对自我和职业充分认识的基础上才能体现出它的科学性和可行性。

4.3.2.3　资料翔实,步骤齐全

收集资料有多种途径,可以通过访谈、从报刊图书中摘抄、上网下载等方式获取资料,要尽可能地注明资料的出处,并多运用图表数据来说明问题,以提高资料来源的可信度和说服力。步骤主要分为四步:

第一步,分析需求,分析条件及目标设定;

第二步,分析阻碍和可行性研究;

第三步,设计方案和提升(改变)计划;

第四步,制订详细的实施计划和措施。

4.3.2.4　目标明确,合理适中

撰写职业生涯规划书应围绕论述的中心展开,职业生涯目标不能过于理想化,应"择己所爱"、"择己所长"、"择世所需"、"择己所利"。职业生涯规划书撰写是否成功,在很大程度上取决于有无正确适当、切实可行的目标。

4.3.2.5　分解合理,措施得当

论依据,而且备用路径之间要有内在联系性。目标组合要注意时间上的并进、连续,功能上的因果、互补作用,全方位的组合要涵盖职业生涯、家庭生活、个人事务等方面。

4.3.3　撰写注意事项

4.3.3.1　充分了解自己

职业生涯规划必须建立在对自己充分了解(包括你的兴趣、特长、能力、社会需要等各方面因素)的基础上,撰写职业生涯规划时一定要结合实际情况,不可脱离现实。也可参考职业生涯规划范文进行撰写,将自己的经历经验、专业技能、兴趣特长都有机地结合起来,这样才能找到适合你的工作。

4.3.3.2　进行自我测评

人才素质测评是了解自我的理论依据之一:有的同学在撰写职业生涯规划书时,对自我的分析仅凭自我认识及他人评价,这是不全面的,也缺乏足够的理论依据。正确的做法是将个人认识、他人评价和人才素质测评结果有机结合,开成一个较为全面的自我认知,据此设定的目标的信度才较高。当然,由于人才素质测评的效度和信度也不是绝对的,所以不可完全根据测评结果设定职业目标。

4.3.3.3　注重措施要有可行性

针对职业目标制订的措施一定要具有可行性,这是职业生涯规划书的一个重要部分。最好制订出长期、中期、短期计划,并拟定详细的执行方案和时间限制。高年级的同学可将重点放在就业 3 ~ 5 年内的职业规划;低年级的同学可将重点放在大学生涯的规划上,但都应突出为职业发展所做的准备工作。

4.3.3.4　保持风格与特色

职业生涯规划书应有自己的风格和特色:无论是行文的风格、叙述的方式、文案的设计,还是职业目标的选择、职业路线的设计等,不同的见解和风格才是最吸引用人单位眼光的地方,想要出色,就要力争做到创新,要彰显自己的个性与特色。

最后，撰写职业生涯规划书还有几忌：忌大，忌空，忌记流水账，忌条理不清，忌文法不通、错别字连天，忌过于煽情、没有理性分析，忌死气沉沉、没有朝气。

【思考题】

职业生涯规划撰写的注意事项有哪些？

模块四　就业指导

第 5 章　就业政策与角色转换

【学习指南】

进入 21 世纪,我国高等教育由“精英教育”转变为“大众教育”。自 2011 年以来,全国毕业生人数按照 2%~5%的同比增长率逐年增长,2018 年毕业生数量 821 万人,2019 年毕业生数量 834 万人,2020 年毕业生数量 874 万人,而就业岗位的增速远不及毕业生增长速度,总体就业形势不容乐观。虽然当前就业竞争激烈,形势严峻,但应该看到,从中央到地方各级政府一直高度重视就业工作。党的十九大报告明确指出“要坚持就业优先战略和积极就业政策,实现更高质量和更充分就业。”国家采取了一系列积极的就业政策,初步形成了大学生就业政策体系。这些政策的实施在拓宽大学生就业渠道、调整就业流向、强化就业指导服务等方面取得了良好成效。这个时候,正视就业竞争是必要的,切合实际先择业也是必要的。因此,大学生在毕业后,应该找准自己的定位,发挥优势,树立勇于竞争的信心,积极争取适合的岗位。海阔凭鱼跃,天高任鸟飞。大学生告别校园,步入社会走上工作岗位,开始自己的职业生涯,这是人生历程的重大转折,是一个质的变化,被称为毕业生的“第二次诞生”。如何把握这一转折,顺利地完成由学生角色到职业角色的转换,尽快适应社会,适应新的工作,迈好走向成功的第一步,是摆在每一个大学毕业生面前的现实问题。社会为大学毕业生提供了施展才能的广阔空间。转变观念,开阔视野,以理性、务实的心态迎接就业挑战,会发现工作没那么难找,生活中机会其实无处不在。大学生初涉职场会产生很多心理困惑,影响角色的顺利转换。要缩短自己的适应期,使自己尽快地完成角色转换,大学生需要从调整期望值,虚心求学,认识新环境,建立和谐的人际关系,以及培养良好的意志品质等方面入手。“良好的开端是成功的一半”,能否走好踏入社会的第一步,对大学生来说十分重要。

【能力标准】

分类	具体内容
知识	了解当前大学生就业形势,做好就业竞争准备; 熟知当前大学生就业制度与就业政策; 掌握大学生职场适应与角色转换的技巧与策略

分类	具体内容
技能	能够根据当前大学生就业制度与就业政策,明确自己的就业方向和职场定位; 学会收集、整理并分析利用就业信息; 初涉职场时能够尽快适应新的环境,顺利完成角色的转换
态度	提高学生对国家就业形势与政策的关注度和良好的职业道德

5.1 大学生就业形势与政策

【导入案例】

《2020 年中国大学生就业报告》(就业蓝皮书)发布

央广网北京7月10日消息(记者覃勇),由第三方专业机构麦可思公司跟踪撰写的《2020 年中国大学生就业报告》(就业蓝皮书)9日正式发布。报告的研究对象为毕业半年后(2019 届)、三年后(2016 届)和五年后(2014 届)的普通高校大学毕业生。该报告自 2009 年首度发布以来,至今已是第 12 次发布。

"新一线"城市对大学毕业生的吸引力不断增强:

报告显示,2019 届大学毕业生在长三角地区就业的占比最高(本科:25.8%,高职:22.9%),其次是珠三角地区(本科:21%,高职:20.4%)。

结合各地区本科院校毕业生实际占比和 2019 届在本地区就业毕业生占比综合来看,珠三角地区人才的吸引力较强,其次是长三角地区。而东北地区、中原地区人才吸引力较弱。

从城市分级看,本科毕业生选择在"新一线"城市就业的比例从 2015 届的 22%上升到 2019 届的 26%,而在一线城市就业的比例从 2015 届的 26%下降至 2019 届的 20%;高职毕业生选择在"新一线"城市就业的比例从 2015 届的 17%上升到 2019 届的 23%,而在一线城市就业的比例从 2015 届的 19%下降至 2019 届的 15%。

另外,"新一线"城市吸引力不断增强。在"新一线"城市就业的 2019 届本科毕业生中,外省籍占比从 2015 届的 28%上升到 2019 届的 38%,与一线城市(平均 68%)差距在逐渐缩小。在主要的"新一线"城市中,在杭州就业的 2017~2019 届外省籍本科毕业生占比最高,其次为天津、苏州,均超过一线城市中的广州。

大学毕业生升学比例持续上升:

报告指出,升学在对大学生就业起到分流与缓冲作用的同时,将持续为中国产业链稳定发展提供人才支撑。

报告显示,大学毕业生升学比例持续上升。本科生国内读研比例从 2015 届的 13.5%上升至 2019 届的 15.2%,高职毕业生读本科的比例从 2015 届的 4.7%上升到 2019 届的 7.6%。

学历提升带来的教育回报随着时间延长而显现。以读研人群为例,2014 届本科生毕业五年内获得研究生学历人群月收入(10 408 元)明显高于未读研人群(9 683 元),其就业满意度(获得研究生学历人群:79%,未读研人群:73%)也明显更高。

本科计算机类、高职铁道运输类专业领跑薪酬榜：

报告显示，2019 届本科毕业生平均月收入为 5 440 元，剔除通货膨胀因素的影响，与 2015 届相比，五年来本科生起薪涨幅为 23.6%；高职毕业生平均月收入为 4 295 元，剔除通货膨胀因素的影响，与 2015 届相比，五年来高职生起薪涨幅为 15.7%。

其中，计算机类、电子信息类、自动化类等本科专业毕业生薪资较高，2019 届平均月收入分别为 6 858 元、6 145 元、5 899 元；铁道运输类、计算机类、水上运输类等高职专业毕业生薪资较高，2019 届平均月收入分别为 5 109 元、4 883 元、4 763 元。

另外，2019 届本科毕业生在一线城市的就业满意度（72%）略高于"新一线"城市（68%）。上海是本科生就业最满意的城市，其次是北京；"新一线"城市中，在杭州、天津、宁波、南京、苏州就业的毕业生满意度较高，不输于部分一线城市。

报告认为，"新一线"城市就业机会多、生活成本相对一线城市较低、更易落户等优势对本地人才和外地人才均有强大的吸引力，正不断追赶以往在人才方面占据绝对优势的一线城市。

逾 7 成数字化人才在一线和"新一线"城市就业：

报告显示，近年来，毕业生在信息传输、软件和信息技术服务业就业的比例持续升高，2019 届本科毕业生中任职于信息传输、软件和信息技术服务业的比例（8.9%）仅次于教育业（15.9%）。从职业来看，毕业生从事互联网开发及应用（6%）、计算机与数据处理（5.7%）类职业的比例较高。

在就业区域方面，泛珠江三角洲、泛长江三角洲、泛渤海湾三大区域经济体是数字化人才的主要就业地。2019 届从事互联网开发及应用和计算机与数据处理类职业的本科生中，在这三大区域经济体就业的比例分别为 29.7%、27.5%、19%。在就业城市类型方面，有 74% 的数字化人才在一线和"新一线"城市就业。

大学生自主创业主要集中在教育、文娱及零售业：

2019 届本科毕业生自主创业比例为 1.6%，高职毕业生自主创业比例为 3.4%。随着毕业时间的延长，毕业生自主创业比例持续上升，毕业三年内上升至 8.1%。

数据显示，"教育业"是 2019 届大学生自主创业的最主要领域（本科：24.5%，高职：10.5%），集中在教育及职业培训、中小学教育，及文学艺术、设计、体育等方面。大学生在"文化、体育和娱乐业"（本科：15.8%，高职：6.9%）、"零售业"（本科：8.6%，高职：11%）创业的比例也较高，从主要从事工作岗位来看，大学生到文体娱乐领域创业主要是做摄影师、自由写作等，做零售主要是从事销售、电子商务等方面工作。

（选自央广网站）

思考：结合上面的案例，请思考当前大学生就业形势如何？

5.1.1　正视当前就业形势

随着近几年严峻的就业形势，2020 年的大学生就业形势受到格外关注，根据教育部发布的最新信息，2020 年高校毕业生人数达到 874 万人，超越 2019 年的 834 万人，高校毕业人数创历史新高。

5.1.1.1　当前大学生就业形势主要表现

(1)内外经济增速趋缓,将对就业产生一定影响。特别是2020年受全球疫情蔓延造成的经济需求下降影响,2020年经济增长率实现既定区间目标难度非常大,通过经济增长带动大学生充分就业的压力比较大,需要挖掘各方岗位需求潜力,千方百计稳住大学生就业。再加上传统支柱产业企业改革的重组加快、淘汰落后产能、部分行业持续低迷及产能过剩将造成结构性失业和转型性失业,就业难度加大。

(2)市场预期和企业转型升级对就业的影响依然较大。一是企业转型升级的步伐缓慢。一些中小企业、民营企业技术创新的能力还比较薄弱,产品结构转型的步伐比较缓慢,受国内外市场竞争、产品技术含量、附加值等因素的影响,企业不得已实施低价竞争策略,部分企业过分控制人工成本,支付给员工的工资待遇偏低,导致员工流失;二是部分企业对近期的生产形势不够乐观,裁员频繁,急于消解成本压力,这在一定程度上伤害了员工对企业的感情;三是部分企业的社会责任感比较欠缺,长期沿袭的"需要就招工,不需要就解雇"的用工模式伤害了劳动者的感情,让他们没有安全感和稳定感。

(3)社会对于毕业生学历层次的需求越来越高。目前,我国中高层次的人才严重短缺,社会对高层次的复合型、外向型和开拓型人才的需求日益迫切,呈现对人才结构的需求层次重心上移的趋势。在毕业生就业中研究生已越来越"抢手",本科生还能基本平衡,专科生则较明显地呈现供过于求的趋势。高校、科研单位、大机关、大公司已经基本上以接收硕士生、博士生为主,甚至连一些中小型单位都开始希望多接收研究生。这种社会现象致使现在不少用人单位存在"人才高消费"的错误观念,盲目追求高学历人才,因而对毕业生的需求出现扭曲,人为地制造了就业难。

(4)毕业生的就业期望值居高不下仍然是目前高校毕业生就业工作中的主要难题。毕业生们普遍感到"找不到理想的单位",而同时有许多基层一线的用人单位急需人才但又招聘不到毕业生,这就反映出毕业生求高薪、求舒适、求名气的心态仍较普遍,目前毕业生中以事业发展为重的并不占多数,而是普遍希望能到那些大城市、大机关、大公司、大企业等大单位工作,希望能去的单位名声好、工作条件好、生活待遇好、有出国机会,甚至离家比较近等。

大多数毕业生想留在大城市、沿海开放城市工作,然而目前实际最需要毕业生的却恰恰是那些边远地区、中小城市、艰苦行业的基层一线中小型单位,这些地区和单位人才奇缺,非常希望能接收到大学毕业生,但年年要人却年年要不到人,没有多少毕业生愿意到这些地方去,分配去的毕业生也容易流失,叫作"要不到、分不来、用不上、留不住"。这样造成毕业生为一个较优越的职位竞争激烈,从而使不少毕业生错过择业良机。

(5)毕业生的能力素质与用人单位的要求存在较大差距。现在用人单位对高校毕业生的敬业精神、职业道德、思想道德觉悟和能力素质水平都提出了越来越高的要求,看重"人品"和能力,对专业反而越看越淡。不少单位已经开始对接收毕业生持"宁缺毋滥"的态度。因此,学生干部、学生党员和那些综合素质好、动手能力强、敬业精神好,以及有各种特长的毕业生越来越受欢迎。高等学校毕业生的就业形势是十分严峻的,即将进入就业市场的大学生应对此有足够的思想准备。党和国家对大学毕业生就业高度重视。

5.1.1.2　给大学生的就业建议

(1)认真做好自身的职业生涯规划,做好就业准备。首先,要树立正确的职业理想。我们一旦确定自己理想的职业，就要依据职业目标规划自己的学习和实践，并为获得理想的职业做好积极准备。其次，正确进行自我分析和职业分析。自我分析即通过科学认知的方法和手段，对自己的兴趣、气质、性格和能力等进行全面分析，认识优势与特长、劣势与不足。

(2)提高自我的社会适应能力，提升就业能力。一些企业在挑选和录用大学毕业生时，同等条件下，往往优先考虑那些曾经参加过社会实践，具有一定组织管理能力的毕业生。这就需要我们在就业前就注重培养自身适应社会、融入社会的能力。

(3)转变就业观念。我们应从实际出发，抛弃"社会精英"情结，树立大众化的就业观。目前二三线城市急需大学生这样的高素质人才，民营中小企业等还存在大量的用人要求，我们还应树立基层意识、事业意识和奋斗意识，到基层锻炼自己，掘潜能，还可以将眼光投向西部，在西部地区锻炼成才，树立起"就业、后择业、再创业"职业选择策略，从现实角度出发选择自己的求职道路。

5.1.2 树立正确的就业观念

大学生的就业观念是影响学生就业的重要因素之一。部分大学生还存在"等、靠、要"等不良就业观念，直接影响了其顺利就业。认清形势、转变观念、放眼未来，是大学生实现顺利就业的重要前提。

5.1.2.1 明确就业的目的和意义

简单来说，就业就是找到工作，获得报酬，满足自身需要。工作是人类进行劳动生产、创造价值、推动社会发展的活动。人类的生活只有在社会的正常运行之下才能实现，同时人类社会的正常运行要求社会成员参与社会分工——工作。因此，就业(工作)本质上是人类为了生存和发展而进行的社会劳动生产活动。

对于个人来说，就业是他(她)参与各自社会分工的具体方式；不仅解决了个人的生存问题，还是个人融入社会、紧跟社会和时代发展步伐，体现个人价值和实现未来理想的最基础平台。所以，一个人如果对就业本质认识不清，不工作或者不勤奋工作，不但必然缺乏经济来源，而且必然落伍于时代的进步而被淘汰。

5.1.2.2 树立正确的价值观和择业观

大学毕业生是国家宝贵的人才资源，是社会主义经济建设的重要力量。因此，大学生无论在求学还是求职的过程中，首先，要把自己的需要和国家、社会的需要结合起来，把社会的进步、国家的发展与个人的前途命运有机地结合起来，在服务社会、奉献社会的过程中，实现自己的人生价值。其次，要树立风险观念，在市场经济条件下，单位的生存和发展充满竞争和风险，个人的就业也有竞争和风险，因此要转变"一份职业定终身"的思想，树立"合理就业、科学择业、积极创业"的观念。通过工作实践，丰富阅历，积累经验，增强各方面的能力，更好地提升自己的职业发展竞争力。

5.1.2.3 树立长远的发展观和基层成才观

高等教育已从"精英教育"转变为"大众教育"，就业格局已从原来比较单一的国有企事业单位发展为多渠道、多领域、多行业。清醒认识当前就业形势，正确评价自我，做好自我的合理定位。大城市、经济发达地区机会多，但竞争激烈，人才需求趋向饱和；中西部地区、基层单位条件相对差一些，但机会更多，发展空间更大，为青年建功立业提供了广阔舞台。因此，树立长远的发展观和基层成才观，对毕业生的长远发展和个人价值的实现是十分必要的。

5.1.2.4 正确认识自己，把握择业良机

1.面对现实，务实择业

大学生社会阅历不足，每个人的学历、专业、能力水平都不尽相同，各有各的特点。因此，在择业前，每位毕业生都应对自己各方面的情况从客观实际出发进行分析，实事求是地评价自我、认识自我和社会、多务实、少幻想、不可好高骛远，要冷静地看世界、虚心地看自己。对社会需要什么、自己会干什么做到心中有数。又要仔细权衡，找准自己与社会的最佳结合点，以积极进取的心态迎接社会的选择。

2.增强就业意识，全面提高自身素质，为就业做好充分准备

就业意识是获得顺利就业的前提，是毕业生对就业的基本态度。部分大学生找不到工作，一个重要原因是这些大学生缺乏正确的就业意识。求职的过程是一个全面展示自己的过程，必须努力完善自己，提高自身素质，要自尊、自信、自立。大学生要建立不断学习、终身学习的观念，培养独立获取知识、发展自己的能力。要学会做人，正确对待自己，对待他人，对待社会，对待国家、民族，正确处理好多种关系。学会表达，提高交流和组织能力，提高自己的综合素质。要使自己在择业的竞争中保持良好的状态，自如地应付所遇到的各种问题。

3.增强竞争意识，正确把握择业期望和机遇

每个人都有争强好胜之心。从这个意义上讲，竞争是生物进化法则注入人们血脉的一种本能。首先，要认识到培养竞争能力是自身发展和社会发展的需要；其次，竞争是实力的展示。竞争是对人才的考验，因此每个毕业生都要培养竞争意识。

一些学生为自己制定较高的职业标准，诸如高收入、工作稳定性高、工作环境优、单位福利好等。但社会上提供的岗位很少能给没有任何工作经验的毕业生提供如此优厚的待遇。因此，大学毕业生在就业之初，不可盲目“攀高”。

不同层次、不同专业的毕业生在社会需求中有客观的定位。如果毕业生自我定位准确，要求的条件符合客观情况，那么求职将容易成功。反之，条件越多、要求越高，成功率越低。不要幻想和要求第一次选择的就业岗位或从事的工作是完全符合自己理想的。每个人的一生都在不断地调整，终身从事一种职业是可能的，但终身在同一个岗位上的可能性，在现代社会已经越来越小了。

总之，大学生应该正确认识自己，实事求是地评价自己。大学生们的择业期望值必须恰当定位，突出重点、扬长避短，选择能使自己发挥才能和施展抱负的职业。不要因为一味追求物质待遇和地域条件而贻误时机；应根据自己的兴趣、爱好、能力和社会需求把握就业机会，力争在择业过程中处于主动地位。

5.1.3 大学生就业制度

目前，我国已建立起“双向选择、自主择业”的大学生就业模式。现行的大学生就业制度由毕业生就业有关方针政策、管理和服务体制等内容组成。

5.1.3.1 人才聘用制度

人才聘用制度是我国企业、事业单位人员选拔任用、聘任聘用的一系列规章制度的总

称。其核心内容是以公平、平等、竞争、择优为导向,建立有利于优秀人才脱颖而出、充分施展才能的选人用人机制。

我国国有企业已建立了企业与专业技术人员和管理人员双向选择的人才聘用制度。除应由出资人管理和应由法定程序产生或更换的企业管理人员和专业技术人员外,企业可以在全国范围内招聘各类人才。凡聘用人员,都要签订劳动合同。

5.1.3.2　人事代理制度

人事代理制度就是指政府人事部门所属的人才交流服务机构,依据国家有关规定,接受用人单位或个人的委托,对其人事业务事宜实行集中、规范、统一的社会化管理和服务的一种人事管理方式。此项制度的实施为毕业生到非公有制企业就业解决了后顾之忧。

人事代理的范围是企事业单位和各类流动人员,尤其是尚未落实接收单位的大中专毕业生和自费出国留学人员。

5.1.3.3　就业准入制度

就业准入制度是根据我国职业资格证书制度的要求,依据《中华人民共和国职业教育法》和《中华人民共和国劳动法》规定,对从事技术复杂、通用性广,涉及国家财产、人民生命安全的职业劳动者,要求必须经过培训并取得职业资格证书后方可上岗就业的制度。目前,我国已经对一部分职业实施了就业准入制度。

【导入案例】

五险一金有多重要,看完这几个例子你就明白了!

有学生问五险一金重要么？重不重要,看用在什么时候。用不到时,可能有人会觉得可有可无,工资一下子扣那么多钱,心里蛮不平衡。五险一金是一种基本保障,不管是大公司还是小公司都应当为员工及时缴纳。然而好多小公司为了节省开支,并没有履行这项义务。其实对于这个事情重不重要,举几个例子就清楚了。

1.医疗保险

C 先生经营着一家包子店,一天早上,他进菜往店里行驶时,不小心撞到了隔离带上,出了意外。他手术、住院下来大概花费了 40 000 元。同样的一件事,如果他缴纳了医疗保险,如果按报销比例 60%来算,那么他只需要花费 16 000 元。

2.养老保险

C 先生的父亲今年 70 岁了,没文化,也没技术,当然也没有社会保险,所以他父亲是没有一分收入,只能靠 C 先生养老。而 C 先生上有老下有小,虽然经营着一家包子铺,可每天起早贪黑地营生,让他有些力不从心。C 先生就想,如果他的父亲能有个养老保险,每月就能领养老金,那这样也就够他开销了,自己的压力就会小一些。

3.失业险

Z 小姐怀孕时岁数已经不小了,于是辞了工作,安心养胎。因为她有失业保险,所以去劳动保障局办理了失业登记,每个月能领到 800 元的失业补助,时间最长好像是半年。800 元对于生活在县城里的人来说足够花了。

4.公积金

对于公积金,好多人没有使用过。其实这对买房子来说相当划算。举个很简单的例子,如果你买房使用公积金贷款,贷款100万元,20年,那么你需要支付的利息大概是36万元。如果你是普通商贷,同样贷款100万元,20年,那么你需要支付的利息大概是63万元。这个数不是特别精准,但是省钱是绝对的。

(选自搜狐网)

思考:五险一金必须要缴纳吗?有什么益处?

5.1.4 大学生就业政策

近年来,中央各有关部门出台了多个引导和促进高校毕业生就业的专项政策,包括团中央、教育部等四部门从2003年起实施的“大学生志愿服务西部计划”;中组部、原人事部、教育部等八部门从2006年开始实施的“三支一扶”(支教、支农、支医和扶贫)计划;中组部、教育部等四部门从2008年起实施的“选聘高校毕业生到村任职工作”计划;2009年国务院办公厅发布的《关于加强普通高等学校毕业生就业工作的通知》;科技部、教育部、人力资源和社会保障部、公安部等部门分别出台的《关于鼓励科研项目单位吸纳和稳定高校毕业生就业的若干意见》、《关于继续组织实施“农村义务教育阶段学校教师特设岗位计划”的通知》和《关于普通高等学校毕业生应征入伍服义务兵役办理就业手续有关问题的通知》等政策,提出了不少引导和促进毕业生就业的优惠政策。

5.1.4.1 鼓励高校毕业生到基层、到中西部地区就业

(1)对到农村基层和城市社区公益性岗位就业的,给予社会保险补贴和公益性岗位补贴;对到农村基层和城市社区其他社会管理和公共服务岗位就业的,给予薪酬或生活补贴。

(2)对到中西部地区和艰苦边远地区县以下农村基层单位就业并履行一定服务期限的,由政府补偿学费,代偿助学贷款。

(3)对有基层工作经历的,在研究生招录和事业单位选聘时优先录取。

(4)对参加“选聘高校毕业生到村任职”“三支一扶”“大学生志愿服务西部计划”“农村义务教育阶段学校教师特设岗位计划”等项目的,给予生活补贴,按规定参加社会保险;项目服务期满并考核合格的,报考硕士研究生初试总分加10分,高职(高专)学生可免试入读成人本科;今后相应的自然减员空岗全部聘用参加项目服务期满的高校毕业生。

5.1.4.2 鼓励高校毕业生应征入伍服义务兵役

(1)由政府补偿学费,代偿助学贷款。

(2)在选取士官、考军校、安排到技术岗位等方面优先。

(3)退役后参加政法院校为基层公检法定向岗位招生考试时,优先录取。

(4)具有高职(高专)学历的,退役后免试入读成人本科;或经过一定考核,入读普通本科。

(5)退役后报考硕士研究生初试总分加10分;荣立二等功及以上的,退役后免试推荐入读硕士研究生。

5.1.4.3 积极聘用优秀高校毕业生参与国家和地方重大科研项目

高校毕业生在参与项目研究期间,享受劳务性费用和有关社会保险补助,户口、档案可存放在项目单位所在地或入学前家庭所在地人才交流中心。聘用期满,根据需要可以续聘

或到其他岗位就业，就业后工龄与参与项目研究期间的工作时间合并计算，社会保险缴费年限连续计算。

5.1.4.4　鼓励和支持高校毕业生到中小企业就业和自主创业

（1）对企业招用非本地户籍的普通高校专科以上毕业生，各地城市应取消落户限制（直辖市按有关规定执行）。

（2）为到中小企业就业的高校毕业生提供档案管理、人事代理、社会保险办理和接续等方面的服务。

（3）从事个体经营符合条件的，免收行政事业性收费并享受国家相关扶持政策。

（4）登记失业并自主创业的，如自筹资金不足，可申请 5 万元小额担保贷款；对合伙经营和组织起来就业的，可按规定适当提高贷款额度。

（5）参加创业培训的，按规定给予职业培训补贴。

（6）灵活就业并符合规定的，可享受社会保险补贴政策。

5.1.4.5　强化对困难家庭高校毕业生的就业援助

（1）就业困难和零就业家庭的高校毕业生，享受公益性岗位安置、社会保险补贴、公益性岗位补贴等就业援助政策。

（2）机关、事业单位免收招聘报名费和体检费。

（3）高校可根据实际情况给予适当的求职补贴。

（4）对离校后未就业回到原籍的高校毕业生，由各地公共就业服务机构免费提供就业服务并组织就业见习和职业技能培训。

5.2　就业信息

【导入案例】

案例 1　善于捕捉就业信息

小张是某毕业班大三学生，下学期一开学他便要去外地实习，正当班上其他同学整装待发之时，小张却不动声色地忙开了；他先找到导员，拜托导员如有合适单位请帮忙推荐，并留下几份自荐材料；然后他又找到系部负责就业推荐工作的老师，请他们有重要信息及时告知自己；接下来，他拜访了自己最要好的一位低年级朋友，拜托这位师弟定期到学校就业信息栏看看，将有关重要信息及时通报给他；最后，他仔细查询了即将离开的这两个月中各人才交流会的信息，并根据实际情况做了安排。做完了以上联系工作，小张安安心心地前往外地实习去了。因此，小张尽管人在外地实习，却总比班上其他同学消息灵通，不断接到用人单位的面试通知，选择的机会颇多。实习刚结束，小张的工作单位就顺利敲定了。

案例 2　顾此失彼

经济管理系某毕业生在大三下学期因外出找工作单位，后又在该单位实习，竟然错过了毕业论文答辩，由于没有按时参加答辩，只好延期毕业，酿成了巨大的损失，毕业证无法按期拿到，因此必须推迟到单位报到，少拿几个月工资不算，还有可能被单位辞退。

（以上两个案例选自《大学生就业与创业指导》第二版，南开大学出版社）

思考：以上两个案例给我们带来什么启示？

5.2.1 就业信息及其收集

5.2.1.1 了解就业信息

就业信息是指通过各种媒介传递的，与就业有关的消息和情况。它包括就业政策、就业机构、人事制度、国家发展规划、经济发展形势与趋势、劳动力供求状况、劳动用工制度、就业方法和招聘信息等。就业信息的价值具有“会用则有，不会用则无”的特性。

就业信息可以帮助毕业生：

(1)了解政策、掌握和运用好政策。

(2)了解市场、了解需求、了解自我。

(3)增加就业机会，提升就业成功率。

就业信息分为宏观信息和微观信息两大类。宏观信息包括毕业生就业的总体形势、社会对人才的需求趋势、就业政策、就业活动等信息。

微观信息是指具体用人信息，即哪些单位需要什么样的毕业生。比如需求单位的性质、企业文化、专业要求、行业现状及发展前景、岗位描述，计算机、外语水平、生源地、性别要求，用人单位提供的用人条件、工作性质、晋升机会、工资福利待遇、空缺岗位等。

一条具体的就业信息包括以下主要内容：准确的单位全称、经济性质、隶属关系、地理位置（交通状况）、职位名称、招聘人数、职责范围、职位要求、薪酬福利体系、组织结构、用人理念、文化氛围、单位发展前景、详细地址、联系方法等。

5.2.1.2 收集就业信息的三种方法

1.全方位收集法

把与你的专业有关联的就业信息统统收集起来，再按一定的标准进行整理和筛选，以备使用。这种方法获取的就业信息广泛，选择的余地大，但较浪费时间和精力。

2.定方向收集法

根据你选定的职业方向和求职的行业范围来收集相关的信息。这种方法以个人的专业方向、能力倾向和兴趣特长为依据，便于找到更适合自己特点、更能发挥作用的职业和单位。需要注意的是，当你选定的职业方向和求职范围过于狭窄时，有可能大大缩小你的选择余地，特别是你所选定的职业范围是竞争激烈的“热门”工作时，很可能给你下一步的择业带来较大困难。

3.定区域收集法

根据个人对某个或某几个地区的偏好来收集信息，而对职业方向和行业范围较少关注和选择，宜把注意力集中在所定区域的报纸杂志上。这是一种重地区、轻专业方向的信息收集法，按这种方法收集信息和选择职业，也可能由于所面向地区的狭小和“地区过热”（即有较多择业者涌向该地区）而造成择业困难。

你可以根据自己的实际情况将上述几种方法综合起来收集信息。

5.2.1.3 收集就业信息的四项原则

一般而言，要收集到适合自己的、高质量的就业信息，在实际操作中必须把握四项原则：

原则一：准确性、真实性。

近年来，社会上出现了各种各样以营利为目的的中介——职业介绍机构。确有个别中介用一些过时的或虚假的信息吸引学生，致使毕业生为此徒劳奔波。对此应当加以警惕，尤其应当防止“陷阱”性信息导致毕业生误入传销圈套之类的恶性事例的发生。收集信息过程中，一定要了解清楚信息来源的准确性、真实性。

原则二：实用性、针对性。

首先要充分认识自己，然后根据自己的专业、特长、能力、性格等方面的综合因素收集信息，避免范围过大且对你而言实属无法利用的无效信息。

原则三：系统性、连续性。

将各种相关的信息积累起来，然后分析、加工、整理与分类，形成一种能客观地、系统地反映当前就业市场、就业政策、就业动向的有效就业信息，为你的择业提供可靠的依据。

原则四：计划性、条理性。

首先要明确收集信息的目的；其次应明确自己所需就业信息的范围，做到有的放矢。

概言之，收集就业信息要力求做到“早”、“广”、“实”、“准”。

所谓“早”，就是收集信息要及时，要早做准备，不能临时抱佛脚。

所谓“广”，就是信息不能太窄，要广泛收集各个方面、不同层次的就业信息。除关注自己预先设定的目标收集有关地区、行业和单位的就业信息外，还应收集“后备信息”，以免在求职受挫时感到无所适从，造成被动。

“实”，就是收集的信息要具体，用人单位的地点、环境、人员构成、生活待遇、发展前途，对新进人员的基本要求、联系电话等各方面信息掌握得越具体越好。

“准”，就是要做到收集信息准确无误。

5.2.1.4 收集就业信息的五大渠道

1.从本校毕业生就业指导机构获得信息

学校每年都向用人单位输送毕业生，与社会各有关单位保持着广泛而密切的联系，并在与用人部门长期合作中建立了稳定的工作关系，了解和掌握大量的人才需求动态和信息，是重要的求职信息源。从学校就业部门获取的需求信息，针对性强，可信度高，是大中专毕业生获取就业信息的主要渠道。

2.通过各级毕业生就业主管部门、人才服务机构及其组织的活动获取信息

各级毕业生就业主管部门和人才服务机构，是沟通用人单位和大中专毕业生的桥梁和纽带，是为毕业生提供就业服务的专业机构。可通过参加他们组织的定期或不定期的人才交流洽谈会、毕业生供需见面会等活动获取需求信息，这也是获取信息的重要渠道。

3.通过各种传播媒介获取信息

一些用人单位常常通过网络、报纸、杂志、广播、电视等大众传媒介绍本单位的现状、发展前景和人才需求信息。需要特别注意的是，这种信息传播面广，竞争性强，时效快，但成功率较低，而且其内容往往比较笼统，如果选用还应做进一步的了解。

4.利用家庭和各种社会关系获取信息

从父母、亲友及其社会关系中也可以获得需求信息。这种信息针对性更强,通常具有毕业生所希望的行业或地区的定向性,对用人单位可以进行更具体的了解,易于双向沟通,因而就业成功率较高。

5.主动与用人单位联系或通过社会实践获得信息

毕业生本人通过电话咨询、登门求访、信函询问等方式,或者在毕业实习、参加社会活动等实践中,对相关单位的人才需求情况进行了解,也可以获取所需要的就业信息。

要想使择业决策具有更多的科学性,必须要有就业信息量上的保证。比如国家的就业方针、各地方及行业的就业政策、所属院校的就业细则、有关的就业机构、具体职责等;当然,更为重要的是用人单位的需求信息,在这些信息的收集量上若有不足,进行取舍决策的科学性、准确性就会大打折扣。

其实,选择哪种信息收集渠道不是最重要的,重要的是有意识地、科学地寻找、收集、处理和利用信息。

5.2.2 就业信息的整理与使用

5.2.2.1 就业信息整理

对于收集到的需求信息,同学们应结合自己的实际情况,加以筛选过滤,去粗取精,有针对性地选用。只有这样,才能使获得的信息具有准确性、全面性和有效性,使之更好地为自己的求职服务。整理就业信息时注意以下几点:

一是掌握重点。信息可以全面收集,但在比较筛选之后,应把重点信息选出、标明并注意留存,一般信息则仅做参考。

二是善于对比。当从不同的渠道收集到大量的需求信息后,可用对比鉴别的办法,确定其对自己的用处。

三是勤于打听。当收集到一些需求信息后,应当通过各种办法,找有关人士打听、了解,以确定信息的可靠程度。

四是了解透彻。对于重要的信息要顺藤摸瓜、寻根究底,务求了解透彻,不能一知半解。要全面掌握情况,抓住信息的中心内容。

五是避免盲从。获取用人信息以后,不能一味盲从,那种认为亲友告诉你的信息一定可靠,报刊上传播的信息肯定没问题的想法是不可取的。不要未经筛选就轻率地做出选择,这样有可能会错过良机,耽误时间。

六是适合自己。一切信息都要用来对照衡量一下,看是否适合自己。千万不要好高骛远,挑选不适合自己的工作岗位。

5.2.2.2 就业信息分析

对一条自己感兴趣的招聘信息,在整理记录时,应冷静思考该信息传递出来的内在含义,比如这个信息所包含的内容到底是什么、用人单位到底要招聘什么样的人等。同时,结合自身条件来考虑你与该用人单位、该职业是否匹配,比如自己有什么优势、该职位是否符合自己的个性、自己用什么去打动用人单位以取得职位等。

5.2.2.3 就业信息的筛选排序

将所有收集到的就业信息由重要至次要做一个排序，从中选取对于你来说重要的信息认真加以分析，而一般的信息则仅供自己参考。这样有利于你逐步明晰求职的重点目标。

就业信息的排序可以参考下述方法：将各影响因素按照优先考虑的程度赋予不同的分值。从 3 分到 5 分，分值越高表示重要程度越大，应放在优先考虑的位置，具体见表 5-1。

表 5-1 就业信息排序考量因素划分

就业观因素	等级（重要性）	判断标准
工作内容	一级（很重要） 5 分	是否与自身专业和定位相符合
企业性质、规模、文化及员工发展规划	二级（重要） 4 分	是否产生认同感
自身能力与岗位符合度		能力是否符合要求
工资待遇、工作地点等	三级（一般重要） 3 分	是否符合自身期望

现在，把自己的就业目标单位筛选出来，填在表 5-2 中。

表 5-2 就业目标单位记录表

求职单位	名称 A	名称 B	名称 C
最想去的			
理想的			
比较满意的			
一般单位			
保底单位			

【课堂活动】

小组成员每人通过网络收集几条与专业相关的就业信息，汇总后按照《就业信息排序考量因素划分表》进行排序，共同选出排在前五条的就业信息进行课堂汇报。

【课堂活动】

一个非常著名的职业心理测试

本心理测试是由中国现代心理研究所以著名的美国兰德公司（战略研究所）拟制的一套经典心理测试题为蓝本，根据中国人心理特点加以适当改造后形成的心理测试题，目前已被一些著名大公司,如联想、长虹、海尔等公司作为对员工心理测试的重要辅助试卷。

注意:每题只能选择一个答案,应为你第一印象的答案,把相应答案的分值加在一起即为你的得分。

1.你更喜欢吃那种水果?

A.草莓2分　　B.苹果3分　　C.西瓜5分

D.菠萝10分　　E.橘子15分

2.你平时休闲经常去的地方

A.郊外2分　　B.电影院3分　　C.公园5分

D.商场10分　　E.酒吧15分　　F.练歌房20分

3.你认为容易吸引你的人是?

A.有才气的人2分　　B.依赖你的人3分　　C.优雅的人5分

D.善良的人10分　　E.性情豪放的人15分

4.如果你可以成为一种动物,你希望自己是哪种?

A.猫2分　　B.马3分　　C.大象5分

D.猴子10分　　E.狗15分　　F.狮子20分

5.天气很热,你更愿意选择什么方式解暑?

A.游泳5分　　B.喝冷饮10分　　C.开空调15分

6.如果必须与一个你讨厌的动物或昆虫在一起生活,你能容忍哪一个?

A.蛇2分　　B.猪5分　　C.老鼠10分

D.苍蝇15分

7.你喜欢看哪类电影、电视剧?

A.悬疑推理类2分　　B.童话神话类3分　　C.自然科学类5分

D.伦理道德类10分　　E. 战争枪战类15分

8.以下哪个是你身边必带的物品?

A.打火机2分　　B.口红2分　　C.记事本3分

D.纸巾5分　　E.手机10分

9.你出行时喜欢坐什么交通工具?

A.火车2分　　B.自行车3分　　C.汽车5分

D.飞机10分　　E.步行15分

10.以下颜色你更喜欢哪种?

A.紫2分　　B.黑3分　　C.蓝5分

D.白8分　　E.黄12分　　F.红15分

11.下列运动中挑选一个你最喜欢的(不一定擅长)?

A.瑜伽2分　　B.自行车3分　　C.乒乓球5分

D.拳击8分　　E.足球10　　F.蹦极15分

12.如果你拥有一座别墅,你认为它应当建立在哪里?

A.湖边2分　　B.草原3分　　C.海边5分

D.森林10分　　E.城中区15分

13.你更喜欢以下哪种天气现象?

A.雪 2 分　　B.风 3 分　　C.雨 5 分

D.雾 10 分　　E.雷电 15 分

14.你希望自己的窗口在一座 30 层大楼的第几层?

A.7 层 2 分　　B.1 层 3 分　　C.23 层 5 分

D.18 层 10 分　　E.30 层 15 分

15.你认为自己更喜欢在以下哪一个城市中生活?

A.丽江 1 分　　B.拉萨 3 分　　C.昆明 5 分

D.西安 8 分　　E.杭州 10 分　　F.北京 15 分

结果分析:

180 分以上:意志力强,头脑冷静,有较强的领导欲,事业心强,不达目的不罢休。外表和善,内心自傲,对有利于自己的人际关系比较看重,有时显得性格急燥,咄咄逼人,得理不饶人,不利于自己时顽强抗争,不轻易认输。思维理性,对爱情和婚姻的看法很现实,对金钱的欲望一般。

140 分至 179 分:聪明,性格活泼,人缘好,善于交朋友,心机较深。事业心强,渴望成功。思维较理性,崇尚爱情,但当爱情与婚姻发生冲突时会选择有利于自己的婚姻。金钱欲望强烈。

100 分至 139 分:爱幻想,思维较感性,以是否与自己投缘为标准来选择朋友。性格显得较孤傲,有时较急燥,有时优柔寡断。事业心较强,喜欢有创造性的工作,不喜欢按常规办事。性格倔强,言语犀利,不善于妥协。崇尚浪漫的爱情,但想法往往不切合实际。金钱欲望一般。

70 分至 99 分:好奇心强,喜欢冒险,人缘较好。事业心一般,对待工作,随遇而安,善于妥协。善于发现有趣的事情,耐心较差,敢于冒险,但有时较胆小。渴望浪漫的爱情,但对婚姻的要求比较现实。不善理财。

40 分至 69 分:性情温良,重友谊,性格踏实稳重,但有时也比较狡黠。事业心一般,对本职工作能认真对待,但对自己专业以外事物没有太大兴趣,喜欢有规律的工作和生活,不喜欢冒险,家庭观念强,比较善于理财。

40 分以下:散漫,爱玩,富于幻想。聪明机灵,待人热情,爱交朋友,但对朋友没有严格的选择标准。事业心较差,更善于享受生活,意志力和耐心都较差,我行我素。有较好的异性缘,但对爱情不够坚持认真,容易妥协。没有财产观念。

(选自道客巴巴网站,本测试结果分析仅供参考)

【思考题】

1.如何树立正确的就业观念?

2.大学生就业政策有哪些?

3.如何顺利完成从学生到职业人的转变?

第6章 求职准备与求职技巧

【学习指南】

近些年来,我国的高校扩招引发了一系列社会问题及社会现象,大学生甚至研究生离开象牙塔毕业的日子被许多人视为"失业"的开始。曾几何时的天之骄子们在人潮拥挤的招聘现场再也找不到昔日那份踏入高校时的喜悦感和荣誉感。当毕业生手拿数份简历随着人群拥挤在各个招聘单位前时,可曾想过自己的简历能否在一沓沓厚厚的求职简历中被"过目"?自己又能否被招聘的单位"相中"?当与招聘单位的招聘官交谈时,如何把握这一来之不易的机会给对方留下深刻印象?要回答这些问题,就要把握问题的核心,思考如何找到一条展示自我才华与能力的有效途径。所以,学生在走出校门前,调节好心理,做好充分准备来面对即将登上的社会大舞台,显得尤为重要。"凡事预则立,不预则废",大学毕业前要从专业、技能、求职和应对挫折等方面做好充足的准备,为更好地步入社会、建设祖国、体现价值奠定坚实基础。

【能力标准】

分类	具体内容
知识	了解常见的择业心理问题表现及调适方法; 掌握简历撰写技巧和求职信写作技巧; 了解面试前需要做的准备,做到心里有数; 掌握面试需要的语言和行为技巧,提升自身面试实力
技能	能够进行求职面试前自我心理调适,做好求职心理准备; 能够撰写一份合格的简历和求职信; 能够熟练使用所学求职技巧完成求职过程
态度	培养学生学习良好的求职心理素质和随机应变的能力

6.1 求职材料准备

【导入案例】

如何制作适合自己的求职材料

完美的求职材料,不是用文字编写出来的,而是靠大学期间所思、所想、所获书写出来的。用人单位众口一词:不要做华而不实的表面文章,要从实用的角度准备应聘资料。实用,是出奇制胜的基础。

1.要为企业定制简历

应聘惠普(中国)有限公司的简历堆积犹如小山,小陈的简历却脱颖而出了。

"与众不同的简历是获得面试的一种有效方法。"前程无忧《人力资本》杂志执行主编孙虹钢介绍说:"小陈用了一周时间做了个调查报告。"

营销专业的小陈,很早就决定要加盟惠普公司。小陈在投简历前,连续一周在中关村几个电子市场销售惠普打印机的摊位前观察,专门询问那些不买惠普打印机的人原因是什么。一周后,他做了个详细的分析报告:有多少人不买惠普打印机?他们的年龄、性别、职业等情况如何?他们认为惠普打印机需要改进的地方有哪些?

最后,在长达几页纸的调查报告后面,他标注了一句话:"如果想知道详细情况,请与我联系!"

为什么惠普公司会关注这样一份特殊的求职简历呢?惠普(中国)人力资源有关负责人表示,原因在于:公司要招聘的是市场方面的职位,而小陈跑到销售第一线了解情况,态度可嘉。另外,他的调查也很有意思,这也是企业最关心的问题。

这个案例之所以成功,是因为求职者了解了企业的岗位需求。

2.有的放矢准备应聘资料

简历是求职准备的重要方面,但什么地方该简、什么地方该繁却是有学问的。

资深人力资源专家况杰指出,基本情况要简单,而实习情况要详细。要将事实写清楚、明确——因为事实胜过雄辩!

北京思洋管理咨询公司合伙人、人力资源专家安然指出,实习的内容要详细而明确。这可以帮助人事经理通过你的经历判断你的能力,安排你到适合的位置上。

"从实战的角度说,还要关注更为关键的方面,即企业信息。"况杰对了解企业也有不少窍门。了解企业的基本情况,就是要弄清"把简历投给谁"的问题。这要靠平常多留心各方面的信息。比如,关注你的专业所在的行业,对行业里的大企业、主管单位、行业协会、有影响的人物等应该十分了解。

早有人说,职场如战场,要想胜利就要"知已知彼"。想要脱颖而出,就必须从实用的角度准备。

6.1.1 写一份合格的简历

个人简历是对自己以往生活、学习、工作经历和成绩的一份完整、简练、正式的描写与总结。制作简历的目的是能让用人单位快速地了解求职者在性格、学习、能力、经验等方面的综合素质,给用人单位提供一个对求职者进行分析、比较和筛选的重要依据,以此作为是否录用求职者的重要参考,也是求职者推开求职之门的敲门砖。通常情况下,用人单位会通过求职者的简历对求职者形成初步的印象,在很大程度上决定了求职者是否还有机会进入下一环节,即面试环节,所以一份成功的简历对求职者来说是至关重要的。

6.1.1.1 简历的完整结构

(1)基本情况介绍。包括姓名、年龄、性别、民族、住址、联系方式、政治面貌、户口所在地等。注意一定要保证电话或其他联系方式的畅通和及时,以免错过好的机会。

(2)自我评价和求职意向。自我评价要符合职位要求,求职意向跟所应聘的职位是一致的。

(3)教育背景。对没有工作经验的应届毕业生来说,写完基本情况和求职意向就可以接着写教育背景了,包括学校的名称、学习的时间、所学专业和主要课程、取得的学历和学位等。

(4)培训经历。写出参加过哪些培训的经历,最好和所应聘的职业有关,如果没有可以不写。

(5)实践经验。写出在校期间参加各种实践活动的经历,如在校担任过哪些职务、是否参加过志愿者工作、有哪些兼职等,这些经历能很好地说明你具备相关的工作能力。这对没有参加工作的大学生来说是非常重要的,可以视为工作经验。

(6)所获荣誉。把在校期间获得的荣誉包括获得奖学金的情况进行列举。如果没有,这一部分可以不写。

(7)所获证书。除学历和学位证书外的证书,如大学英语等级证书、计算机等级证书、从业资格证书等。

(8)爱好特长。可以写关于运动、艺术、技能等多方面的内容,但要具体,不要泛泛而谈。如"擅长运动",可以具体写成"擅长长跑、羽毛球"等。

6.1.1.2 求职简历的制作原则

1.实事求是

真实是简历最基本的要求,诚实的记录和描述能够使阅读者产生信任感。一些学生为了达到较好的包装效果,故意遗漏某一段经历,造成履历不连贯或对经历夸大其词、弄虚作假,很容易被阅历丰富的人事主管识破。费尽心机修饰而与事实不符的简历,经不起面试的考验。行文中所表现出的语气要遵循诚恳、自信、礼貌。陈述时既不妄自尊大也不妄自菲薄,要客观评价自己的优势又避免夸夸其谈,客观陈述自己反而更能赢得好感。

2.自我推销

简历的作用是推销自己,表现自己,你有什么特长,尽量在简历上表现出来,让用人单位发现你的价值。切忌过于谦卑,不好意思向别人陈述自己的优点和成绩。如果你不说清楚你能干什么,那又有谁会知道你是一个有用的人才呢? 所以,在简历上,你不仅要列举你所干过的工作,更应该强调你能干某项工作的技能及你所取得的成就和证书。

3.扬长避短

个人简历里面的内容应实事求是,决不能虚构。但这并不是说,在个人简历上你要把所有有关你的事情都写上去。个人简历的主要作用是让用人单位了解你胜任某项工作的资格,所以与之无关的对自己不利的内容完全可以不在简历上出现。例如,贴照片,应考虑应聘的工作要求及自身条件来做恰当安排。有的工作,如公关、秘书,比较注重相貌,一般来说应当贴上照片;有的工作,如科研、设计等不太注重相貌,一般可以不贴照片;但是,如果你确实有漂亮的五官、潇洒的风度,最好不要被埋没,应该在个人简历上贴上自己的近照。

4.入职匹配

简历从某种角度看就是一篇论述性文章,其中心论点是你是应聘岗位的最佳人选,而简历中的所有信息都是证据。所以,写简历时要分析目标企业和职位的要求,巧妙突出自己的优势,给用人单位留下鲜明深刻的印象。通常,简历中的求职意向、教育背景及学历、专业、外语水平、电脑水平、实践经历、实习经历、特长、爱好、自我评价、其他重要或特殊的信息等都是证明自己入职匹配的关键信息。

5.简洁凝练

招聘人员每天要面对大量的求职简历，在阅读和筛选时，平均每份简历所用的时间不超过1分钟。对于应届毕业生的简历，衡量的标准是简洁、清晰、篇幅不超过一页纸。言简意赅、流畅简练、令人一目了然的简历是最受欢迎的。

6.美观规范

行文要准确、规范。作为实用型文体，简历句式以短句为好，文风要平实、稳重，以叙述、说明为主，不可动辄引经据典、抒情议论。不要使用拗口的语句和生僻的字词，更不要有病句、错别字。好的简历，版面设计也是一个非常重要的因素，是真正的“第一印象”。基本要求是条理清晰、标识明显、段落不要过长、字体大小适中，排版端庄美观、疏密得当。简历，不要为了节省纸张而排得密集局促，令人看得吃力；也不要出现某一页纸上只有几行字，留下大片空白；还要注意版面不要太花哨。

7.要有针对性

撰写简历前应根据不同的单位、职位和要求进行必要的分析，突出重点、有针对性地设计简历。

6.1.1.3　简历撰写注意事项

简历用纸要选择质量较好的白色纸张，字体最好选用宋体、黑体、楷体等，注意标题与正文文字大小的选择，“个人简历”大标题字号选择范围为一号至四号，其他标题宜采用三号至五号，正文宜采用五号至小四号。段落之间2倍行距，行与行之间以1.5倍行距为宜，排版要简洁明快。

简历中的内容撰写一定要使用积极的语言，不要用缺乏自信和消极的语言写个人简历，最好的方法是在你心情好时撰写个人简历。

在简历中，最好不要写上对薪水的要求，很多毕业生对这一项到底该不该写都比较犹豫，一般的人力资源经理都认为写上该项比较冒风险，最好不要写。

个人简历中一定要注明自己的联系方式，包括移动手机号码、宿舍座机号码、家庭固定号码、现住家庭地址、电子邮箱等，方便招聘单位一旦录用你，可以顺利地通知到你。

个人简历中不要过多地说明自己的世界观和价值观。

除非特殊需要，否则不要在简历中限制工作地点。

【简历赏析】

大学生个人简历

姓名：××　　性别：男　　年龄：22

健康状况：良好　　政治面貌：中共党员　　籍贯：辽宁省××市

毕业院校：××××　　所学专业：市场营销　　学历：大专

兴趣爱好：足球、跑步、羽毛球等体育运动，热爱旅行

现住址：××××　　联系电话：××××　　电子邮箱：××××

求职意向：可从事文秘工作、贸易、产品营销、活动策划、谈判沟通、广告宣传、市场调查等方面工作。

实习经历:××公司　　职务:××　　地点:××　　时间:××

××公司的活动策划助理,负责协助编辑相关工作,如微信运营,增加粉丝数;协助监测微信,编辑、撰写市场营运相关图片及文案;协助实施现场活动、内容策划工作;负责增强用户黏度,通过线上、线下活动吸引新用户等工作,主要客户包括××××(列出)等。

帮助××公司在沈阳成功进行市场投放活动。

提升了自身的活动组织能力、语言表达能力,加深了对新媒体营销和传播方式的了解,积累了线上结合线下推广活动的经验。

参加的课外活动及所获得的荣誉:

连续3年获得学院一等奖学金;

获得过国家奖学金、省政府奖学金;

获得市长奖学金,是同时期全学院的唯一获奖者;

参加××届××市场营销大赛,获得一等奖;

参加××××暑期社会实践活动,参与团队荣获优秀示范团队称号;

参加××届××课外学术作品大赛,参与团队荣获二等奖;

参加××届××大学生创业大赛,参与团队荣获二等奖;

策划、组织并带队参加民营企业二次创业主题实践;

关于××的主题演讲荣获一等奖;

××大学生英语口语大赛获得第一名;

此外,在校期间曾获得沈阳市优秀大学生、优秀学生干部标兵、优秀共青团员、十佳青年学生、优秀学生干部、志愿服务先进个人、社会实践活动先进个人等荣誉称号。

外语水平及计算机能力:

2020年通过国家大学生英语四级考试,有较强的阅读、写作能力。通过了国家计算机二级考试,熟练掌握Word、Excel、PowerPoint等办公软件。

自我评价:

我是一个生活积极乐观、有责任意识、有理想的青年,对自己理想的追求一刻未曾停止。希望凭借我的实力及真诚成为企业的一员。我会运用我的理论知识和实际工作能力,还有我的拼搏和勤奋,倾力为公司创造更多利润价值。

点评:这是一份比较优秀的个人简历,这个简历最大的优点就是抓住了看简历人的心理,恰当地表现了自己的优势,展现了自己的强项。优秀的简历不在于长短,而在于内容是否吸引人,当然前提是你写的内容必须是真实的,比如自己的英语水平很一般,你却写成了很强,万一在面试时要和你用英语对话,场面就会很尴尬。

【课堂活动】

简历挑错

为了让大家检验一下自己撰写简历的水平,请小组成员填写下面的简历表格,填写之后,小组成员互相挑出10个失误之处。

通过活动,大家要明白写完简历并非大功告成,简历完成后要仔细、不断地进行修改和修正,因为有错别字或语法错误的简历,通常是最容易被刷下的。

阶段1:

小组成员填写简历,时间为10分钟。

阶段2:

小组成员互相从简历中挑出10个失误之处,时间为5分钟。

阶段3:

组长结合简历要素及制作要求对此次活动进行总结,时间为10分钟。

小提示:

如果你不能在规定时间里将错误全部挑出来,表明你的写作能力有待提高,你自己在写作简历中恐怕也会犯同样甚至更多的错误。有经验的招聘经理能在5分钟之内就挑出所有错处。如果把你的简历和一个与你背景相似的人的简历放在一起,谁的错误更多便一目了然,正规公司对你的取舍也将不言而喻。

个 人 简 历

基本信息

姓名		性别		出生日期	
籍贯		联系方式		求职意向	
毕业院校		所学专业		最高学历	

教育背景

校园经历

实习经历

证书

自我评价

6.1.2 求职信的写作

求职信是求职者写给用人单位的信,属于商业信函,要求规范与专业,足以吸引招聘者的目光。求职信的目的是引起雇主的兴趣,让对方了解自己、相信自己、录用自己。在知名企业,特别是外企或500强企业的求职过程中,一封出色的求职信是必不可少的。

从某种程度上来说,求职信来源于简历,但又高于简历,具有对简历内容进行综合介绍、补充说明和深入扩展的作用。因此,简历可以一稿多投,但好的求职信必须量身定做。

有效的求职信其实只要认真地说明以下三个问题:

(1)求职意愿;

(2)集中说明自己与职位相匹配的优势及工作经历等;

(3)请求对方阅读自己的简历,给予面试机会。

写求职信时,你要有正在和某个人说话的感觉。求职信中所感受到你的热情洋溢,彬彬有礼,不卑不亢,应具有使对方觉得此人值得一见的效果。

6.1.2.1 求职信的内容结构

求职信与商业信函的结构是一致的,同样以称谓及问候起头,然后是正文,再以结束语、落款和撰写日期告终。正文部分的内容也通常可以从四方面入手,即开头部分、简要自我介绍、联系方式和结尾部分。求职信的正文中,首先应介绍求职者的身份和写信目的,接着写出自己的优势或长处,并写清楚电话预约面试的可能时间范围,或表明希望迅速得到回音,最后在结尾处感谢对方阅读并考虑应聘请求。一封标准求职信的正文应当包括以下内容:

(1)列举写信的理由。包括从何处得悉招聘信息,申请的目的和应聘的原因,及自己希望申请的职位等。让招聘人对求职者的意图一目了然。

(2)自我介绍。说明自己为什么适合申请的职位。注意要提出自己能为未来雇主做些什么,而不是他们能为求职者本人做些什么,以此打动招聘人。

(3)简明突出优势。说明为什么自己比别人更适合这个位置。

(4)强调与申请职位相关的经历。包括培训、实践、技能和成就等。用事实和表现证明自己的优势。

(5)提出进一步行动的请求。在结尾段落中,求职者可以建议如何进一步联络,留下可以随时联系到自己的电话或地址。同时,对阅读者表示感谢。招聘人员每天要阅读大量的简历,一句关切的问候会给人留下很深的印象。

6.1.2.2 求职信的撰写规则

一封效果良好的求职信首先必须有完整的内容结构,另外,撰写人还要掌握一定的写作规则,以免走入误区,收到反效果。一般来说,求职信的撰写规则主要有以下几条:

(1)量体裁衣,度身定做。面对不同的招聘单位和具体职位,求职信在内容侧重点上有所不同,必须有很明确的针对性。求职信不能像简历那样“千篇一律”,否则很容易被有经验的招聘人员识破并弃置一旁。

(2)突出主题,引人入胜。求职信一般只有几秒钟的时间吸引招聘者继续看下去。在求职信中要重点突出求职者的背景材料中与未来雇主最有关系的内容。通常招聘人员对与其企业有关的信息最为敏感,因此要把自己与企业或职位之间最重要的信息表达清楚。

(3)言简意赅,避免冗长。求职信最好不要超过一页,除非招聘人员索要进一步的详细信息;而且内容要短小精悍,避免空泛和啰嗦。因为招聘人员的工作量很大,时间宝贵,求职信过长会使其效率大大降低。

(4)语句通顺,文字规范。一封好的求职信不仅能体现求职者清晰的思路和良好的表达能力,还能考察出其性格特征和职业化程度。所以,一定要注意精雕细琢信中的措辞和语言,切忌有错字、别字、病句及文理欠通顺的现象发生。

(5)实事求是,切忌吹嘘。从求职信中看到的不只是一个人的经历,还有品格。诚实是招聘单位对新员工最基本的要求。有的求职信没有任何豪言壮语,也没有使用任何华丽的词汇,却使人读来觉得亲切、自然、实实在在。

先让身边的人查看。在求职信正式发送之前,先给身边的人看一下。这也是求职信撰写中的一个重要技巧,目的是避免歧义的产生,让求职信能更好地、更准确地传达出求职者所要传达的信息。

6.1.3　其他求职材料准备

除简历和求职信外,求职材料一般还应包括以下内容。

6.1.3.1　学校推荐表或推荐信

学校推荐表或推荐信一般由学生所在院系填写推荐意见,因为是组织对你的全面评价,招聘单位一般是比较重视的。

6.1.3.2　学习成绩单

学习成绩单是反映毕业生大学学习成绩的证明,成绩单要由学校或学生所在系(部)的学生成绩管理部门统一填写,并加盖公章。

6.1.3.3　各种证书

各种证书,如外语、计算机等级证书,各种荣誉证书,所获奖学金及各类竞赛的证书或驾照,及社会实践活动积极分子、积极参加文体活动所获得的奖励或证书等。

6.1.3.4　参加社会实践、毕业实习的鉴定材料

在学习期间参加的各种社会实践及其履历证明,实习单位的实习鉴定等材料,是证明自己工作经验的最佳材料。

6.1.3.5　成果证明材料

成果证明材料,如获得的发明专利证书或正在申请的专利材料,在报纸杂志上发表的文章、论文,出版的专著或读物,有一定价值的调查报告,及参与并完成教师科研工作的证明材料等。

6.1.3.6　推荐、引荐信

如果老师或企业领导愿意推荐,则是最好的。一般来说,这些推荐材料比自我介绍效果要好得多。

6.1.3.7　英文简历

对于即将毕业又想应聘外企的大学生,英文简历通常是考查一个求职者的综合素质和能力的一种体现。掌握英文简历写作的注意事项和技巧方法,可为求职增添砝码。

6.2 求职技巧

【导入案例】

小齐面试成功的秘密

某校毕业生小齐在一家外企工作,这也是她应聘的第一份工作。和求职中屡屡受挫的同学相比,她几乎算一次成功。当别人向她讨教经验时,她说,“细节决定成败”的道理在找工作时也适用。小齐应聘的第一家单位是一家保健品企业。那时,公司只招聘客服助理一人。顺利进入面试,小齐事先为自己搭配了比较大方得体的衣服,“穿衣问题虽是小节,却体现了对他人的尊重”。面试时,她还特地提前半小时到达,“守约不是大事,却能给人严谨的好印象”。

面试由总经理亲自主持,是一对一的交谈,小齐刚开始也很紧张,因为与她一起前来的应聘同学比,她的优势并不特别突出。当主考官要求她“介绍下你自己有什么特点”时,小齐冷静下来。她拿实例回答考官:在学校担任就业工作助理期间,负责协助老师组织招聘会,这对没有任何“关系”的她是一种挑战。她经常从网上挑选、联系、邀请用人单位,在这个过程中,虽遭遇挫折,却在很大程度上锻炼了她较强的抗挫折能力。

面试完毕时,她把椅子轻轻搬回原位。这时,主持面试的总经理脸上产生了微妙的变化,并热情地说再见。因为这个细节,她成为唯一被录用的应届毕业生。招聘经理后来告诉她,面试时,考官都会观察应聘者是否迟到。那天她不但没有迟到,还是应聘人员中唯一一个把椅子搬回原位的应聘者。这个小小的举动为她最后胜出奠定了基础。

点评:在日常生活中注重服饰打扮、言谈举止、气质风度、文明礼貌等礼仪,可以给他人留下很好的印象。大学生在求职过程中更要注重礼仪,因为礼仪可以反映出一个人的品德和修养。由于对礼仪知识的缺乏或是对礼仪的不重视,导致应聘者求职失败的案例屡见不鲜。在求职中,一个仪表出众、懂得礼仪的人,更容易得到他人赏识,获得更多的机会。

6.2.1 面试基本类型

面试是一种经过组织者精心设计,在特定场景下,以招聘者与应聘者的面对面交谈与观察为主要手段,逐步深入地了解应聘者的知识水平、价值观、动机、实践经历、工作经验、工作期望、能力等有关素质的考试活动。面试是当前用人单位挑选员工的重要方式,是求职者和用人单位双向交流的过程,通过此过程用人单位可以动态地了解求职者,挑选到合适的人才,求职者也可以有效地推销自己,选择到最适合自己的工作岗位。

在校园招聘中,企业采取的面试形式越来越丰富,面试流程也越来越复杂,其目的是提高面试筛选的准确度和效率,降低招聘成本等。对于应届生来说,有必要了解企业招聘的面试形式和面试流程,结合自身的实际情况做好面试准备,以便在面试中灵活应对,展现出良好的状态,博得面试人员的青睐。

按照面试的开展形式及手段、面试的内容、面试考核的重点等,企业在校园招聘中采用的常见面试方式见表 6-1。

表 6-1　面试类型及其特征

面试类型	主要特征
电话面试	面试人员通过电话来对应聘者进行提问的面试。一般发生在笔试之后,这是在面对面的面试之前经常采用的面试手段,针对某些特定问题进一步了解
视频面试	面试人员与求职者利用连通了互联网的电脑,通过视频摄像头和耳麦,运用语音、视频、文字的即时沟通交流进行招聘面试
结构化面试	面试人员通过设计面试所涉及的内容、试题、评分标准、评分方法、分数等对面试者进行系统的结构化的面试。其主要目的是评估应聘者工作能力的高低及是否能胜任该岗位工作
无领导小组面试	无领导小组面试是一种测评技术,其采用情景模拟的方式对考生进行集体面试。它通过给一组应聘者一个与工作相关的问题,让考生们进行一定时间的讨论。在这个过程中,多个应聘者需要合作完成某个项目,可能是实际商业环境下的有见地的案例讨论,也可能是集体游戏
情景模拟面试	面试人员设置一定的模拟场景,要求被应聘者扮演某一角色并进入角色情景中,去处理各种事务及各种问题和矛盾

6.2.1.1　电话面试

多数企业在从简历中筛选出合适的申请人之后,在正式面对面的面试之前,通常会采用打电话的方式进行首轮面试,从而事先了解申请人的实际情况。电话面试的时间一般控制在 10~30 分钟左右。其主要目的是核实应聘者的相关背景、语言表达能力。一般通过常规问题的询问,或者让应聘者自我介绍,并根据简历对应聘者的教育及工作经历进行核实,来判断应聘者是否符合招聘职位所要求的素质能力,并根据电话面试的结果判断是否给予进一步面试的机会。电话面试时应注意以下事项。

1.保持冷静,化解紧张

在接到面试电话时,你或许正在上课,或许正在地铁上,在这种没有任何准备的情况下,你首先不能慌张,应尽快冷静下来,然后用非常积极友好的声音告诉他:

“××先生/小组,非常感谢您打电话过来。如果您不介意的话,能否 5 分钟之后再打给我,我这里手机信号不太好,我换个安静的地方;或者能否告诉我您的电话,我 5 分钟之内给您回拨过去。”

一般情况下对方都会同意过几分钟后再打过来,这样你就可以在较短时间内做一些准备。如果你确实不太方便接电话,那一定要问清楚对方的电话,以便稍后再回拨,确认电话面试事宜。在电话面试过程中,感到紧张是很自然的,但是要试着让自己慢慢放松。由于对方在电话中只能通过声音来判断你的表达能力,所以一定要控制好自己的心理和情绪,这样在说话时才不会乱了方寸。

2.注意语速,适时沟通

在电话面试中,声音很重要,不要过于平淡地、机械地背诵你已准备好的内容。在回答问题时语速不要太快,音量可以适当地放大,因为一般电话里面的声音是比较小的。发音吐字要清晰,表述要尽量简洁、直截了当。

如果没有听清楚问题或者没有理解问题,那么正确的做法是有礼貌地请面试官复述一遍问题,不要不懂装懂,以免造成答非所问。

3.在电话面试过程中记录下重要信息

如果条件允许,你应该在电话面试过程中准备好笔和纸,一边听面试官的说明和提问,一边记下重要的信息,包括公司名称、面试官的姓名、面试问题的要点及进一步面试安排等。

4.打电话的必要礼节

在整个面试过程中,我们都要注意一些打电话的礼节,这些也可能是对方考核的细节。接电话时应该先说"你好",不能光是"喂"。在电话面试过程中,要对对方表示出尊重及对他工作的感谢。最后在结束电话面试前,一定要记得感谢面试官,以显示你的职业修养,同时要确保面试官有你正确的联系方式,以便如果有进一步面试的机会能联系到你。

5.把握向面试官提问的机会

面试官在电话面试的最后阶段,可能会给你提问的机会和时间,这时一定要把握好最后的自我展示机会。你可以事先准备一些有内容或者有尝试的问题,如果事先没有准备,那么你可以询问什么时候能得到进一步的通知。

6.2.1.2 视频面试

求职者参加视频面试,在用人单位安排的面试时间前,要提前安装好摄像头和耳麦等相关设备,并检查电脑、网络、摄像头、耳麦、灯光等设备的使用情况,以保证视频面试按时、正常进行。

因为视频面试不能看到求职者更多的姿态、动作,因此求职者的发型、服饰等给面试官留下的印象更深刻,要尽量做到干净整洁、朴实大方、和谐得体,符合大学生身份,给面试官一个良好的印象。调整好摄像头,把自己最具风采的一面展示给面试官。

由于视频招聘更多的是通过语音聊天来展示自己,因此要特别注意语言表达,要注意口齿清晰,表达有条理。视频过程中有可能出现没有听清的情况或者视频突然断掉,要非常有礼貌地解释清楚,其实这时你的反应也许就会成为面试官判断的标准。

视频面试过程中的一颦一笑、一举一动都有可能成为面试官判断你的依据,不要有过多的小动作。在面试过程中,眼睛要直视对方,目光游移不定会影响面试官对你的判断。

6.2.1.3 结构化面试

结构化面试又称标准化面试,它通过设计面试所涉及的内容、试题、评分标准、评分方法、分数等对面试者进行系统的结构化的面试。其主要目的是评估应聘者工作能力的高低及是否能胜任该岗位工作。用人单位会根据岗位的特点确定面试的具体内容模块、测评流程、安排和要求,如面试达到的目的、职位的具体要求等。目前,公务员和外企使用此类面试比较多。

【导入案例】

结构化面试试题

1.简单寒暄

你怎么过来的？交通还方便吧！

2.观或听

应聘者的仪表风度、精神面貌、行为礼仪等。

3.口头表达能力

请你先用几分钟简单介绍一下自己吧。

4.兴趣爱好

平时常看些什么书？最喜欢的课余活动是什么？

5.上进心与自信心

谈谈你在担任学生干部的经历中令你感到成功的事例及成功的因素是什么？

6.领导能力

请问你在求学经历中参加过哪些社团组织或校园活动，你在其中扮演什么角色？

7.灵活应变能力、工作态度等

你在选择工作中更看重的是什么？

可能回答：成长空间、培训机会、发挥平台、薪酬等。

若薪酬不排在第一：你可不可以说说你在薪酬方面的心理预期？（待回答完毕后）那你刚才的意思也可以这样理解：薪酬方面可以适当低于你的心理预期，对吗？

若薪酬排在第一：有人说挣未来比挣钱更重要，你怎样理解？

8.责任感与归属意识

如果你的班级在一项比赛中处于竞争劣势，你有什么想法和行动？

6.2.1.4　无领导小组面试

这是一种集体面试的测评技术，它通过给一组考生一个与工作相关的问题，让考生们进行一定时间的讨论，来检测考生的组织协调能力、口头表达能力、辩论能力、说服能力、情绪稳定性、处理人际关系的技巧等方面的能力和素质是否达到拟任岗位的要求。

6.2.1.5　情景模拟面试

情景模拟面试，是设置一定的模拟场景，要求求职者扮演某一角色并进入角色情景中，去处理各种事务及各种问题。考官通过对考生在情景中所表现出来的行为，进行观察和记录，以测评其素质潜能，看其是否能适应或胜任工作。

【导入案例】

情景模拟面试试题

1. 面对现在就业难的问题，有家长要求目前正在读大二的学生开始找工作，并放弃就读。如果你是这个学生，你怎么办？

2. 你负责一项工作，在关键时期，一个骨干人员突然要带薪休假，你怎么办？

6.2.2　面试的考核要素

6.2.2.1　面试的特点

面试是招聘者和应聘者之间相互沟通与互动的过程，通过交谈与观察的方式，了解应聘者的性格特征、心理状态、价值观、知识储备和各方面能力等，它具有以下几个方面的特点。

1.全面性

面试是一种可通过多种方式进行的综合性考核，对应聘者的语言表达能力、问题处理能力、随机应变能力、团队协作能力等进行全方位的考察。

2.有效性

面试通过设置实际操作环节，可以直接考察应聘者的专业技术水平和能力，有助于用人单位有效地进行人才选拔。

3.直观性

面试就是双方面对面的交流，招聘者通过这种直观的方式可以直接对应聘者的兴趣爱好、知识水平、职业理想、专业能力等做出综合判断。

4.互动性

面试是招聘双方进行互动性的交流，是一个双向沟通的过程，在这一过程中，招聘方通过谈话和观察，可以判断应聘者的性格特征、创造力、反应力、心理素质等；应聘者通过对招聘方言行的观察可以判断对方对自己面试表现的满意度等，并以此调节自己在面试中的行为表现。面试的这种互动性特点，对于招聘双方都是有益的，很大程度上提高了双方沟通的成效。

5.灵活性

面试内容应该是因人而异的，根据应聘者的个人经历、兴趣爱好、家庭背景、工作内容、教育背景、应聘职位、岗位职责等的不同，设置的问题也不同，考察的侧重点也不同，所以面试的内容具有灵活性的特点。

6.单一性

招聘对象是单一的。

6.2.2.2　面试的考核要素

1.仪表仪态

仪表仪态即应聘者的外貌、体型、气色、举止、衣着打扮、精神状态等。像国家公职人员、教师、空乘人员、公关人员、演员等职务对应聘人员的仪表仪态有着一定的要求。研究表明：仪表端庄、衣着整洁、举止文明的人一般都具有较高的修养，做事责任心较强，自我约束力较强。

2.专业知识与技能

了解应聘者掌握专业知识的深度和广度、专业技能的熟练程度，是否符合所需岗位的要求。

3.求职动机

了解应聘者为什么希望能来本公司工作，对什么职位最感兴趣，在工作中追求什么，本单位提供的工作条件能否满足应聘者的工作要求和职业期望。从一个人的工作动机中可以判断出他的工作态度、工作追求,进而判断他能否胜任此工作。

4.语言表达能力

语言表达能力即主要考察应聘者能否将自己的思想、观点、建议等准确地、流利地、有逻辑地用语言表达清楚。

5.工作实践经历

工作实践经历主要考察应聘者以前是否有过相同或相似的实践经历、工作经历。工作实践经历对于应聘者来说是一笔宝贵的人生财富,也是一种重要的任职资格。对于招聘单位来说,如果应聘者以往有过相同或相似的工作经历、实践经历,任职后将缩短对工作岗位的适应时间,快速地进入工作角色,为招聘单位节省一笔可观的培训费用,同时,在最短的时间内为招聘单位创造经济价值,所以很多用人单位都喜欢招聘有工作经验的人。

6.分析判断能力

分析判断能力即招聘者在面试中提出一些问题,让应聘者现场进行回答,以此考察应聘者能否对招聘者提出的问题通过思维分析抓住关键点,分析的条理是否清晰,看问题是否全面,进而了解应聘者辨别是非、分析问题、解决问题的能力。

7.自我控制能力

通过相关工作情景的设置,考察应聘者在遇到上级批评指责、工作压力或是个人利益受到损害时,是否能够进行自我克制、忍耐,从容理智地面对这种境遇,是否因为情绪波动而影响到正常的工作,考察的是应聘者的耐心和克制力。

8.兴趣与爱好

通过对应聘者在业余时间通常都做些什么、喜欢什么样的运动、爱看哪类书籍、有什么样的嗜好等的了解,进而了解应聘者的兴趣与爱好,在以后安排工作时可以以此为参考。

9.自我认知能力

自我认知能力是指一个人对自己的认识能力,包括自己的优点和缺点,是一个人在工作、生活中必须具备的能力。应聘者如果能够正确地评价自己,清楚自己的长处与不足,扬长避短,就能够把工作做得更好。

10.人际交往能力

主要通过询问应聘者经常参加哪些社会活动,喜不喜欢结交朋友,喜欢与什么类型的人交往,喜欢哪些社交场合,在各种社交场合都扮演了什么角色,发挥了什么样的作用等,了解应聘者的人际交往倾向和能力。

6.2.3 面试前的准备

面试就像一次登台表演,“台上三分钟,台下十年功”,应聘者要以最好的状态,用最好的形式,把最拿手的好戏呈现给挑剔的观众,要想博得满堂的喝彩,就必须做好充分准备,成功总是眷顾那些有准备的人。

面试准备有四大方面:信息准备、形象准备、状态准备和问题答案准备。所有的准备都为了一个目标:以最好的表现留下最好的印象,从而赢得工作机会。

6.2.3.1 信息准备

面试前全面地调查单位,面试时胸有成竹地谈论单位,能充分表现出你对该单位的重视和热情。通过公司网站、行业网站、招聘宣讲会、经验交流、实地参观等各种方式,收集尽可能多的有关单位的信息,包括单位的名称、性质、业务、规模、主导产品和服务、地位和经营状况、理念和文化风格、目标和发展方向、竞争对手和竞争优势、面临的主要挑战和问题等。如果公司有面向大众开放的商店、办事处、展厅、营业点等,至少要去其中一个地方看看,最好能产生一些交互行为,这对于市场销售类职位尤为重要。

熟悉招聘广告,逐词逐句分析。收集其他公司类似职位的广告作为对比,找出关于应聘职位的信息,包括职位名称、备选职位、职位任务、工作强度、工作方式、职位要求的知识、职位要求的经验、职位要求的素质、职位的薪水待遇水平及其他广告用词用语的含义等。

针对单位信息、职位信息、预期问题,准备好对应的简历、求职信、文凭、成绩单、证书、照片、身份证件、荣誉证明、作品等必备材料。

6.2.3.2 形象准备

以貌取人是人的天性,在初次见面的几分钟内,面试人员就会产生对你的第一印象。为了不让形象掩盖住自己的才华和愿望,一定要对自己的形象做仔细的检查和装扮。

很多学生,特别是技术、艺术、文学类学生,喜欢做“真我”,以自己平时的形象去应试。其实,包括面试人员,谁都知道在面试时的打扮未必是平时的打扮,问题是面试是正式场合。“真我”是什么?就是最好的自己!面试人员想看到的就是一个人最好的精神面貌,他们希望找到的就是一个感觉良好、状况良好、充满活力、精力充沛的新员工。

具体的形象要求,在不同的行业、职业和企业文化下是不一样的。大多数喜欢西装革履式的职业化形象,有些行业和单位,如外企则喜欢略有活力、时尚的形象。在面试前,应该及早了解他们的形象标准,以便有充分的时间准备,但无论是哪一种倾向,以下倾向是共同的:一是打扮合乎主流而不是合乎潮流,奇装异服的风险很大;二是打扮应该干净整齐、得体大方,蓬头垢面、气味难闻、鞋带泥灰、邋里邋遢、衣着不合体和不合时都犯忌讳;三是如果不能断定企业文化倾向,男生应着深色西装,女生应穿正式套装,但衣饰不可过于严肃、艳丽或奢华,总体目标是让人亲近喜爱;四是打扮反映出的精神面貌应该是干练、稳重、活跃,举止姿态要显得健康、沉稳、自信、从容、礼貌。

【导入案例】

曾有一名求职者前往一所专科学院应聘计算机工程师职位。面试时,这名求职者打上了领带,穿上了西装。面试过程很顺利,求职者过硬的专业知识让招聘老师欣赏不已。在决定是否录用这名求职者的过程中,却有一位老师提出了异议:“你们注意到没有?这个面试者穿了一双旅游鞋,一方面,如此装扮很不得体;另一方面,也说明此人很有个性,也许比较难管理。”但由于当时学院急于用人,大家没有在意这个细节。几天后,这名求职者到学院正式上班了。但接下来的事情却让人感到意外,人们发现,当初那位老师的话逐一成真。上班后,此人不拘小节,衣着随意。更要命的是,他个性十足,很难听进别人的意见。领导找他谈过几次话,但收效甚微。日子久了,他成了学院有名的“刺头”。

(选自道客巴巴网站)

思考:如何在面试中给面试官留下好的第一印象?

6.2.3.3　状态准备

忽然和一个陌生人做一次正式的、严肃的、似乎是决定命运的交流，难免让人心潮起伏，紧张不安。面试前应克服一些不良心态，做到以下几点。

1.不要自卑

一些同学感到自卑，并罗列出一大堆不利的理由：学校不好、学历低、专业不对口、成绩不够好、没有干部经历、社会实践少、没有本地户口、农村长大、见世面少等。

其实，大学生自己的评价标准，甚至是社会普遍的评价标准，和单位对人的评价标准差别往往是很大的。对于自卑的学生而言，他的实际情况往往要比他自己的感觉要好得多，是一种自我否定的力量抑制了个人良好状态的正常发挥。

大学生一定要记住：你向人推销的不是你的过去，而是你的未来！过去不精彩并不重要，重要的是未来你能不能给单位带来价值。在面试前想象自己在理想状态下，在该单位会如何做事、如何创造业绩、如何做人、如何发展、如何给公司创造价值。当想清楚这些时，你就可以信心十足地去面试了。

2.不要自傲

有些同学自我感觉良好，或者对面试单位不太满意，因而犹豫不决；或者觉得自己优势突出，因而疏忽大意。以这样的心态，在面试时就会漫不经心。

面试人员都是敏感的，大学生任何的不满和犹豫都会被看在眼里。他们只招那些有强烈愿望认可自己单位的应聘者，对于犹豫不决的应聘者来说，一定要重新考虑，如果不想放弃机会，就应该仔细研究这家公司的优势，并做一个自己在该公司的发展规划，从而让自己进入渴望进入该公司的状态。

3.不要紧张

除因自卑引起的紧张外，由于过于重视这个机会，或者担心自己性格内向、不善言辞，也会引起紧张。对于这类紧张，解决的主要办法有：一是事前进行模拟面试，多进行几次，让紧张提前产生和释放；二是回想一下哪些事情、哪些方面、哪些活动会让自己感到轻松愉快、信心十足，比如有的同学爱打篮球，那就去打一场篮球，情绪是能转移的，你在球场上挥洒自如、兴高采烈之后，有利于消除面试中的紧张情绪。

6.2.3.4　问题答案准备

万变不离其宗，面试中的大部分问题实际上都是可以好好准备的。应聘者应该做好以下问题的答案：我对单位的了解有哪些方面，了解充分吗？单位是否适合自己？单位哪些地方吸引了我？“为什么要选择我们单位?”、“为什么不是选择其他的单位?”对于类似问题，我如何回答？我对职位了解哪些？职位是否适合自己？自己能否胜任该职位？该职位的核心要求是什么？自己竞争该职位有何优势和劣势，如何凸显优势、回避劣势？在知识、经验和素质方面，面试人员会提出哪些问题，如何回答？有哪些证书可以证明自己满足该职位的要求？有哪些例子可以证明自己的知识、经验和素质足以胜任该职位？自己在该单位 1 年、2 年、5 年的发展计划是怎样的？面试前对各种常见问题进行过深入思考，心中有数，并有意识地进行模拟演练，在面试时就不会不知所措、心慌意乱。

6.2.4 面试应对技巧

6.2.4.1 面试者的语言技巧

面试场上求职者的语言表达艺术标志着成熟程度和综合素质,对求职者来说,掌握语言表达的技巧无疑是重要的。

1.认真聆听,流利回答

主考官介绍情况时要专注,对其问题要逐一回答,口齿清晰,发音准确,语言文雅大方。交谈时还要注意控制说话的速度,以免磕磕绊绊,影响语言的流畅;答话要简练、完整,尽量不要用简称、方言、土语和口头语,以免对方难以听懂。面试官在谈话时可以在适当时点头或适当提问。

2.语气平和,语调恰当,音量适中

面试时要注意语音、语调、语气的正确运用。语气是指说话的口气,语调则是指语音的高低轻重配置。打招呼问候时用上语调,加强语气并带拖音,以引起对方注意。自我介绍时,最好多用平缓的陈述语气,音量的大小要根据面试现场情况而定,以每个主考官都能听清为原则。

3.注意听者的反应,及时调整

求职者面试不同于演讲,而是更接近于一般的交谈。交谈中,应随时注意听者的反应。比如,听者心不在焉,可能表示他对这段话没有兴趣,你得设法转移话题;侧耳倾听,可能说明由于音量过小使对方难以听清;皱眉、摆头可能表示语言有不当之处。根据对方的这些反应,就要适时地调整语音、语调、语气、音量、修辞,包括陈述内容,这样才能取得良好的面试效果。

6.2.4.2 面试者的行为技巧

面试,从求职者进入面试人员视线那一刻就已经开始了。被面试的不仅是求职者的语言,还有求职者的个人行为表现,而后者往往被求职者忽视。一项研究表明,个人行为表现出给人的印象7%取决于用词、38%取决于音质、55%取决于非语言交流。所以,面试时一定要特别注意你与面试人员的非语言交流,自始至终保持斯文有礼、不卑不亢、大方得体的言谈举止。

1.眼观六路:眼神的交流

忌:万万不可目光呆滞地盯着别人看,这样会让面试官感到很不舒服。

宜:与对方保持目光交流,但目光要稍微有些移动;如果有不止一个人在场,说话时要经常用目光扫视一下其他人,以示尊重和平等。

2.耳听八方:主动的积极聆听者

忌:像木头桩子一样故做深沉、面无表情。

宜:在听对方说话时,要不时做出点头同意状,表示自己听明白了,或正在注意听。

忌:认为只有自己说话才是最好的销售,往往会抢着说话,或打断对方的讲话,这些都是很不懂礼貌的表现,会使自己陷于被动,言多必失。

宜:如果面试官在面试中多说话,说明他对你感兴趣,愿意向你介绍情况,热情交流,请不要打断对方。

3.举手投足:常犯的错误

忌:不断地折纸、转笔,或乱摸头发、胡子、耳朵等,这样会分散面试人员的注意力;用手捂嘴说话,这是一种紧张的表现。

宜:双手自然放置,心情放松。

4.稳如泰山:只坐三分之二

忌:紧贴着椅背坐,全身瘫倒在椅背上;或是坐得太少,战战兢兢地只座椅边,这是一种极度紧张的表现。

宜:一般以坐满椅子的三分之二为宜。既可以让你腾出精力轻松应对考官的提问,也不至于显得你漫不经心。坐下后身体要略向前倾,表示出对考官的关注和重视。

6.2.5　笔试的类型与技巧

6.2.5.1　笔试的类型

笔试的类型五花八门,用人单位根据自己的需要设置不同类型、不同风格的笔试题目,以达到选人的目的。根据试题内容,常见的笔试的类型可分为专业考试、智商测试、心理测试和综合能力测试等,详情见表6-2。

表6-2　笔试类型

类型	考察目的和形式	常用单位
技术类	检验应聘者的专业知识水平和相关的实际能力。这类笔试主要针对研发型和技术类职位,笔试题目主要涉及工作需要的技术性问题,专业性比较强	外资企业、外贸企业、科研机构、国家机关
智商测试	考察应聘者是否具有不断接收新知识的能力。题目形式有:图形识别、算术题等	跨国公司
心理测试	根据完成的数量和质量来判定其心理水平或个性差异的方法。有效的测试可以用来判定应聘者的个性、态度、兴趣、动机、智力、意志等心理素质。通过心理测试,用人单位可以大致了解应聘者的基本心理素质和心理倾向,继而确定应聘者是否符合岗位的要求	跨国公司、外资企业
综合能力测试	兼有智商测试的要求,难度大。这类考试一般是各种能力的综合考察,主要有以下几个方面的内容:①简单的数理分析能力。②对于知识域的考察,主要包括一些常识性的问题和时事方面的内容。③语言理解和表达能力	外资企业、科研机构、国家机关、跨国公司

6.2.5.2　笔试应对技巧

1.科学答题

拿到试卷后,首先应通览一遍,了解题目的多少和难易程度,以便掌握答题顺序。先攻相对简单的题,后攻难题。这样就不会因为攻难题而浪费时间太多,而没有时间做会答的题。遇到较大的综合题或论述题,则应先列出提纲,再逐条撰写。最后,要尽量挤出时间对容易出错的地方进行复查，特别注意不要漏题，更不能跑题或出现错别字、语法不通、词不达意等错误。

2.卷面整洁

应当注意卷面字迹要清晰。书写过于潦草、字迹难以辨认也会影响考试成绩，因为求职笔试不同于其他专业考试，有时招聘单位并不特别在意应试者考分的稍许高低，认真的态度、细致的作风会大大增强被录用的可能性。

3.恰当分配时间

不要死抠几道题，有时笔试出题量较大，其用意是一方面考查知识掌握程度，一方面考查应试能力，所以考生在浏览卷面后，要迅速解答比较容易的题目，余下的时间再认真推敲其他题目。对于多模块测试，要注意时间分配，保证各个模块都有相当的时间作答，招聘笔试不是按总分计算成绩，而是按模块分别打分，综合评价。

4.注意考场纪律

一定要遵从监考人员的指示，在没有得到指令的情况下翻阅试卷，很有可能被取消笔试资格，有很多公司都非常看重应试者的守纪与诚信。大家要明确一点，笔试不仅是一次考试，也是求职过程中的一个环节，考场上的表现很有可能会影响到你之后的面试。

5.注意心理调节

有时我们可能会受到同考场内的其他情况的影响，如别人早交卷等，这时，我们要注意调节自己的心理，不要紧张、慌张，相信自己一定能够做好题目。

【课堂活动】

组织策划一次模拟面试

活动按小组完成，小组成员为4~6人，两名面试官，其他为应聘者，根据表6-3准备至少10个面试问题。小组模拟面试过程，在课堂上进行演示，小组之间进行互评，最后老师总结评价。

表6-3　面试评分表

基本信息	姓名	专业	性别			应聘职位
面试测评要素	评分要点	分值	评分标准			得分
礼仪礼节	仪态大方，举止文明，衣着整洁；有良好的坐姿、站姿；妆容自然	10	好	一般	较差	
			8~10	6~7	0~5	
专业水平	结合工作内容回答问题；测试专业知识与业务水平	10	好	一般	较差	
			8~10	6~7	0~5	
分析和解决问题的能力	工作思路清晰，判断分析问题准确、深刻、透彻、有创见；解决问题的办法、措施得当	10	好	一般	较差	
			8~10	6~7	0~5	

续表 6-3

<table>
<tr><td rowspan="2">基本信息</td><td>姓名</td><td>专业</td><td colspan="3">性别</td><td>应聘职位</td></tr>
<tr><td></td><td></td><td colspan="3"></td><td></td></tr>
<tr><td>面试测评要素</td><td>评分要点</td><td>分值</td><td colspan="3">评分标准</td><td>得分</td></tr>
<tr><td rowspan="2">语言表达</td><td rowspan="2">语言表达的逻辑性、条理性、简练性、准确性、流畅性及感染力和说服力</td><td rowspan="2">10</td><td>好</td><td>一般</td><td>较差</td><td rowspan="2"></td></tr>
<tr><td>8~10</td><td>6~7</td><td>0~5</td></tr>
<tr><td rowspan="2">应变能力</td><td rowspan="2">反应的机敏程度；临场应变能力；面对压力的心理承受能力和自制力；处理问题的灵活性和有效性</td><td rowspan="2">10</td><td>好</td><td>一般</td><td>较差</td><td rowspan="2"></td></tr>
<tr><td>8~10</td><td>6~7</td><td>0~5</td></tr>
<tr><td rowspan="2">职位要求的其他相关因素</td><td rowspan="2">个人的志趣、爱好、特长、知识、经验、文化素养个性特征与拟任职位的适应程度</td><td rowspan="2">10</td><td>好</td><td>一般</td><td>较差</td><td rowspan="2"></td></tr>
<tr><td>8~10</td><td>6~7</td><td>0~5</td></tr>
<tr><td>总分</td><td colspan="6"></td></tr>
<tr><td>评语及意见</td><td colspan="6"></td></tr>
</table>

注：此表选自《大学生就业与创业指导》第二版，南开大学出版社。

【思考题】

1.常见的择业心理问题有哪些？如何调适？

2.简历撰写注意事项有哪些？

3.面试前需要做哪些准备？

4.面试技巧有哪些？

第7章 就业程序与权益保护

【学习指南】

签订就业协议是毕业生求职环节中的最后一项,也是最重要的一项。大学毕业生在毕业前后要签两份重要的文件,即就业协议书与劳动合同。就业协议书是毕业生步入职场的第一份文件,签订时身份为学生;劳动合同是大学生毕业成为社会劳动者后与用人单位所签的协议;二者都具备法律效力。当大学毕业生在毕业前拿到心仪的录取通知时,就要涉及签协议的问题,但由于对就业协议书和劳动合同的联系与区别了解不深入,其权利义务内容不明确,往往容易出现违约现象,对个人、学校和企业都会产生负面影响甚至是经济损失,所以毕业生应高度重视协议的签署问题,了解《中华人民共和国劳动合同法》、《中华人民共和国劳动法》等相关的法律法规,做到知法、懂法、守法才能不违法。诚信是金,签署协议要有契约精神,只有签约各方信守承诺,严格按照协议行使各自的权利、履行各自的义务,才能避免出现法律纠纷。本章着重从就业协议书、劳动合同的具体内容、签订程序、违约责任、二者的联系和区别等方面引领大学生学习协议的签署问题,并辅以典型案例对具体问题进行解析,使大学生提前进入求职实战环节,做好充分的就业准备。

【能力标准】

分类	具体内容
知识	了解就业协议书与劳动合同的联系与区别; 掌握就业协议书、劳动合同的内容、签订程序与注意事项、违约责任承担
技能	能够看懂就业协议书、劳动合同内容,并按照正确流程签订; 能够运用法律手段处理协议中的纠纷,维护自身合法权益
态度	培养学生法律思维和学习就业相关法律知识的兴趣,树立就业信心

7.1 就业协议书与劳动合同

【导入案例】

“三方协议”能否代替劳动合同

赵晓,某职业学院经管专业应届毕业生,入职某商贸公司。已经工作半年的赵晓在和同学聊天时发现,只有自己还没有与用人单位签订劳动合同。针对赵晓的疑问,商贸公司解释是:公司、赵晓及赵晓的毕业学校,彼此之间签订有“三方协议”,该协议已经确定了赵晓的劳动关系,因此无须另行签订劳动合同。随后,在与商贸公司协商未果的情况下,赵晓以商贸公司未与自己签订劳动合同为由提起劳动仲裁,要求商贸公司支付未签劳动合同的两倍工资差额。

（摘录自 110 法律咨询网）

思考:上述案例中商贸公司用“三方协议”代替劳动合同的行为存在哪些问题?

分析:

“三方协议”不等同于劳动合同。三方协议在毕业生到单位报到,用人单位正式接收后自行终止, 所以签了“三方协议”,仍应签订劳动合同。《劳动合同法》第十条明确规定:建立劳动关系,应当订立书面劳动合同。已建立劳动关系,未同时订立书面劳动合同的,应当自用工之日起一个月内订立书面劳动合同。商贸公司将“三方协议”视为等同于劳动合同,并以此为由未与赵晓签订书面劳动合同的行为违反法律规定。

“三方协议”即《高校毕业生就业协议书》,通常由教育部门、相关就业主管部门统一制表,由学校下发、毕业生签字、用人单位盖章,毕业生本人保管一份作为报到、转接户口关系的依据。“三方协议”是明确毕业生、学校、用人单位三方在应届毕业生就业过程中权利义务的书面文件。而劳动合同是由用人单位提供,经与毕业生平等协商后签订的,对工作岗位、工作待遇等劳动法上权利义务关系进行约定的书面文件。

因此,“三方协议”与“劳动合同”在签约主体、约定内容等方面具有明显区别,“三方协议”并不具有“劳动合同”的法律效力。

7.1.1　就业协议书

就业协议是《全国普通高等学校毕业生就业协议书》的简称,是明确毕业生、用人单位和学校三者在毕业生就业工作中权利和义务的书面表现形式,又称“三方协议”。《高校毕业生就业协议书》一般由教育部或各省市、自治区就业主管部门统一编制。作为学校派遣计划依据的《全国普通高等学校毕业生就业协议书》,由学校发放,毕业生签字,用人单位盖章,毕业生本人保存一份作为办理报到、接转行政和户口关系的依据。

7.1.1.1　就业协议书的内容

(1)毕业生情况及应聘意见。主要内容包括姓名、性别、年龄、民族、政治面貌、培养方式、健康状况、专业、学制、学历、应聘方式、家庭住址、应聘意见等。

(2)用人单位情况及接收意见。主要内容包括单位名称、单位隶属、联系人、联系电话、邮政编码、通信地址、所有制性质、单位性质、档案转寄地址、用人单位意见、用人单位上级主管部门意见等。

(3)学校意见。主要包括学校联系人、联系电话、邮政编码、学校通信地址、院系意见、学校毕业生就业部门意见等。

(4)高校毕业生和用人单位约定的有关内容,可包括:工作地点及工作岗位;户口迁入地;违约责任;协议自动失效条款、协议终止条款;双方约定的其他事宜。

(5)各方应严格履行协议,任何一方若违反协议,应承担违约责任。

(6)其他补充协议。

现在各普通高等学校所使用的就业协议一般由各省自行安排印制,由教育部监制,格式虽不太一致,但都是可以保障到学生就业权益的格式条款协议。

就业协议书样本见图 7-1、7-2。

备注:

编号:NO.

全国普通高等学校毕业生就业协议书

毕 业 生 ____________

用人单位 ____________

学校名称 ____________

教育部高校学生司制表

图 7-1　就业协议书封皮

7.1.1.2　就业协议书的签订

就业协议的签订是在毕业生与用人单位供需见面、双向选择之后达成一致意见的结果。签订就业协议的程序一般为:

(1)毕业生本人在协议书上以文字形式,明确表达自己同意到选定单位应聘工作的意愿,同时签署本人姓名。

(2)用人单位人事部门负责人代表单位签署同意接受该毕业生的文字意见,并签字盖章。该单位没有人事决定权的,还需要报送其上级主管部门签字盖章,予以批准认可。

(3)毕业生所在院系和学校主管部门签署意见并签字盖章。

现行的就业协议书一式四份。协议签订后,一份由毕业生本人保存;两份交学校就业主管部门,一份作为就业派遣的依据,另一份用来办理毕业离校手续;一份交用人单位,作为接受毕业生就业的凭证,并以此做好相应的人事及其他安排。

7.1.1.3　就业协议书的解除

就业协议的解除分为单方解除和三方解除。

单方解除,包括单方擅自解除和单方依法或依协议解除。单方擅自解除协议,属违约行为,解约方应对另两方承担违约责任。单方依法或依协议解除,是指一方解除就业协议有法律上或协议上的依据,如学生未取得毕业资格,用人单位有权单方解除就业协议,毕业生录取研究生后,可解除就业协议,或依协议规定,毕业生未通过用人单位所在地组织的公务员

<table>
<tr><td rowspan="7">毕业生情况及意见</td><td>姓 名</td><td></td><td>性 别</td><td></td><td>年 龄</td><td></td><td>民族</td><td></td></tr>
<tr><td>政治面貌</td><td></td><td>培养方式</td><td colspan="2"></td><td>健康状况</td><td colspan="2"></td></tr>
<tr><td>专 业</td><td colspan="2"></td><td>学制</td><td></td><td>学 历</td><td colspan="2"></td></tr>
<tr><td>家庭地址</td><td colspan="7"></td></tr>
<tr><td>应聘方式</td><td colspan="7">学校招聘会( )政府举办招聘会( )人才市场( )网络签约( )其他( )</td></tr>
<tr><td>应聘时间</td><td colspan="2"></td><td>应聘地点</td><td colspan="4"></td></tr>
<tr><td colspan="8">应聘意见：
毕业生签名(本人不签无效)：　　年　月　日</td></tr>
<tr><td rowspan="8">用水单位情况及意见</td><td>单位名称</td><td colspan="4"></td><td>单位隶属</td><td colspan="2"></td></tr>
<tr><td>联 系 人</td><td></td><td></td><td></td><td>联系电话</td><td></td><td colspan="2"></td></tr>
<tr><td>通讯地址</td><td colspan="4"></td><td>所有制性质</td><td colspan="2"></td></tr>
<tr><td>组织机构代码</td><td colspan="3"></td><td>单位网址</td><td colspan="3"></td></tr>
<tr><td>单位性质</td><td colspan="7">党政机关、科研设计单位、学校、商贸公司、厂矿企业、部队、其他</td></tr>
<tr><td>档案转寄详细地址</td><td colspan="7"></td></tr>
<tr><td>户口接收详细地址</td><td colspan="7"></td></tr>
<tr><td colspan="4">用人单位意见：
签章</td><td colspan="4">用人单位上级主管部门意见：
(有用人自主权的单位此栏可略)</td></tr>
<tr><td rowspan="3">学院意见</td><td>学院联系人</td><td></td><td>联系电话</td><td colspan="2">就业中心填写</td><td>邮政编码</td><td colspan="2">中心填</td></tr>
<tr><td>学院通讯地址</td><td colspan="7">就业中心填写</td></tr>
<tr><td colspan="4">院(系、所)审核意见：
签 章
年　月　日</td><td colspan="4">学院毕业生就业部门意见：
签 章
年　月　日</td></tr>
</table>

图 7-2　就业协议书内页

考试，用人单位有权解除协议，此类单方解除，解除方无须对另两方承担法律责任。

三方解除是指毕业生、用人单位、学校三方经协商一致，取消已经订立的协议，使协议不再发生法律效力。此类解除因是三方当事人真实意思一致表示的体现，三方均不承担法律责任，三方解除应在就业计划上报主管部门之前进行，如就业派遣计划下达后三方解除，还须经主管部门批准办理调整改派。

7.1.1.4 就业协议书的违约责任

就业协议书一经毕业生、用人单位、学校签署即具有法律效力，任何一方不得擅自解除，否则违约方应向权利受损方支付协议条款所规定的违约金。从实际情况来看，多为毕业生违约。

毕业生违约，除造成本人承担违约责任，支付违约金这一影响外，往往还会造成其他不良的后果，主要表现在以下几方面：

第一，就用人单位而言，用人单位往往为录用一毕业生做了大量的工作，有的甚至对毕业生将要从事的具体工作也有所安排。同时毕业生就业工作时间相对比较集中，一旦毕业生因某种原因违约，势必使用人单位的录用工作徒劳一场，用人单位若重新着手选择其他毕业生，在时间上也不允许，从而给用人单位招聘工作造成被动。

第二，就学校而言，用人单位往往将毕业生违约行为归为学校的责任，从而影响学校和用人单位的长远合作。用人单位由于毕业生存在违约现象，而对学校的推荐工作表示怀疑。从历年情况来看，一旦毕业生违约，则受损的用人单位在几年之内都不愿到学校来挑选毕业生。面对激烈的就业竞争，用人单位的需求是毕业生择业成功的前提，如此下去，必定影响学校以后的毕业生就业，同时影响学校就业计划方案的制订和上报，并使学校的正常派遣工作无法顺利开展。

第三，就其他毕业生而言，用人单位到学校挑选毕业生的名额是有限的，一旦与某毕业生签订就业协议，其他学生便丧失了到此单位工作的机会。若日后签约的学生违约，有些当初希望到该用人单位工作的其他毕业生由于录用时间等原因也无法补缺，造成就业信息的浪费，影响其他毕业生就业。因此，毕业生在就业过程中应慎重选择，认真履约。

【导入案例 1】

王力是北京某高校计算机专业毕业生，2018 年 11 月开始找工作。王力一直想在北京当一名公务员，但由于国家公务员的录取要在次年的 5 月才有结果，而北京公务员的录取一般也要到次年的四五月才能有结果。为了“保底”，王力于 2018 年 12 月与一家知名互联网公司签订了《高校毕业生就业协议》。2019 年 5 月，王力被某国家机关通知录取。于是王力决定与原先签订了“三方协议”的公司解除协议，该公司要求王力按照双方的约定交纳2 000元的违约金。

（摘自应届毕业生网）

思考：根据上述案例的内容，你认为王力是否必须交这 2 000 元？

分析：

违约责任，也称违反合同的民事责任，是指合同当事人因违反合同义务所承担的责任。违约责任的产生以合同的有效存在为前提。合同一旦生效，将在当事人之间产生法律约束力，当事人应该按照合同的约定全面地、严格地履行合同义务，任何一方当事人因违反有效合同所规定的义务均应承担违约责任，所以违约责任是违反有效合同所规定的义务的后果。

我国《中华人民共和国合同法》第一百零七条规定:“当事人一方不履行合同义务或者履行合同义务不符合约定的,应当承担继续履行、采取补救措施或者赔偿损失等违约责任。”因此,上述案例的小王应当按照“三方协议”中的约定承担违约责任,交纳违约金。

【深度阅读】

敲黑板 划重点 请谨慎——高校毕业生就业协议违约有不良后果

在现实中,就业协议签订后,毕业生违反就业协议的情况较多。最常见的情形是,毕业生先确定一个用人单位“保底”,一旦发现该单位不理想或是找到更理想的单位,则抛弃前者,构成违约。造成这种现象的原因:一是我国人才市场供大于求,就业形势严峻,有很大一部分的毕业生倾向于做多手准备以分散失败风险。二是毕业生往往因为时间、资源等限制,对单位的情况缺乏深入了解,从而造成在选择上的信息偏差。但毕业生的违约行为,会给用人单位的工作造成被动。用人单位为录用毕业生会做大量准备工作,甚至对毕业生将要从事的具体工作也有所安排。同时毕业生就业工作时间相对比较集中,一旦毕业生因某种原因违约,势必使用人单位的录用工作付之东流,再选择其他毕业生,已经错过了最佳的时间。

缔约时学生应仔细确认违约金对应届毕业生和企业方均有效,或仅针对应届毕业生有效。需要看“三方协议”或补充订立的协议书上约定的违约责任,即协议中是否有约定某一方违约,违约方向守约方支付违约金还是只有应届毕业生违约才存在应届毕业生向企业方支付违约金的情况。

近年来,除应届毕业生违约的情况仍然居高不下,越来越多的企业方也开始选择违约,因为违约成本较低或几乎为零,若在订立“三方协议”时能够明确双方均有守约责任,那么相较来说是更公平的协议约定。

并不是约定违约金多少,违约方就应该付多少

事实上企业方为了避免应届毕业生违约增加招聘成本,会将违约金数额约定得过高,以达到恫吓或遏制应届毕业生违约的情况,但从法律上来说并不是缔约时约定多少违约金,应届毕业生就需要向企业方付多少违约金。

最高人民法院关于适用《中华人民共和国合同法》若干问题的解释(二)第二十九条规定:当事人主张约定的违约金过高请求予以适当减少的,人民法院应当以实际损失为基础,兼顾合同的履行情况、当事人的过错程度及预期利益等综合因素,根据公平原则和诚实信用原则予以衡量,并做出裁决。当事人约定的违约金超过造成损失的百分之三十的,一般可以认定为合同法第一百一十四条第二款规定的“过分高于造成的损失”。

《中华人民共和国合同法》第一百一十四条规定:当事人可以约定一方违约时应当根据违约情况向对方支付一定数额的违约金,也可以约定因违约产生的损失赔偿额的计算方法。约定的违约金低于造成的损失的,当事人可以请求人民法院或者仲裁机构予以增加;约定的违约金过分高于造成的损失的,当事人可以请求人民法院或者仲裁机构予以适当减少。

所以,若“三方协议”约定的违约金过高,应适当调解,一般认为,为一个月实习工资为最佳或入职后一个月正式工应付工资或企业能证明的损失数额。

最后，提醒同学们，在签订协议前要做好充分的调研、准备工作，拒绝违约。

（摘自知乎）

7.1.2 劳动合同

对于初涉职场的大学生来说，从业之前还有一个关键环节马虎不得，就是与用人单位签订劳动合同，它是劳动者合法权益的有力保障之一。

7.1.2.1 劳动合同概念与种类

劳动合同是劳动者与用工单位之间确立劳动关系，明确双方权利和义务的协议。劳动合同按照不同的标准可划分为不同的种类。以合同的目的为标准，划分为聘用合同、录用合同、借调合同、停薪留职合同；以合同的有效期为标准，划分为有固定期限的合同、无固定期限的合同和以完成一定工作为期限的合同。我国《中华人民共和国劳动法》规定，劳动合同应当以书面形式订立，即应采用书面协议。劳动合同的书面形式有主件、附件之分，劳动合同的主件即劳动合同书，附件一般指劳动合同的补充协议，如岗位协议书、专项劳动协议、用人单位依法制订的内部劳动规则等。

7.1.2.2 劳动合同的必备条款

根据《中华人民共和国劳动法》的规定，劳动合同的必备条款有：

第一，劳动合同的期限。应届毕业生所遇到的劳动合同绝大多数是有固定期限的，所以大家一定要注意劳动合同中对期限的约定，及关于期限违约责任的约定。

第二，工作内容。是用人单位安排劳动者从事什么工作，是劳动合同中确定的劳动者应当履行的劳动义务的主要内容，包括劳动者从事劳动的岗位、工作性质、工作范围及劳动生产任务所要达到的效果、质量指标等。

第三，劳动保护和劳动条件。用人单位对劳动者的工作必须提供合适的生产、工作条件和劳动安全卫生保护措施，包括劳动场所和设备、劳动安全卫生设施、劳动防护用品等。

第四，劳动报酬。主要表现为用人单位根据劳动者劳动岗位、技能及工作数量、质量，以货币形式支付给劳动者的工资。劳动合同中关于劳动报酬的约定应该包括工资的数额、支付日期、支付地点及其他社会保险（养老、失业、医疗、工伤、生育等）待遇。

第五，劳动纪律。指劳动者在劳动过程中必须遵守的劳动规则，包括国家法律、行政法规及用人单位内部的厂规、厂纪、对劳动者的个人纪律要求等。

第六，劳动合同的终止条件。一般是指劳动者和用人单位在国家法律、行政法规规定的劳动合同终止的条件以外，协商确定的劳动合同终止的条件，即劳动合同终止的事实理由。

第七，违反劳动合同的责任。在劳动合同履行过程中，当事人一方故意或过失违反劳动合同，致使劳动合同不能正常履行，给对方造成经济损失时应承担的法律后果。

劳动合同除前款规定的必备条款外，当事人可以协商约定其他内容。

【深度阅读】

《中华人民共和国劳动合同法》第十七条　劳动合同应当具备以下条款：

（一）用人单位的名称、住所和法定代表人或者主要负责人；

（二）劳动者的姓名、住址和居民身份证或者其他有效身份证件号码；

(三)劳动合同期限;

(四)工作内容和工作地点;

(五)工作时间和休息休假;

(六)劳动报酬;

(七)社会保险;

(八)劳动保护、劳动条件和职业危害防护;

(九)法律、法规规定应当纳入劳动合同的其他事项。

劳动合同除前款规定的必备条款外,用人单位与劳动者可以约定试用期、培训、保守秘密、补充保险和福利待遇等其他事项。

7.1.2.3 劳动合同的履行、变更、解除与终止

1. 履行

劳动合同的履行,是指劳动合同的双方当事人按照合同规定,履行各自义务的行为。依法订立的劳动合同具有法律约束力,当事人必须履行合同约定的义务,任何个人或第三方不得非法干涉劳动合同的履行。

2. 变更

劳动合同的变更,是指双方当事人对尚未履行或尚未完全履行的合同,依照法律规定的条件和程序,对原劳动合同进行修改或增删的法律行为。劳动合同变更应遵循平等自愿、协商一致的原则,不得违反法律法规的规定。任何一方不得擅自变更劳动合同,否则要承担相应的法律责任。劳动合同的变更一般是协议变更,双方当事人就变更的内容及条件进行协商,达成一致意见,应签订书面协议。我国劳动法规定,提出变更劳动合同的一方,给对方造成经济损失的,应当承担赔偿责任。

3. 解除

劳动合同的解除,是指劳动合同当事人在劳动合同期限届满之前依法提前终止劳动合同关系的法律行为。劳动合同的解除可分为协商解除、用人单位单方面解除、劳动者单方面解除及自行解除等。

根据《中华人民共和国劳动合同法》的规定,劳动合同解除分为如下几种:

(1)意定解除:只要用人单位与劳动者解除劳动合同的意思表示一致,解除条件即成就。

(2)劳动者提前通知单方解除:为了保障劳动者全面自由发展的权利,我国《中华人民共和国劳动法》和《中华人民共和国劳动合同法》均规定了劳动者的辞职权,即劳动者单方无条件提出辞职的权利,但为了达到用人单位与劳动者的利益平衡,法律规定,此种劳动合同解除条件只有在劳动者履行一定法定程序(应提前30日书面通知)后才能成就。

(3)劳动者随时单方解除:此种劳动合同解除是在用人单位存在严重违反劳动合同的行为或者劳动者的人身受到威胁、迫害的情形下,劳动者有随时通知解除劳动合同的权利。主要包括以下情形:未按照劳动合同约定提供劳动保护或者劳动条件的;未及时足额支付劳动报酬的;未依法为劳动者缴纳社会保险费的;用人单位的规章制度违反法律、法规的规定,损害劳动者权益的;以欺诈、胁迫的手段或者乘人之危,使对方在违背真实意思的情况下订

立或者变更劳动合同的,致使劳动合同无效的;法律、行政法规规定劳动者可以解除劳动合同的其他情形。在用人单位以暴力、威胁或者非法限制人身自由的手段强迫劳动者劳动,或者用人单位违章指挥、强令冒险作业危及劳动者人身安全情形的,劳动者可以立即解除劳动合同,不需事先告知用人单位。

(4)用人单位单方随时通知解除:此种劳动解除主要是指在劳动者存在严重违反用人单位规章制度,或存在其他严重损害用人单位合同利益的情形下,用人单位有权单方随时通知劳动者解除劳动合同,主要包括以下情形:在试用期间被证明不符合录用条件的;严重违反用人单位的规章制度的;严重失职,营私舞弊,给用人单位造成重大损害的;劳动者同时与其他用人单位建立劳动关系,对完成本单位的工作任务造成严重影响,或者经用人单位提出,拒不改正的;以欺诈、胁迫的手段或者乘人之危,使对方在违背真实意思的情况下订立或者变更劳动合同的,致使劳动合同无效的;被依法追究刑事责任的。

(5)用人单位提前30日通知解除:此种劳动合同解除,主要是指存在非因用人单位与劳动者的主观原因,致使劳动合同无法继续履行的,用人单位提前30日通知劳动者或支付劳动者一个月工资的代通知金,解除劳动合同的情形,主要包括:劳动者患病或者非因工负伤,在规定的医疗期满后不能从事原工作,也不能从事由用人单位另行安排的工作的;劳动者不能胜任工作,经过培训或者调整工作岗位,仍不能胜任工作的;劳动合同订立时所依据的客观情况发生重大变化,致使劳动合同无法履行,经用人单位与劳动者协商,未能就变更劳动合同内容达成协议的。

此外,用人单位在出现经营困难等情形,需要裁减人员,解除与劳动者劳动关系时,用人单位也需要提前30日通知全体劳动者或工会。

【导入案例】

未支付违约金能否解除劳动合同?

2009年4月,即将大学毕业的苏某与学校及一家服装公司签订了一份《毕业生就业协议书》,协议约定:苏某毕业后须在该公司服务3年,否则向公司支付违约金1万元。同年9月,苏某到该公司工作,与该公司签订了3年期限的劳动合同,约定试用期为3个月,并明确在试用期内,如不适应该工作有权解除该合同,但应提前书面通知该公司,在工作交接完毕后方可离开。2个月后,苏某认为自己不适应这份工作,向公司提出书面辞职,该公司以苏某未支付违约金为由不予办理解除劳动关系手续。

(摘自110法律咨询网)

思考:根据上面案例中的纠纷,谈一谈大学生毕业后入单位工作,签订了劳动合同,原就业协议约定的事项是否还有效?

分析:

根据《中华人民共和国劳动合同法》第十六条的规定:"劳动合同由用人单位与劳动者协商一致,并经用人单位与劳动者在劳动合同文本上签字或者盖章生效。"苏某与用人单位在签订就业协议时,双方尚未形成劳动关系,所签订的就业协议不属于劳动合同。就业协议与劳动合同相冲突时,应以劳动合同为准。劳动合同中已对试用期内双方的权利义务作出了明确的约定,该劳动合同合法有效,苏某不必交付违约金,可以依法解除该劳动合同,服装公司应为苏某办理解除劳动合同的各项手续。

根据《中华人民共和国劳动法》、《中华人民共和国合同法》相关规定,就业协议发生在学生毕业之前,由学生、学校、用人单位三方共同签订,以确定就业意向和相关权益,包括报到日期、未来劳动合同的期限、试用期、薪酬、岗位、福利、违约金等。但就业协议的作用仅限于对学生就业过程的约定,一旦劳动合同签订并生效,就业协议也就相应终止。

【深度阅读】

一、合同试用期规定

《中华人民共和国劳动合同法》第十九条规定:劳动合同期限三个月以上不满一年的,试用期不得超过一个月;劳动合同期限一年以上不满三年的,试用期不得超过二个月;三年以上固定期限和无固定期限的劳动合同,试用期不得超过六个月。

同一用人单位与同一劳动者只能约定一次试用期。

以完成一定工作任务为期限的劳动合同或者劳动合同期限不满三个月的,不得约定试用期。

试用期包含在劳动合同期限内。劳动合同仅约定试用期的,试用期不成立,该期限为劳动合同期限。

二、合同违约金规定

合同违约金是指当事人完全不履行或不适当履行债务时,必须按约定给付对方的一定数额的金钱或者金钱以外的其他财产。我国《中华人民共和国民法典》等相关法律和司法解释对于违约金有如下规定:

(一)《中华人民共和国劳动合同法》明确只允许用人单位与劳动者约定两种违约金

(1)用人单位出资让劳动者去培训,可以约定服务期违约金,但金额最高不能超过用人单位支出的培训费用,且按约定期限逐年递减。

(2)关于用人单位的商业秘密的保密协议,可以约定竞业期违约金,约定劳动者在离职后一段时间不得到同类的公司就职。但最多不得超过两个月,离职后原用人单位需按月向劳动者支付不能到同类单位任职的经济补偿,否则劳动者不算违约。

(二)《民法典》规定违约金

第五百八十五条　当事人可以约定一方违约时应当根据违约情况向对方支付一定数额的违约金,也可以约定因违约产生的损失赔偿额的计算方法。

约定的违约金低于造成的损失的,人民法院或者仲裁机构可以根据当事人的请求予以增加;约定的违约金过分高于造成的损失的,人民法院或者仲裁机构可以根据当事人的请求予以适当减少。

(三)《最高人民法院关于适用《中华人民共和国合同法》若干问题的解释(二)》

第二十七条　当事人通过反诉或者抗辩的方式,请求人民法院依照合同法第一百一十四条第二款的规定调整违约金的,人民法院应予支持。

第二十八条　当事人依照合同法第一百一十四条第二款的规定,请求人民法院增加违约金的,增加后的违约金数额以不超过实际损失额为限。增加违约金以后,当事人又请求对方赔偿损失的,人民法院不予支持。

第二十九条 由当事人主张约定的违约金过高请求予以适当减少的，人民法院应当以实际损失为基础，兼顾合同的履行情况、当事人的过错程度及预期利益等综合因素，根据公平原则和诚实信用原则予以衡量，并做出裁决。

当事人约定的违约金超过造成损失的百分之三十的，一般可以认定为合同法第一百一十四条第二款规定的“过分高于造成的损失”。

4. 终止

劳动合同的终止，是指符合法律规定或当事人约定的情形的劳动合同的效力即行终止。我国《中华人民共和国劳动法》规定：“劳动合同期满或者当事人约定的劳动合同终止条件出现，劳动合同即行终止。”

根据《中华人民共和国劳动合同法》规定，有下列情形之一的，劳动合同终止：劳动合同期满的；劳动者开始依法享受基本养老保险待遇的；劳动者死亡，或者被人民法院宣告死亡或者宣告失踪的；用人单位被依法宣告破产的；用人单位被吊销营业执照、责令关闭、撤销或者用人单位决定提前解散的；法律、行政法规规定的其他情形。

7.1.3 就业协议与劳动合同的异同

大学毕业生在与用人单位达成就业意向时，可以与用人单位签订就业协议或劳动合同。但是，毕业生就业协议和劳动合同并不是完全相同的，那么它们的相同之处与区别在哪里呢？

7.1.3.1 相同之处

就确立劳动关系上来说两者是一致的。就业协议是高校毕业生与用人单位确立劳动关系，明确双方在毕业生就业工作中权利和义务的协议。劳动合同是劳动者与用人单位确立劳动关系，明确双方权利和义务关系的协议。用人单位对大学毕业生，与面向社会公开招聘的劳动者，在培养、使用、待遇等方面可能有所不同，但从确立劳动关系这一点来说，就业协议与劳动合同是一致的。可以这样认为，就业协议的实质就是准劳动合同，是劳动合同的一种特殊表现形式。

主体的意思表达一致。签订就业协议的双方在表达主观愿望，意思表达真实、无强制胁迫方面，与劳动者和用人单位之间签订劳动合同而双方的主观意思表达所处的状态完全一致。

7.1.3.2 不同之处

就业协议和劳动合同有本质上的区别，就业协议是教育部统一制式的，由毕业生、用人单位和毕业生所在院校三方签订的协议书；劳动合同则是规定用工单位和劳动者之间权利义务的法律文书，受劳动合同法的约束和调整，并且是在学生毕业到用人单位报到以后才签订的。两者在主体、适用范围、性质、内容、签订的时间、适用的法律、发生问题后处理的部门等方面均存在很大的不同。

1. 主体不同

毕业生就业协议主体有三方：毕业生、用人单位、学校。毕业生和用人单位是人才市场上的平等主体，双方经过供需见面，双向选择而达成协议。学校作为一方的主体是很特殊的，它不是一方用工主体，而是负责对就业协议做出见证，并以此为据到主管部门为毕业生办理就业手续。劳动合同的主体双方则是劳动者和用人单位，用人单位和劳动者之间是管理和被管理的关系，这些劳动者既可以是高校毕业生，也可以是其他人。

2. 性质不同

就业协议实际是一种带有国家政府指导性质的协议，是学校编制就业方案、用人单位申请用人指标、劳动者与用人单位签订劳动合同的依据。用人单位跟大学生签订的就业协议实际上是就业意向协议，它不代表劳动合同。就业协议具有政府在大学生就业指导方面的特殊性质，其主要意义在于将毕业生与用人单位双方相互选择的关系确定下来，一般没有详细规定双方具体的权利和义务，就业协议的法律效力在毕业生到用人单位报到之后即告终止。劳动合同则指用人单位在与劳动者确定工作关系之后签订的关于双方权利与义务的协议。

3. 内容不同

劳动合同的内容依据《中华人民共和国劳动合同法》规定得比较详细，涉及劳动合同期限、工作内容、工作地点、工作时间和休息休假、劳动报酬、社会保险、劳动保护、劳动条件和职业危害防护等方面，内容更为具体，劳动权利和义务更为明确。就业协议的条款比较简单，其主要内容是毕业生如实介绍自己的情况，并表示愿意到用人单位就业，用人单位表示愿意接收毕业生，学校同意毕业生到用人单位工作，并负责列入就业计划和派遣等，而不涉及毕业生到用人单位报到后所享有的权利和义务。

4. 签订的时间不同

一般来说，就业协议签订在前，劳动合同订立在后。就业协议的签订可以在学生毕业离校前。劳动合同是毕业生从学校毕业、到用人单位报到后订立的。

5. 适用的法律不同

就业协议属于普通的民事协议，因而受《中华人民共和国民法典》的调整，而劳动合同则受《中华人民共和国劳动合同法》的调整。

6. 发生纠纷处理的部门不同

如因毕业生就业协议发生纠纷，任何一方均可以向人民法院提起诉讼，不能提请劳动争议仲裁。如因劳动合同发生纠纷，任何一方均可向当地的劳动争议仲裁委员会申请仲裁，当事人对仲裁裁决不服的，可以向人民法院提请诉讼，仲裁是诉讼的前置程序，如当事人就劳动争议直接向人民法院起诉的，人民法院不予受理。

【导入案例】

特殊的“劳动关系”

郭某系江苏某大学药学专业2008届毕业生，于2008年7月毕业。2007年10月26日，郭某在某医药公司进行求职登记，并在登记表中登记其为某大学2008届毕业生，2007年是其实习年。2007年10月30日郭某与某医药公司签订劳动合同，期限为三年，其中试用期为60天。合同还约定，郭某从事营业员工作，试用期工资标准不低于同工种同岗位职工工资的80%。2008年7月21日，某医药公司申请仲裁，请求确认与郭某之间劳动关系不成立。仲裁委以郭某系在校学生，其勤工助学或实习与用人单位间的关系不属于劳动法调整为由，终结了仲裁。后郭某诉至法院。法院裁决，郭某与某医药公司签订劳动合同时已年满19周岁，符合《中华人民共和国劳动法》规定的就业年龄。郭某在登记求职时，已完成了全部学业，明确向某医药公司表达了求职就业愿望，双方签订了书面劳动合同。此后，郭某按合同约定提供了劳务，某医药公司亦向郭某支付了劳动报酬，并对其进行了管理，这完全符合劳动关系的本质特征。法院遂判决郭某与某医药公司签订的劳动合同有效。

（摘自360个人图书馆）

思考：结合案例谈一谈在校学生什么情况下与用人单位签订劳动合同有效？

分析：大学生在校期间利用业余时间勤工助学，通常不视为就业，与实习单位间不存在劳动关系。但是在校学生以就业为目的与用人单位签订劳动合同，与用人单位间形成的应是劳动关系。现在的大中专院校为了提高就业率，鼓励学生在最后的实习阶段寻找工作，其目的就是就业，而非学习。用人单位对实习生的情况也完全知情，双方在此基础上也就应聘、录用等事宜达成一致，并签订了劳动合同，明确了岗位和报酬，所以双方之间形成的是劳动合同关系，而非劳务关系。

【深度阅读】

劳动关系与劳务关系的区别

劳动关系，是指用人单位与劳动者之间，依法所确立的劳动过程中的权利义务关系。

劳务关系，是指提供劳务的一方为需要的一方以劳动形式提供劳动活动，而需要方支付约定的报酬的社会关系。劳务关系由《中华人民共和国民法通则》和《中华人民共和国合同法》进行规范和调整，建立和存在劳务关系的当事人之间是否签订书面劳务合同，由当事人双方协商确定。

1. 主体不同：劳动关系一方是符合劳动年龄并具有与履行劳动合同义务相适应能力的自然人，另一方是符合劳动法所规定条件的用人单位；而劳务关系不限于自然人与用人单位之间，还可以是单位之间，自然人之间，并且可能是两个主体以上。

2. 关系不同：劳动关系中形成的是管理与被管理、监督与被监督、指挥与被指挥的隶属关系；劳务关系是平等主体依据双方约定所形成的一种财产关系，不存在人身的隶属性。

3. 关系的稳定性不同：劳动关系比较稳定，反映的是一种持续的生产资料、劳动者、劳动对象之间的结合关系；而劳务关系中多为一次性或临时性的工作，一般以完成特定工作为目的。

4. 待遇不同：劳动关系中劳动者除了定期得到劳动报酬外还享有劳动法律法规所规定的各项待遇，如社会保险待遇等，而劳务关系一般只涉及劳动报酬问题，劳动报酬都是一次性或分期支付，而无社会保险等其他待遇。

7.1.3.3 就业协议与劳动合同的效力衔接

大学生在毕业之前不具有以大学毕业生身份签订劳动合同的主体资格，只能以在校大学生身份签订就业协议。大学生毕业后，就可以取得签订劳动合同的主体资格。因此，在大学生报到入职、用人单位接收后，就业协议即因履行完毕而失效，双方应当签订劳动合同，并依照劳动合同的约定履行。

【课堂活动】

我的"第一份"劳动合同书

下面是一份劳动合同书范本,请同学们结合自己所学专业与未来工作方向,拟设一工作岗位,完成劳动合同书的填写。

劳动合同书

甲方(用人单位):

名称:____________________

法定代表人(主要负责人):

____

通讯地址:________________

____

经济类型:________________

联系电话:________________

乙方(劳动者):

姓名:____________________

身份证号码:______________

户籍地址:________________

____

通讯地址:________________

____

联系电话:________________

根据《中华人民共和国劳动法》、《中华人民共和国劳动合同法》和国家及省的有关规定,甲乙双方按照合法、公平、平等自愿、协商一致、诚实信用的原则订立本合同。

一、劳动合同期限

(一)合同期

双方同意按以下第____种方式确定本合同期限:

1. 固定期限:从_____年_____月_____日起至_____年_____月_____日止。

2. 无固定期限:从_____年_____月_____日起至法定终止条件出现时止。

3. 以完成一定工作任务为期限:从______________________________起至______________________________工作任务完成时止。该工作任务完成的标志为______________________________。

(二)试用期

双方同意按以下第________种方式确定试用期(试用期包含在合同期内):

1. 无试用期。

2. 试用期从_____年_____月_____日起至_____年_____月_____日止。(劳动合同期限三个月以上不满一年的,试用期不得超过一个月;劳动合同期限在一年以上不满三年的,试用期不得超过二个月;三年以上固定期限和无固定期限的劳动合同,试用期不得超过六个月。)

二、工作内容和工作地点

(一)乙方的工作部门为____________,岗位(管理技术岗位或生产操作岗位)为__________________,职务(或工种)为____________________。

(二)乙方的工作任务或职责是______________________________。

(三)乙方的工作地点为______________________________。

(四)甲方在合同期内因生产经营需要或其他原因调整乙方的工作岗位,或派乙方到本合同约定以外的地点、单位工作的,应协商一致并按变更本合同办理,双方签章确认的协议书作为本合同的附件。

三、工作时间和休息休假

(一)甲、乙双方同意按以下第________种方式确定乙方的工作时间:

1. 标准工时工作制,即每日工作________小时,每周工作________天,每周至少休息一天。

2. 不定时工作制,即经劳动保障部门审批,乙方所在岗位实行不定时工作制。

3. 综合计算工时工作制,即经劳动保障部门审批,乙方所在岗位实行以________为周期,总工时________小时的综合计算工时工作制。

(二)甲方因生产(工作)需要,经与工会和乙方协商后可以延长工作时间。除《中华人民共和国劳动法》第四十二条规定的情形外,一般每日不得超过一小时,因特殊原因最长每日不得超过三小时,每月不得超过三十六小时。

(三)甲方按规定给予乙方享受法定休假日、年休假、婚假、丧假、探亲假、产假、看护假等带薪假期,并应按本合同约定的工资标准支付工资。

四、劳动报酬

(一)乙方正常工作时间的工资按下列第________种形式执行,并不得低于当地最低工资标准。

1. 计时工资:

(1)乙方正常工作时间工资按________执行,初始工资为________元/月或________元/时;

(2)乙方试用期工资为________元/月(试用期工资不得低于甲方相同岗位最低档工资或者本合同约定工资的百分之八十,并不得低于甲方所在地的最低工资标准)。

2. 计件工资:

(1)计件单价________;

(2)劳动定额________(确定的劳动定额原则上应当使本单位同岗位百分之七十以上的劳动者在法定劳动时间内能够完成);

3. 其他形式(如实行年薪制或者按考核周期支付工资):________。

4. 甲方根据本单位的生产经营状况、物价水平和政府颁布的工资增长指导线等情况,依法确定本单位的工资分配制度。经甲乙双方协商或者以集体协商的形式,依法确定工资正常增长的具体办法和幅度。

(二)乙方的绩效薪酬或奖金的计发办法为:________。

(三)乙方的津贴、补贴的发放标准和办法为:________。

(四)工资必须以货币形式支付,不得以实物及有价证券替代货币支付。

(五)甲方每月________日发放________(当月/上月)工资。如遇法定休假日或休息日,则提前到最近的工作日支付。

(六)甲方依法安排乙方延长工作时间或者在休息日、法定休假日加班的,应按《中华人民共和国劳动法》的规定支付加班工资,但乙方休息日加班被安排补休的除外。

五、社会保险和福利待遇

(一)合同期内,甲方应按国家、省和本地区的有关规定,依法为乙方办理参加养老、医疗、失业、工伤、生育等社会保险的手续，按规定的缴费基数和缴费比例缴纳应由甲方承担的社会保险费，并按规定从乙方的工资中代为扣缴应由个人承担的社会保险费。甲方应将为乙方办理参加社会保险手续和扣缴社会保险费的情况如实告知乙方。

（二）乙方患病或非因工负伤，甲方应按国家和地方的规定给予医疗期和医疗待遇，按医疗保险及其他相关规定报销医疗费用，并在规定的医疗期内支付病假工资或疾病救济费，数额为________元/月（不低于当地最低工资标准的80%）。

六、劳动保护、劳动条件和职业危害防护

（一）甲方按国家和省有关劳动保护规定提供符合国家劳动卫生标准的劳动作业场所，切实保护乙方在生产工作中的安全和健康。如乙方工作过程中可能产生职业病危害，甲方应如实告知乙方，并按《中华人民共和国职业病防治法》的规定保护乙方的健康及其相关权益。

（二）甲方根据乙方从事的工作岗位，按国家有关规定，发给乙方必要的劳动保护用品，并按劳动保护规定每________（年/季/月）免费安排乙方进行体检。

（三）甲方按照国家、省和当地的有关规定，做好女职工的劳动保护和保健工作。

（四）乙方有权拒绝甲方的违规指挥、强令冒险作业，对甲方及其管理人员漠视乙方生命安全和身体健康的行为，有权对甲方提出批评并向有关部门检举、控告。

（五）乙方患职业病、因工负伤或者因工死亡的，甲方应按《工伤保险条例》的规定办理。

七、合同的变更

（一）任何一方要求变更本合同的有关内容，都应以书面形式通知对方。

（二）甲方变更名称、法定代表人、主要负责人或者投资人等事项，不影响本合同的履行。

（三）甲方发生合并或者分立等情况，本合同继续有效，由承继甲方权利和义务的单位继续履行。

（四）甲乙双方经协商一致，可以变更本合同，并办理书面变更手续。变更后的劳动合同文本由甲乙双方各执一份。

八、合同的解除和终止

……

九、调节与仲裁

……

十、服务期与竞业限制

（一）如甲方为乙方提供专项培训费用，对其进行专业技术培训，双方作如下约定：____________________。（乙方违反服务期约定的，应当按照约定向甲方支付违约金。违约金数额不得超过甲方提供的培训费用，并不得超过服务期尚未履行部分应分摊的培训费用）

（二）如乙方掌握甲方的商业秘密和与知识产权相关的保密事项，双方作如下约定：____________________。（乙方负有保密义务的，甲方可与其约定竞业限制，并约定在解除或者终止本合同后，在竞业限制期限内按月给予乙方经济补偿。乙方违反竞业限制约定的，应当按照约定向甲方支付违约金。竞业限制的人员仅限于甲方的高级管理人员、高级技术人员和其他负有保密义务的人员。解除或者终止本合同后的竞业限制期限不得超过二年）

十一、其他

(一)本合同未尽事宜,按国家和地方有关政策规定办理。在合同期内,如本合同条款与国家、省有关劳动管理新规定相抵触的,按新规定执行。

(二)下列文件规定为本合同附件,与本合同具有同等效力:

1. ______________________________。

2. ______________________________。

3. ______________________________。

4. ______________________________。

5. ______________________________。

(三)双方约定(内容不得违反法律法规及相关规定,可另加双方签名或盖章的附页):

______________________________。

______________________________。

甲方:(盖章)　　　　　　乙方:(签名或盖章)

法定代表人:

(或委托代理人)

年　月　日　　　　　　年　月　日

鉴证机构(盖章):

鉴证人:

鉴证日期:　　年　月　日

(摘自《中华人民共和国劳动合同法》【案例应用版】)

活动形式:每小组自拟工作岗位,以小组为单位填写劳动合同书。

小组汇报:每个小组选出一名同学进行发言,与全班同学进行交流。

教师点评:教师根据小组汇报情况进行点评。

【思考题】

1. 就业协议书的内容有哪些?
2. 劳动合同的解除分为哪几种?
3. 就业协议与劳动合同的异同点有哪些?

7.2 毕业生就业程序

【学习指南】

国家给予大学的扩招政策,使高校每年的毕业生数量递增,2020 届高校毕业生数量创历史新高,达 874 万人;同时受国际国内经济、政治、突发事件等各因素的影响,就业难问题并非一朝一夕能够化解的。我们常说,打铁还需自身硬,所以对于高校毕业生来说,高效利用学习时间,历练好自身的本领是最重要的。具备了就业的能力,还需掌握就业程序,从入大学起，按照就业程序做好求职准备工作。机遇永远垂青有准备的人，大学生要从自我分析和定位做起，根据社会职业岗位需求，让自身成长为基础知识宽厚扎实、专业知识广博精深的复合型人才。关注时事新闻、收集就业信息、了解国家最新就业政策，积极参与各类实践锻炼、学习制作简历等，这是大学生在校期间为就业做准备的"必修课"。本节从学校就业主管部门的一般工作程序、大学生就业程序和校园招聘的形式与流程三方面来介绍不同主体在就业工作中的流程，并辅以相关案例对重要流程环节做进一步展示，便于学生理解和应用。

【能力标准】

分类	具体内容
知识	了解学校就业主管部门的一般工作程序，大学生就业渠道； 掌握大学生就业程序
技能	能够学会正确收集和鉴别就业信息真伪、独立制作、投递求职材料
态度	培养学生健康的求职心理和良好的职业道德

【导入案例】

网络招聘"陷阱"你该如何防范？

图小晓今年刚从某高职院校艺术专业毕业，通过QQ群应聘网络主播工作，简单交谈后对方让她到一家美容医院签订劳动合同，到现场后，见一男子年某正在接待数十名来自全国各地的网络主播，该男子表示公司提供福利，在这家医院进行免费整形手术，现场可以申请网络贷款，由公司跟他们签订代为偿还协议，保证每月按时还款。

随后图小晓就和其他应聘人员提交了身份证及手持身份证的照片，工作人员为她填写资料，不到半小时，她就收到两家网络平台的信息通知，告知贷款申请通过，一共有5万元的额度。

贷款下来后，她当天就在这所医院接受了整容手术，术后，图小晓拿到两份合同，其中一份是她与公司的合作合同，另一份是手术费用的代偿合同，上边都有该公司的公章。看起来合法合理，但是当图小晓收到催款信息找到公司时却发现找不到人。据统计，将近有200位主播与该公司签订整容贷款协议，目前警方正在进入调查。

（摘自上上兼职网）

思考：结合上面案例，可以看出网络求职虽便捷高效，但"招聘陷阱"也在迭代更新，所以大学生在求职过程中要提高警惕性，对于类似的网络"招聘陷阱"应该如何防范呢？

分析：

随着现在自媒体直播平台的兴起，也衍生出一大批网络主播群体，而主播直播日赚千元月入万元的新闻也不断被爆出，加上网络主播招聘信息也是随处可见，更是让不少求职者心动，类似的招聘陷阱也是频发。上述案例属于网络招聘陷阱，该案件中的年某通过在网上招聘平台及各种社交软件中大量发布招聘网络主播的信息来吸引求职者前来面试或签订协议,然后以免费为由,让求职者签订整容贷款协议,而涉案美容医院则坐地起价收取高额的整容费,尤其可以看出这是继“求职贷”后出现的“整容贷”新的招聘骗局。

防范网络招聘陷阱方法主要有:

(1)对发布招聘信息的单位进行详细调查,可通过“天眼查”、“企查查”等 App 查询应聘企业信息,甄别企业质量与真伪;方式不限于网络查阅资料,对同行业工作者的调研,及对工商局注册信息的核实,做到知己知彼,以防上当受骗。

(2)在面试前把自己的行程告知家人或同学,比如什么时间、什么地点到什么地方去面试,时刻保持通信畅通,保持警惕性,有必要的情况下可以两三人作伴去面试。

(3)熟悉正规面试流程,掌握面试技巧。真正招聘人的单位不会自己长篇大论,而是通过求职者的应答去评估求职者的综合素质和岗位胜任能力。

(4)遇到身份证被扣、人身自由被限制等情况,首要任务是保证自身安全,寻找时机报警求助。

(5)拒绝交纳一切名义的入职费用。模特、礼仪、网络主播兼职被骗事件经常被爆出,招聘单位都是以签订合同等正式的手段向求职者收取各种费用的,如兼职模特则要求你花钱办模特卡,没有钱可以贷款或者是以劳动力偿还,礼仪也是交纳各种服装费和保证金等,你实际工作能赚到的钱远不及你交纳的那笔费用,这样也是属于网络招聘陷阱一类的,求职者要留意。

(6)不要轻易进行高金额的贷款。“求职贷”和“整容贷”的受骗者主要是以学生群体为主,自己没有固定的收入但是想要找高收入的兼职或工作,一旦听信培训机构及招聘单位的高薪报酬,很容易同意进行贷款,加上现在贷款门槛越来越低,所以往往贷款后难以偿还。

7.2.1 大学生就业程序

全国普通高校毕业生就业工作程序和时间安排由教育部统一部署。中央各有关部委和各省、自治区、直辖市按照教育部的统一部署指导和管理所属高校毕业生就业工作(见图 7-3)。

7.2.1.1 学校就业主管部门的一般工作程序

高校毕业生就业指导中心根据上级主管部门统一部署的就业工作程序和时间制订计划,统一安排和指导各院系部的毕业生就业工作。一般而言,毕业生就业工作程序如下:

(1)进行毕业生资格审查。

(2)收集、整理、发布毕业生供需信息。

(3)就业指导和就业教育。

(4)供需见面及双向选择。

(5)编制建议性就业方案,办理毕业生就业手续。

(6)按下达的就业方案办理毕业生就业手续。

(7)毕业生文明离校教育。

(8)调整改派及遗留问题处理。

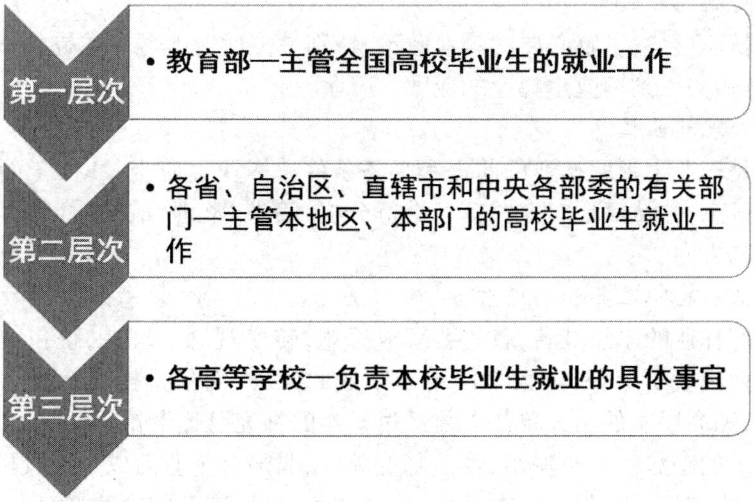

图 7-3　高校毕业生的就业管理与服务机构的工作三层次

【深度阅读】

毕业生就业年历

进入大学最后一年,大学生就开始为毕业就业做准备。表 7-1 记录了毕业就业年的关键节点,供毕业生参考。

表 7-1　毕业生就业年历

时间	择业阶段	所做工作(内容)
7~8 月	基础准备	择业中所有个人佐证材料的整理与收集(如获奖证书、发表论文或作品、参加各种重要活动的照片等)
9 月	择业前准备	就业技巧的培训与提高;个人自荐材料的准备;面试的物质准备(如服饰和资金等);信息表格的填写;了解就业政策;分析各种就业形势;锁定就业意向
10~12 月	第一择业高峰	应用获得的就业信息,开始有针对性地择业应聘
次年 1~2 月	调整	总结和反思择业中的得失,调整择业心态和目标,力争择业能力的再提高
次年 3~5 月	第二择业高峰	再次为择业成功而努力。同时,这一阶段也是考研失利的同学择业的最佳时期
次年 6 月	岗前准备	根据已确定的职业角色要求,做好岗前准备,办理毕业离校手续

7.2.1.2　大学生就业具体程序

同学们在就业前除要了解主管部门与学校的就业工作程序外,还应对自己如何走好就业之路做到胸有成竹。

1. 了解有关的就业政策

认真分析就业形势，了解必要的就业政策，特别是拟就业地区和本校的就业形势与相关就业政策，这直接关系到毕业生择业的成败。

2. 收集和处理就业信息

就业信息是毕业生求职择业的前提和必备条件。毕业生应当及时、全面地掌握有关就业方面的各种信息，并认真地对这些信息进行分析、筛选、整理，最终做出正确判断，明确求职择业的目标与方向。

3. 做好择业的思想准备和心理准备

要做好求职择业的思想准备，首先要解放思想，转变观念。现在，统包统分的就业制度已经被新的就业制度所代替，上大学已不是职业的保证，而只是提高自身素质的途径。目前，一些大城市和高层次的用人单位人才经过多年的补充已逐渐饱和，大学生的就业去向已经明显呈现向下的趋势。中小城市、乡镇基层单位、非国有企业已成为接收毕业生的广阔渠道。因此，大学生应该更新就业观念，做好思想准备，以适应新的就业形势。同时，面对众多的竞争对手，也要做好心理准备，调整好竞技状态。

【导入案例】

沙子和珍珠的启示

有一个自以为是的年轻人，大学毕业以后一直找不到理想的工作，他觉得自己怀才不遇，对社会感到非常失望。

多次的碰壁让他伤心绝望，他感到没有“伯乐”来赏识他这匹“千里马”。痛苦绝望之下，他来到大海边，打算就此结束自己的生命。在他正要被海水淹没时，正好有一位老人从这里走过，看见了他，并且救了他。老人问他为什么要走绝路，他说自己得不到别人和社会的承认，没有人欣赏并且重用他……

老人听完，从脚下的沙滩上捡起一粒沙子，让年轻人看了看，然后就随意地扔在了地上，对年轻人说：“请你把我刚才扔在地上的那粒沙子捡起来。”“这根本不可能！”年轻人说。老人没有说话，从自己的口袋里掏出一颗晶莹剔透的珍珠，也是随意地扔在了地上，然后对年轻人说：“你能不能把这颗珍珠捡起来呢？”“当然可以啦！”“那你就应该明白是为什么了吧？你应该知道，现在你自己还不是一颗珍珠，所以你不能苛求别人立即承认你。如果要别人承认，那你就要想办法使自己成为一颗珍珠才行。”年轻人蹙眉低首，顿有所悟。

（摘自百度文库）

思考：当下大学生的就业市场呈现出供需不平衡的问题，也存在学校对学生的能力培养与就业市场人才需求不匹配现象，所以大学生在求职择业中经常会碰壁，这也是对大学生心理、意志力等综合素质的考验，通过分析上述案例，请你说一说大学生在通往成功就业的路上应做好哪些准备？

分析：

每个人要卓尔不群，必须要有鹤立鸡群的资本才行。在成为价值连城的珍珠之前，必须要正视自己是一颗普通的沙粒。巴顿说：“有一种东西，比才能更罕见，更优美，更珍奇，那就是自知之明。”

案例中的年轻人自以为是“千里马”,求职碰壁就灰心丧气,不惜放弃自己的生命。由此可以看出,大学生在求职择业中难免会遇到打击和挫折,但不能因此而放弃梦想,要锲而不舍,屡败屡战,努力向上。大学毕业生在择业中产生矛盾心理的主要原因,是不能结合社会和自身特点进行职业选择。因此,大学毕业生必须善于正确认识自我,有机地结合社会需要和自身特点进行职业和单位的选择。宝剑锋自磨砺出,梅花香自苦寒来。请同学们在踏寻诗和远方的路上做好充分的准备,先让自己成长为一颗耀眼夺目的珍珠。

4. 准备自荐材料

根据自己的求职意向,要准备好求职信、简历和各种证明自己学历、能力的自荐材料。

5. 参加各类招聘会

供需见面、双向选择是高等学校和用人单位协商落实毕业生就业计划而进行的一系列相互沟通的活动,是毕业生就业的重要手段。同学们要积极参加各类招聘会,了解人才市场需求和用人单位情况,以筛选适合自己的就业目标。

6. 投递简历

根据自己的求职目标和用人单位的招聘信息,可以选择在招聘会现场或网上投递自己的求职简历。投递简历比较多时,要做好投递记录,管理好自己的求职过程。

7. 参加面试和笔试

用人单位都需要通过一轮或几轮面试来做出最终选择。面试在整个求职过程中是最为关键的一个环节,毕业生要充分重视并做好充足的准备。有的用人单位为测试应聘者的知识和综合素质,除面试外还要加以笔试来筛选适合自己的人才。

8. 签订协议

毕业生与用人单位达成就业意向后,签订就业协议书,经学校毕业生就业工作管理机构审核后,列入就业方案。

9. 报到

根据协议约定,同学们领取报到证、毕业证后,按时到就业单位报到,开始自己的第一份工作。

7.2.2 校园招聘

7.2.2.1 校园招聘的特点

校园招聘是用人单位一种外部招聘途径,是指招聘组织(企业等)直接从学校招聘各类各层次应届毕业生。

大学生们经过几年的专业学习,具备了系统的专业理论功底,尽管还缺乏丰富的工作经验,但仍然具有很多优秀的特质,比如,富有热情;学习能力强;善于接受新事物;有理想,敢拼搏,对未来抱有憧憬;富有激情,精力旺盛,可以全身心地投入工作中;可塑性极强,更容易接受公司的管理理念和文化。正是毕业生身上的这些特质吸引了众多企业的眼球,校园招聘成为企业重要的招聘渠道之一,相对于社会招聘来说,它具有如下鲜明特点。

1. 时间集中

对于企业而言,进入校园开展招聘活动一般都集中在9月底至12月及春节过后的3

月、4 月这两个时间段进行。因此,校园招聘的时间相对集中。所以,同学们要在该时间段密切关注学校招聘信息,妥善做好自己的求职计划。

2. 招聘对象具有针对性

校园招聘单位一般都是根据岗位需求和自身实力,按事先制订好的招聘计划,如人数、学历和专业要求、性别等,结合往年校园招聘经验,到相应层次、不同地域的高校,选择相应专业的毕业生。所以,校园招聘具有很强的针对性。同学们在参加校园招聘时,应注意分析,以提高求职成功率。

3. 招聘活动具有品牌宣传性

校园招聘的企业文化和品牌推广价值,越来越受到用人单位的重视。很多企业是通过校园招聘,一边招聘人才,一边做推广。同学们可以深入了解企业特点与文化,充分考虑自己与企业的匹配度。但也有部分企业,打着校园招聘的旗帜,做企业形象的宣传活动,根本没有招聘计划。同学们在参加校园招聘时,要注意甄别,以免浪费人力物力。

总体来讲,校园招聘具有集中、快捷、高效、针对性强等特点,同学们应做足够的重视和充足的准备,把校园招聘作为求职的首选渠道,提高求职效率。

7.2.2.2 校园招聘的形式与流程

1. 校园招聘的形式

1) 双选会

每年校园招聘时节,政府与高校都会组织一些大型的双选会,招聘企业在指定的时间和场馆"摆摊设点",接收毕业生的简历并与同学们面对面交流,有的单位还会进行选拔测试。这种形式一般用人单位较多,对不同专业的需求信息和招聘岗位也多。

2) 校园宣讲会

校园宣讲会是用人单位针对目标高校组织的专门的讲座,通过企业高层、人力资源负责人及在本公司工作的该校校友的现身说法来传达公司基本概况,介绍企业文化、经营理念,发布职位空缺、招聘条件和招聘流程等,通过互动引导学生全面地了解企业。宣讲会一般会通过先在学校网站发布消息、在校园张贴海报等形式宣传自己。

3) 网络招聘

用人单位在学校的就业网站发布企业简介和招聘信息,有应聘意向的毕业生通过网络向用人单位投递电子简历。经过初步筛选后,用人单位再与毕业生约定面试的时间与方式。

4) 实习生计划

实习生计划是部分用人单位作为校园招聘的一个环节,一般在应届毕业生正式求职以前,特别是毕业前的暑假,为经过初步挑选的大学生提供一些实习岗位,表现优秀的实习生将会作为正式录用的备选人才。通过实习,企业可以深入了解应届毕业生的个性特点、人品、价值观及在实际工作中的能力表现;而同学们也能通过实习充分了解企业,亲身体会自己是否喜欢这个行业,对今后的择业就业做出科学决策。

5) 夏令营

有的企业由于地域限制等不适合大量的学生到企业实习,但又希望吸引优秀的大学毕业生,夏令营或参观计划是常见校园招聘的一种形式。该活动通过组织目标院校及特定专业的大学生到企业所在城市参观旅游,并进入企业与员工座谈等活动展示企业品牌、传递企业文化。

6)校园竞赛活动

"选秀大赛"是近年来悄然兴起的一种校园招聘形式。它是企业通过组织一些职业技能或者商业大赛,模拟实际商业项目的运作,吸引大批学生报名参与,让最优秀的人才在竞赛中脱颖而出。获胜者除能够获得丰厚的奖品,更有机会赢得去企业实习或正式录用的机会。

除以上列举的校园招聘形式外,很多企业还在高校中通过设立企业奖学金,设立企业俱乐部、开展"定制"培养计划、"管理培训生计划"等形式,达到选聘人才的目的。在校园生活和求职过程中,同学们只要用心,就可以发现各种渠道和机会,在激烈的求职竞争中抢得先机。

2. 校园招聘的主要流程

第一步:广泛收集招聘信息,积极参加校园招聘活动。

根据收集的校园招聘活动信息,积极参加各类校园招聘活动,获取最新招聘信息。

第二步:递交应聘资料。

应聘资料包括详细个人简历、学校成绩单、高校毕业生就业推荐表、个人近照、各类证书复印件等。根据用人单位的要求,可以通过以下方式提交:

(1)将应聘资料发送至招聘信箱或 E-mail。主题的格式为:"学校 - 专业 - 姓名",如"XX 大学 - 土木工程 - 张 XX",详细简历可通过邮件正文和附件同时发送。

(2)登录企业网上应聘报名网站,注册提交电子简历。

(3)提交纸质的应聘资料。

第三步:进入初试,包括初次面试和笔试。

(1) 初次面试。请携带好以下物品参加初次面试:①个人详细简历;②学校成绩单(盖学校公章);③取得的相关证书;④足以说明你表现的其他材料。

(2)笔试。主要考察对专业知识的理解、对接收新知识的能力、心理个性特征、综合知识的广度等。通常招聘方会根据岗位需要有选择地进行笔试。

第四步:进入复试。

通过初试者,会通过 E-mail 或电话等方式通知参加复试,届时将会有更加深入的了解和沟通。

第五步:签订就业协议。

如果通过了简历筛选、初试、复试各环节,那么祝贺你,通过签订就业协议后,就等着去上班吧!

【课堂活动】

请你做一个 1 分钟的自我介绍

自我介绍是大学生在求职择业面试中的必备环节,在企业面试中的第一个问题基本就是"请你做一个简单的自我介绍",自我介绍做得好不好,关系到面试官对你的第一印象及以后交往是否顺利。一场面试,把自我介绍做好了,就成功了一半。自我介绍按照时间分类，一般分为3分钟自我介绍和1分钟自我介绍，在面试官没有特别强调的情况下，自我介绍3分钟最合适；如果面试官规定自我介绍的时间缩短，1分钟的自我介绍最常见。

下面请同学们根据自己所学专业的就业方向做1分钟的自我介绍。

活动形式：以小组为单位，撰写一份1分钟自我介绍。

小组汇报：每个小组选出一名同学进行发言。

教师点评：教师根据小组汇报情况，逐一点评。

温馨提示：

1.3分钟自我介绍重点

(1)介绍自己的自然情况、学历、专业特长、实践经历等；

(2)介绍个人业绩，同学们可以介绍在校期间组织参与的活动和社会实践成果；

(3)谈对应聘职位的理想和对本行业的看法。

2.1分钟自我介绍重点

(1)简洁介绍个人信息；

(2)重点介绍与应聘岗位相关的个人经历、业绩和优势能力；

(3)表达工作愿景。

【思考题】

1. 简述大学生就业程序。

2. 简述校园招聘的形式和流程。

7.3 就业权益保护

【学习指南】

就业权益是一种合法权益，受到法律保护。毕业生就业权益保护分为求职择业过程中的权益保护和就业上岗后的权益保护两个阶段。大学生由于社会经验不足、就业心切、法律意识淡薄、法律知识欠缺等因素的影响，在求职择业过程中经常遭遇"陷阱"，经常把自己陷于被动地位。同时我国有关就业权益保护方面的法律、法规还不健全，存在法律缺失问题，往往容易造成毕业生权益受侵犯后不能及时得到有效的法律援助。这既损害了毕业生的合法权益，又挫伤了毕业生的就业和为社会服务的信心，也会影响其未来职业发展。这就要求大学生在求职择业前熟知就业的相关法律法规，加强自我保护意识，在自身合法权益受到侵害时，能够及时准确地拿起法律武器，维护"正义"。畅通自己的择业道路，完成"就业梦"，开启未来事业之窗。本节从介绍劳动者的一般权益着手，让大学生明晰在择业和就业过程中应享有的权利、履行的义务，增强自我保护意识，应该掌握的法律法规等内容。针对重难点知识，辅以典型案例，用于形象说明和解决问题，促进学生对相关知识的理解吸收。

【能力标准】

分类	具体内容
知识	掌握大学生就业中的权利; 掌握大学生就业权益相关法律法规
技能	能够学会用法律武器维护自身合法权益,防范就业陷阱
态度	培养学生就业中的法律、契约、证据、维权等意识

7.3.1 大学生就业权益概述

在大学生就业制度走向市场化、法制化的今天,大学生在整个求职择业过程中应该增强法律意识,自觉遵守市场规则,并用法律武器保护自己的合法权益。要保护好自己的合法权益,大学生必须首先全面了解自己、用人单位、学校等签约各方在就业过程中享有的权利和义务,了解与就业有关的法律法规。

大学生就业权益保护主要分两个阶段:一是毕业前求职择业过程中的权益保护,二是毕业就业上岗后(即劳动关系)的权益保护。不同阶段的权益保护有着不同的侧重内容;前者主要集中在就业协议的签订、试用期的纠纷方面,后者主要集中在劳动合同的履行方面。

7.3.1.1 劳动者的一般权益

1. 劳动报酬权

劳动报酬权是指劳动者依照劳动法律关系,履行劳动义务,由用人单位根据按劳分配的原则及劳动力价值支付报酬的权利。我国《中华人民共和国劳动合同法》规定了试用期最低工资标准,保障了毕业生初次就业时在试用期的劳动报酬权。《工资支付暂行规定》中规定,劳动者若因本人原因给用人单位造成损失的,用人单位每月从劳动者工资中扣除损失赔偿不得超过劳动者当月工资的20%;对于劳动者加班情况,应当给予其150%~300%的工资报酬等。这些法律、规定保障了毕业生维持生存所必需的劳动报酬权。

2. 休息休假权

休息休假权是指劳动者在法律规定的工作时间以外进行休息和休养的权利。休息休假权保障了劳动者体力的恢复、保持身体健康和利用休息时间享受文化生活等需求。《中华人民共和国劳动合同法》规定了用人单位不得强迫或变相强迫劳动者加班,《职工带薪年休假条例》规定符合条件的职工均可以享受带薪年休假,以保障劳动者的休息和休假权利。

【导入案例】

拒绝加班就应当扣工资吗?

某公司因有紧急生产任务,与公司工会协商后,公司领导决定安排员工加班两小时。技术人员沈某感到身体不适认为自己无力参加加班,便找到公司领导请假。公司领导不准假,沈某仍表示要回家休息。最终,沈某还是在公司领导未同意的情况下没有参加加班。两天后,公司领导通知沈某,要她停职并做出书面检查,检讨自己的错误,其当月工资也将被扣发。

沈某认为，加不加班是职工个人的事，况且自己确实是身体不适，无法加班。公司不该扣她的钱，更不应该禁止她工作。她要求公司领导更正决定。但公司领导认为，加班是和工会协商后的结果，职工应该参加，何况她未经允许擅自离开是旷工行为，当然得扣发工资，停职是对她这种行为的惩罚。

思考：公司扣发沈某工资并停止她工作的做法是否正确？为什么？

分析：因为职工沈某身体不适未能加班，企业就对她停职并扣发其工资，这种行为完全无视职工的健康和正当权益，是违法的，公司应当补发沈某的工资并按规定加发相应的经济补偿金。这家公司因生产需要，决定加班并无不妥，和工会协商也符合法律规定的程序，但是，对因身体不适而不能加班的职工给予停止其工作的处理和扣发当月工资的做法是错误的，违反了《中华人民共和国劳动法》，是侵犯职工劳动权和工资报酬权的行为。

（摘自前程无忧网）

3. 劳动保护权

劳动保护权，也称为职业安全卫生权，是指劳动者在劳动过程中的安全和健康应该得到用人单位的保障，以防止其发生伤亡事故和职业病的权利。例如，我国的《中华人民共和国劳动法》、《中华人民共和国妇女权益保障法》、《中华人民共和国残疾人权益保障法》等法律法规规定用人单位有义务对与其建立劳动关系的劳动者，特别是女性、残疾人劳动者按照其身体、生理特点，采取有效的安全和健康保障措施。

7.3.1.2 择业过程中享有的权利

除了上述作为普通劳动者所享有的一般权利外，大学生这个特殊群体在择业与就业过程中还享有许多权利。

1. 接受就业指导权

接受就业指导权，是指大学毕业生有权从学校、社会、国家获得及时、有效的就业指导与就业信息服务。接受就业指导对大学生来说有重大意义，就业指导工作会直接影响毕业生的就业方向、就业意识、就业技巧等。

我国《中华人民共和国高等教育法》规定“高等学校应当为毕业生、结（肄）业生提供就业指导和服务”。高校除了应将就业指导纳入大学生课程体系外，还应当成立专门的就业服务机构，安排专业人员对毕业生进行就业指导，包括向毕业生宣传国家有关就业的政策方针，对毕业生进行择业技巧的指导，引导毕业生根据国家和社会需要，结合个人实际情况进行择业等，使毕业生通过接受就业指导，能准确定位，并合理择业。由此可以看出，接受就业指导和服务是大学毕业生的一项重要权益。

2. 就业信息知情权

就业信息知情权，是指大学毕业生拥有及时全面地获取各种应该公开的就业信息的权利。从广义上说，就业信息既包括与毕业生求职择业相关的国家有关方针、政策与法规，也包括国家宏观经济发展状况和各个地区与行业的发展情况，还包括用人单位的规模、性质、产品、市场、企业文化、工作环境、学习培训、福利待遇等单位的总体情况，及专业需求、上岗条件、未来发展前景等工作岗位的具体信息，是毕业生择业、就业的基础。

大学生的就业信息知情权包括三方面含义：一是信息公开，即就业信息对任何毕业生来说都应该是公开透明的，任何团体、组织和个人都不得隐瞒、截留用人信息或者公布虚假用人信息；二是信息及时，即毕业生获取的信息必须是及时、有效的，而不能将过时的无利用价值的信息传递给毕业生；三是信息全面，毕业生有权获得准确、完整、全面的就业信息，以便对单位、职位情况有更加深入、全面的了解，进而根据自己的实际情况做出恰当的职业选择。

3. 接受就业推荐权

接受就业推荐权是指高校毕业生拥有被学校如实、公正、及时推荐到用人单位就业的权利。学校的推荐对毕业生的就业有着重大的影响。事实证明，学校的推荐往往在很大程度上影响到用人单位对毕业生的态度。

毕业生享有被推荐权包含以下几方面内容：

第一，如实推荐，即高校在对毕业生进行推荐时，应实事求是，根据毕业生本人的实际情况向用人单位进行介绍、推荐，不能故意贬低或随意捧高该毕业生在校表现的评价。

第二，公正推荐，学校对毕业生进行推荐应做到公平、公正，应给每一位毕业生以就业推荐的机会，不能厚此薄彼。

第三，择优推荐，学校根据毕业生的在校表现，在公正、公开的基础上，还应择优推荐，用人单位在录用毕业生时也应坚持择优标准，真正做到优生优用、人尽其才。

4. 就业选择自主权

就业选择自主权是指在国家就业方针、政策指导下，高校毕业生有按照自己的意愿选择职业的权利，包括自由选择是否从事职业劳动，从事何种职业劳动，何时从事职业劳动，在哪一类或哪一个用人单位从事职业劳动等权利。毕业生的就业选择自主权否定了行政安置和强制劳动，充分体现了毕业生在人才市场自主择业的权利。

5. 平等就业权

所谓平等就业权，是指根据国家相关法律法规及政策，高校毕业生在择业过程中享有的平等的权利，不因民族、种族、性别、信仰、身体条件、社会出身等原因，受到就业歧视或被排斥、取消、损害其就业机会。这种平等不仅体现在符合招聘条件的毕业生都可以平等地接受学校推荐，参加单位公开招聘，进行公正、平等竞争，并且要求用人单位在录用毕业生和确定福利待遇时要做到公平、公正、一视同仁。

6. 隐私保护权

毕业生在求职择业过程中，不可避免地要将自己的部分信息提供给用人单位，但是这些信息仅限于与应聘岗位招聘条件密切相关的范围之内。如果不经毕业生同意，任何单位或个人都不得将毕业生的个人信息随意发布和使用，用人单位更无权以招聘考核为名过问毕业生的各种隐私。

7.3.1.3 就业过程中享有的权利

1. 过渡期保障权

所谓过渡期保障权，是指毕业生在实习期、试用期、见习期所应当享有的保障个人各方面利益的权利。毕业生相对用人单位来说是处于弱势地位的，由于相关法律法规还不很健全，学生在从学校到职场的过渡期的许多权益往往会受到一些用人单位的侵害。我国《中华人民共和国劳动合同法》首次规定了试用期期限的设定和试用期工资的最低水平，在一定程度上为劳动者试用期的各种权利提供了保障。

2. 就业签约权

毕业生与用人单位达成就业意向后，需要通过签订就业协议或劳动合同，将双方的劳动关系或已经达成的约定，以书面形式落实下来，并对双方的责任、权益进行明确的书面说明。不签订就业协议或劳动合同，或是协议、合同的内容和条款过于笼统甚至违法违规，都是对大学生就业权益的侵犯。法律更不允许单位或个人采用欺诈和胁迫的方式要求毕业生签订就业协议和劳动合同。

3. 违约求偿权

所谓违约求偿权，是指高校毕业生在与用人单位签订就业协议后，如果用人单位无故违约或解约，毕业生有权要求用人单位进行相应的赔偿。毕业生就业协议一经签订，毕业生、用人单位、学校三方都应严格履行，任何一方不得擅自毁约。如果用人单位无故要求解约，毕业生有权依照《中华人民共和国合同法》要求对方严格履行就业协议，签订劳动合同，否则用人单位应对毕业生承担违约责任，支付违约金。

4. 户口档案保存权

所谓户口档案保存权，是指自毕业之日起两年内没能及时找到工作或没有到正规单位就业的毕业生，在择业期内将其档案、户口放在原校保留两年的权利。根据国家政策规定，大学生由毕业之日起两年内，为大学生择业期。两年期满后，学校不再有对毕业生的户口档案保管义务。

7.3.1.4　就业过程中履行的义务

权利与义务是对立统一、不可分割的关系。毕业生在享有国家规定的权利的同时，还必须履行一定的义务。

1. 执行国家就业方针、政策和规定的义务

按照国家任务招收的各类毕业生，应服从国家需要，在国家宏观政策指导下自主择业，为国家社会主义事业和现代化建设服务。

2. 履行特定的义务

对于从国家、社会或培养单位获得特殊权利的毕业生，依照权利和义务相一致的原则，必须履行超过一般大学生的特殊的义务。如享受专项奖学金（助学金）或政府奖学金（助学金）的毕业生，应当履行相应的义务，毕业后为合同规定的有关单位服务一定期限，如因特殊原因不能履行此项义务的，则应退还其获得的专项或政府奖学金。家庭经济困难而又没有申请专项奖学金的学生，可以申请贷学金，领取贷学金的学生毕业后有按期归还贷款的义务。

3. 如实推荐自己的义务

毕业生在求职择业过程中，如实向用人单位介绍自己的情况，是基本的择业道德要求。毕业生在填写推荐表、自荐信，向用人单位介绍自己时，必须实事求是，不得弄虚作假。既不夸大优点，也不回避缺点。只有如实介绍自己的情况，才会使人感觉真实可信，赢得用人单位的尊重和欢迎。

4. 履行就业协议的义务

毕业生与用人单位之间签署的就业协议属于我国民事法律调解的范畴，它一方面讲究民事主体之间的主体地位相对平等，同时要求主体之间在履行合约时应该讲究诚实守信、公

平公正原则。遵守协议是就业工作顺利进行的保证。任何一方不得无故毁约,应该严格按照协议商定的有关程序操作,并履行相应的义务。毕业生一经签订就业协议,便不能随便违约。如果毕业生不能严格遵守协议,随便违约,不仅影响学校正常的就业秩序,也会损害用人单位、学校和其他学生的利益。只有当约定的解除协议的条件成立或由于不可抗拒的外力作用出现时,毕业生才可以单方解除协议,放弃履行就业协议。

5. 按时到工作单位报到的义务

毕业生在郑重签署就业协议后,要有法律观念,不能率性而为,积极维护就业秩序,认真履行就业协议。教育部 1997 年颁布的《普通高等学校毕业生就业工作暂行规定》(教学〔1997〕6 号)要求,毕业生办理完派遣手续后,应持报到证按时到工作单位报到。如果自派遣之日起,无正当理由超过三个月不去就业单位报到的,由学校报主管毕业生调配部门批准,不再负责其就业。由学校将其户粮关系和档案转至家庭所在地,按社会待业人员处理。

6. 遵守学校有关规定的义务

文明离校;办理相关离校手续,如归还公物、清偿债务等。

7.3.2　维护自我就业权益

7.3.2.1　增强自我保护意识

1. 法律意识

市场化的就业体制是通过市场这个无形的手进行调节来实现人力资源的合理配置的。市场经济是法制经济,毕业生就业也受到法律体系的保护。因此,毕业生必须了解与就业相关的法律法规、政策制度,了解劳动用工的相关规定,并且在学习这些法律、政策、规定的过程中,逐步提高法律意识,学会使用法律武器维护自身权益。

2. 契约意识

契约意识包括两个方面的内容:一是通过就业协议来保护自己合法权益的意识;二是必须严格遵守就业协议的意识。毕业生与用人单位签订的协议是一种合同,是确立双方当事人之间劳动关系的一种契约,具有法律效力。因此,毕业生要谨慎签约、积极履约。协议一旦订立,双方都必须遵守,任何一方未经对方同意都不得擅自毁约、违约等,否则将受到法律制裁。

3. 维权意识

由于大学生就业市场发育还不够成熟,法律制度尚不健全,损害大学生合法权益的现象时有发生。强烈的维权意识,在碰到问题时能够拿起法律的武器积极保障权利,是毕业生走上自我权益保护的实质性的一步,是由观念转化成行动的重要一步。毕业生只有在掌握法律政策、养成良好的法律意识和积极的维权意识,才能够平等地与用人单位进行对话,据理力争,保障自己的权益免遭侵害。

4. 证据意识

毕业生在求职就业过程中,应树立证据意识。一是收集证据的意识,在求职时要有意识地要求用人单位出示或提供相关资料,如要求用人单位出示营业执照、要求对方出示表明身份的证件等;二是保存证据的意识,要注意保存现有的证据,以便将来在仲裁法庭或进行诉讼时维护权益,如招聘海报,往来传真、邮件等;三是运用证据的意识,要有用证据证明事实的意识,知道什么样的事实需要什么样的证据,要明确举证责任是在对方还是己方。

【导入案例】

长春市某大学10名学生集体到广西的一家民营企业做食品检验工作。当时该企业给学生的口头承诺是:月薪4 000元,外加年终分红;工作满一年,分房;工作满三年,配车。所有人都认为这几个学生遇到了天上掉馅饼的好事,这10人没有和该企业签订任何的书面合同,就去了广西。

到了广西之后,急于求成的学生们草率地与该企业签订了工作合同。一个月之后,所有人都大呼上当。他们的月薪确实是定在了4 000元,但是在工作中他们经常违反合同上的“霸王条款”。例如,迟到一次罚款500元;在食堂吃饭,剩饭、剩菜罚款100元。结果,大家工作一个月下来,扣掉各种罚款,实际发到手里只有可怜的三四百元钱。学生集体反抗,说要辞职不干了,该企业拿出工作合同,要求每个学生交8 000元的违约金。学生说,在学校谈时可不是这么说的,该企业则表示,请拿出证据来,众学生木然。

(摘自豆丁网)

问题:结合本案例,说一说这10名大学生在就业中存在哪些问题?应如何解决?

5. 诚信意识

毕业生诚信意识的培养和权益的自我保护主要包括两个方面:一是毕业生在求职过程中必须如实向用人单位介绍自己的情况,要实事求是,如果故意隐瞒自身情况、欺骗用人单位,可能导致就业协议无效,由此将会承担缔约过失责任;二是要能够意识到用人单位是否诚信。目前大学毕业生就业形势严峻,使得毕业生不敢向用人单位问太多的问题、提更多的要求,而往往认为单位说的都是对的,单位要求的就应该去做,不知不觉中自己的权益已经遭受侵害。

7.3.2.2 熟悉维权求助的途径

毕业生在自身权益遭受侵犯时,寻求救助和维权途径有以下几种。

1. 与用人单位协商

对于用人单位一般的违规行为或争议不大的问题,毕业生可与用人单位自行协商,通过达成新的协议,或者有过错的一方改正错误来消除争议。

毕业生在遇到劳动合同纠纷问题时,还可以向学校的就业指导中心或相关部门寻求帮助,学校是毕业生维权强有力的后盾。尤其是对于学校推荐就业的用人单位,毕业生在与用人单位发生纠纷需要协商时,可以请求学校出面调解,因为学校与用人单位通常有较为密切的往来关系,如果由学校出面与用人单位沟通,更有助于矛盾双方解决纠纷。

2. 向劳动监察部门举报投诉

《中华人民共和国劳动法》规定,“县级以上各级人民政府劳动行政部门依法对用人单位遵守劳动法律法规的情况进行监督检查,对违反劳动法律法规的行为有权制止,并责令改正。”还规定,“任何组织和个人对于违反劳动法律、法规的行为有权检举和控告。”据此,劳动者发现自己的劳动权益受到侵害时,应及时向单位所在区县的劳动保障监察部门举报。

因此,毕业生如发现所在单位有侵害劳动者权益的违法现象,可以向单位所在地的劳动监察部门举报,要求他们进行检查或处罚,维护自己的合法权益。

3. 劳动争议仲裁

如果无法通过与单位的协商来解决自己所遇到的问题,学生可以向单位所在地劳动争议仲裁委员会要求仲裁。仲裁是处理争议的必经程序。大学生申请仲裁,应自争议发生之日起 60 日内向劳动争议仲裁委员会提出书面申请。劳动争议仲裁委员会受理的劳动争议范围包括:因企业开除、除名、辞退职工和职工辞职、自动离职发生的争议;因执行国家有关工资、保险、福利、培训、劳动保护规定发生的争议;因履行劳动合同发生的争议;因法律、法规规定的其他劳动争议等。

4. 劳动诉讼

争议当事人对仲裁裁决不服的,可在收到仲裁裁决书之日起 15 日内向人民法院起诉。但需注意,未经劳动争议仲裁委员会仲裁的劳动争议案件,法院不予受理。

【深度阅读】

原在深圳工作的郑女士因朋友介绍应聘上海某公司并收到录取通知,邮件里详述了郑女士办理入职手续的流程及入职条件,郑女士按照要求提交材料后辞职前往上海,之后公司却没了消息,经多番打听才知道因为录取通知中有一个入职条件选项:是否担保 3 年内保持单身,郑女士选择了否,所以企业不想录用她了。

实践中企业发放录取通知后想反悔的事情很常见,只觉得没有建立劳动关系就没有风险。

录取通知是单位发出的要约,按照《中华人民共和国合同法》规定,要约自送达被要约人即劳动者时就已生效,在劳动者确认后企业不可单方面撤销,若反悔就要承担缔约过失的违约责任,这种情况下不是打劳动官司,而是合同官司,不是劳动仲裁,而是直接到法院起诉。

所以,后来郑女士将公司告上法庭索取经济赔偿与精神损失抚慰金。审理机关认为上海公司邮件通知录用,却因郑女士不愿承诺保持单身而违约,构成就业歧视,应赔偿郑女士的损失。

录用条件应在面试时把握,本案中企业最不该的就是在聘书中写明歧视条款且选择了违约。《中华人民共和国就业促进法》第三条和第二十六条至第三十一条详细规定了就业歧视的各种情形。

第三条　劳动者依法享有平等就业和自主择业的权利。

劳动者就业,不因民族、种族、性别、宗教信仰等不同而受歧视。

第二十六条　用人单位招用人员、职业中介机构从事职业中介活动,应当向劳动者提供平等的就业机会和公平的就业条件,不得实施就业歧视。

第二十七条　国家保障妇女享有与男子平等的劳动权利。

用人单位招用人员,除国家规定的不适合妇女的工种或者岗位外,不得以性别为由拒绝录用妇女或者提高对妇女的录用标准。

用人单位录用女职工,不得在劳动合同中规定限制女职工结婚、生育的内容。

第二十八条　各民族劳动者享有平等的劳动权利。

用人单位招用人员,应当依法对少数民族劳动者给予适当照顾。

第二十九条　国家保障残疾人的劳动权利。

各级人民政府应当对残疾人就业统筹规划，为残疾人创造就业条件。

用人单位招用人员，不得歧视残疾人。

第三十条　用人单位招用人员，不得以是传染病病原携带者为由拒绝录用。但是，经医学鉴定传染病病原携带者在治愈前或者排除传染嫌疑前，不得从事法律、行政法规和国务院卫生行政部门规定禁止从事的易使传染病扩散的工作。

第三十一条　农村劳动者进城就业享有与城镇劳动者平等的劳动权利，不得对农村劳动者进城就业设置歧视性限制。

5. 信访

大学生在权益受到侵害时，还可以通过信访的方式，向各级工会、妇联及政府信访部门反映，利用这些组织维护自己的合法权益。

6. 借助新闻媒体

新闻媒体可以发挥很好的舆论监督作用。学生可以通过媒体对各种不公正现象进行曝光、报道的方式，引起相关部门对这些现象的重视，从而促使这些问题的有效解决。毕业生在碰到就业权益被侵犯时，如果采取相关措施仍然无法很好地解决，可以向报纸、电视等新闻媒体反映，借助舆论力量解决问题。

如果毕业生在实际就业中遇到劳动保障方面的问题，还可及时拨打全国统一的劳动保障公益服务专用电话——12333，咨询劳动保障的政策，获取有关的信息，更好地维护自己的合法权益。

【课堂活动】

网络主播权益受损，该如何维权？

在互联网发达的今天，网络平台就业已成为新业态，网络主播这一职业也随之而起。依托平台就业，网络主播们的遭遇也让新业态群体的维权困境再次进入公众视线。网络主播会与一些传媒公司和平台签订协议，如“主播独家合作协议”、“金牌协议”等；这些协议多是经营者单方面制订的逃避法定义务、减免自身责任的不平等格式条款；如合作协议中写明：“甲方仅为乙方提供平台服务，对于直播内容和服务，乙方同意独立承担所有的风险和后果。甲方没有责任和义务对于发布在甲方平台上的任何内容承担任何责任。”“甲方有权随时修改本协议的任何条款，一旦本协议的内容发生变动，甲方将直接在甲方平台上公布修改之后的协议内容，该公布行为视为甲方已经通知乙方修改内容。”这样的霸王条款在直播行业已是“潜规则”，无论去哪家平台，签的协议都会对主播的义务提出详细要求，而对平台应履行的责任却一笔带过，而且协议条款都由平台起草，主播只能签，没有选择。直播平台与主播签订的协议中，通常都会有“拒绝承认与主播是劳动关系”及“独家合作协议”的条款。也有个别主播与平台签订劳动合同，是平台所属公司的员工。此外，多数直播平台的管理者和维护人员均与平台签订了劳动合同。

与依托平台的其他新业态就业群体类似，网络主播在维权时面临的第一个难题就是如何界定自己与平台的关系。那么，主播和直播平台之间是不是劳动关系？遇到直播平台破产关闭的情况，网络主播可能会被欠薪，主播和直播平台之间的关系直接会影响她们的讨薪之路。

讨论话题：

1. 谈一谈你对平台就业的认识？

2. 网络主播与直播平台之间究竟是不是劳动关系？受哪些法律的保护？

（活动时间:15 分钟）

【思考题】

1. 大学生择业过程中有哪些权利？

2. 大学生就业中的权利和义务有哪些？

3. 大学生维护自身权益应掌握哪些法律？

模块五　创业教育

第8章　创业认知与创新思维

【学习指南】

也许你是一名刚步入大学的学子，在校园内享受开学之初的兴奋和新鲜感觉。看着师兄师姐的毕业去向统计表，回顾自己的大学新生活，你自问："我毕业后，能进500强吗？"也许你经过三年的大学生活，带着梦想逐步走向理性和成熟，面临毕业就业，在即将跨入社会的人生转折关头，你问自己："我是继续升学还是就业？我是去大公司就业还是跟小公司一块创业？我是留守城市当蚁族还是到农村去发展？"大学毕业生不只是求职者，还应该称为工作岗位的创造者。在国家鼓励大学生自主创业的大背景中，很多同学怀有创业的激情与梦想，欲在创业中挥洒青春，施展才干。著名企业家马云说得好："很多年轻人是晚上想想千条路，早上起来走原路。""中国人的创业，关键不是因为你有出色的想法、理想、梦想，而是你是不是愿意为此付出一切的代价，全力以赴地去做它，证明它是对的。"

【能力标准】

分类	具体内容
知识	了解创业的内涵、意义与价值； 了解大学生创业的时代背景； 培养创业素质，积累创业资本； 了解创新与创新思维的内涵； 掌握创新思维培养的途径、方法
技能	针对自己的实际情况，如何建立属于自己的自信； 通过对案例的分析提高自己的创业欲望，培养获取相关的理念
态度	通过探究案例，使学生养成务实求真、勇于创新、积极实践的科学态度； 通过小组研究学习，体会合作学习的重要性，学习与他人合作、分享

8.1 创业基本认知

【导入案例】

“我不喜欢按部就班去找份工作,喜欢冒险和挑战,即使没有了双臂,我还有双脚。”近日,曾以“用嘴咬笔答卷,高考考出548分”的河南无臂大学生吴建平,因在学习之余成功开店创业一事,再度引发公众关注。

25岁的吴建平是郑州轻工业学院一名大四学生。他在5岁时不慎触碰到村头裸露的变压器,失去双臂。不幸遭遇并未让他自暴自弃,他和普通小朋友一样,上学、读书,没有双臂,他坚持用牙咬笔写字十几年,最后还在高考中考出548分,超过二本线33分,成为同学眼中的“学霸”。

“好多人会觉得我没有双手,玩不成游戏,不能谈恋爱,就只能学习了。”吴建平接受记者采访时坦言,因没有双臂,从小到大都有妈妈在身边陪伴,刚进入大学时,对周遭环境非常抵触,他多次萌生退学念头。可后来,他慢慢发现,大学里面评价一个学生是否优秀,已经不单只靠成绩了,社会实践的经历同样重要。

发现自己应该做些什么时,已是大二后半学期了。吴建平将在校陪读的妈妈劝说回家,他用3个月的时间,努力练习用脚代替自己的双臂,学着用脚翻书、吃饭、穿衣、洗漱、接打电话、开关房门……

适应周遭环境后,吴建平开始弥补自己在校期间社会实践的空白。他结合专业所学,不仅开了属于自己的网店,还将网店搬到校园,与两名同班同学在校创业中心,开起了“一见钟卿”实体店。在空闲之余为自己赚取生活费,再次证明自己的勇敢、独立。

记者看到,吴建平的店里卖有女装、衣帽、围巾、头饰及市面上热销的小物品等。在店里,他每天用嘴咬着筷子敲打键盘,右脚操控鼠标,在网上向顾客讲解;每周末与合伙人一起到市中心小商品城进货、砍价、摆货;店里不忙时,吴建平就会租借一些专业书籍,充实自己。由于身体不便,与吴建平合伙开店的两名同学则负责帮忙摆放物品、接收快件之类的杂事。

“他不比正常人少什么,反而多了一些头脑”,在合伙人张雪巍眼中,吴建平独立性很强,能自己做的事就不再麻烦同学,平时同学们为他做的也仅仅是摆货品、取快递、偶尔带个饭。

吴建平坦言,自从开始学着创业以来,他的生活、心态发生了很大变化,他本性喜欢挑战和冒险,不喜欢按部就班去找份工作,一辈子就做一件事情。大学期间,不仅让他做到了生活的独立,心态也变得乐观自信,他对未来的生活充满信心。

(摘自网易新闻)

思考:吴建平的创业之路是如何开启的?

8.1.1 创业的内涵

《现代汉语词典》对“创业”的解释是:创办事业。而“事业”是指人所从事的,具有一定目标、规模和系统并对社会发展有影响的经济活动。《辞海》对“创业”的解释是:创立基业。“基业”是指事业的基础。由此可见,创办事业是创业的本质。

【深度阅读】

只有那些能够创造出一些新的、与众不同的,并能创造价值的活动才是创业。世界目前的经济已由“管理型经济”转变为“创业型经济”。

——彼得·德鲁克

创业有广义和狭义之分。狭义上讲的创业概念源于“Entrepreneur(企业家、创业者)”一词,因而对其理解通常带有经济学的视角。如精细管理工程创始人刘先明认为:创业是指某个人发现某种信息、资源、机会或掌握某种技术,利用或借用相应的平台或载体,将其发现的信息、资源、机会或掌握的技术,以一定的方式,转化、创造出更多的财富、价值,并实现某种追求或目标的过程。郁义鸿、李志能在《创业学》一书中指出:创业是一个发现和捕捉机会并由此创造出新颖的产品或服务,实现其潜在价值的过程。

可见,狭义的创业特指个人或团队自主创办企业。现今,我们把创业理解为是不拘泥于当前的资源约束、寻求机会、进行价值创造的行为过程。作为一个行为过程,创业的概念可以从以下三方面进行分析和理解:

第一,创业需要面对资源难题,设法突破资源束缚。无数创业案例表明:大多数创业者在创业初期甚至全过程都会经历资源约束和“白手起家”的过程。这是因为,创业活动通常是创业者在资源高度约束情况下所进行的,从无到有,“从零到一”的财富创造过程。创业者往往需要通过技术创新和商业模式创新等方式对资源进行更为有效的整合,进而实现创业目标。换言之,创业者只有努力创新资源整合手段和资源获取渠道,才能真正摆脱资源约束的困境。正因此,积极探求创造性整合资源的新方法、新模式和新机制,就成为创业的基本特性。

第二,创业需要寻求有效机会。机会是具有时间性的有利情况,有效机会就是在时间之流中最好的一刹那。创业通常离不开创业者识别机会、把握机会和实现机会的有效活动。创业者从创业起始就需要努力识别商业机会,只有发现了商业机会,才有可能更好地整合资源和创造价值。因此,一般认为寻求有效机会是产生创业活动的前提。

第三,创业必须进行价值创造。创业属于人类的劳动形式之一,劳动需要产生劳动成果,创业也需要创造劳动价值。创业的本质在于创新,因此与一般劳动相比,创业更强调创造出创新性价值。当今较为典型的创业大多诉求创新带来的新价值,这些新价值通过技术、产品和服务等方式的变革更好地为消费者服务,促进社会的发展和进步。需要特别注意的是,创业通常需要比一般劳动付出更多的时间和努力,需要承担更多的风险,也更需要坚忍不拔,坚持不懈的努力。当然,创业的渐进和成功也会带来分享不尽的成就感。

因此,创业的内涵可总结为以下几点:

(1)创业的主体是个人或小规模群体。

(2)创业的关键是商业机会的发掘与把握。

(3)创业者的角色是资源(知识、能力、社会资本等)所有者和资源(资金、技术、人员、机会等)配置者。

(4)创业需要创立新的社会经济单元。

(5)创业的价值实现有赖于将所提供的产品和服务在市场上转化为商品。

(6)创业是一个创造性的过程,具有创新性。

(7)创业具有明确的目的性:增加财富,包括个人和社会的物质与精神财富。

8.1.2　创业的意义与价值

8.1.2.1　"济天下"——创业对社会的意义

只要简单回顾一下近二三十年间创业者所创造出的新行业,诸如个人电脑、生物技术、闭路电视、电脑软件、办公自动化、手机服务、电子商务、互动网络、虚拟技术,等等,我们不难想象出创业者是如何巨大地改变了世界的发展进程和人们的生活、工作和学习方式的。

1. 创业可以增加社会财富,促进经济发展和社会繁荣

创业过程是增加社会财富的过程,企业在生产经营的过程中,为社会创造了财富,增加了社会价值,并大大增加了国家的财政税收。企业的产品和服务拉动了国内市场需求,满足了人民生活的需要,丰富了市场,促进了社会经济繁荣。创业还改变了传统的产业格局,催生了很多崭新的行业,加速了经济结构的调整。在创业过程中,社会资源得到优化配置,市场体系不断得到完善,市场竞争活力得以保持。

2. 创业可以实现先进技术转化,促进生产力提高和科技创新

创新是创业的主要驱动力量,创业是新理论、新技术、新知识、新制度的孵化器,也是新理论、新技术、新知识、新制度形成现实生产力的转化器。

企业内的创业活动是获得并强化创新能力和核心竞争力的重要途径。例如,TCL 本是一个家电企业,由于内部的团队创新,开发了新的手机产品,为企业在通讯产品市场找到了发展机会和新的利益增长点,促进了集团的良性发展。

3. 创业可以提供就业岗位,缓解社会就业压力

我国人口众多,就业问题一直是一个关乎民生的大问题,解决就业问题是我国的一个长期任务。与此同时,随着经济体制改革,国有、集体企业下岗分流、减员增效,这些企业的就业空间大幅缩减,而私营和个体经济成为就业的主渠道。

中小型创业企业不仅解决了创业者本身的工作岗位,同时为需要工作的人们提供了大量的工作岗位,扩大了就业范围,降低了失业率,大大缓解了社会就业压力,从而稳定了社会秩序。

【深度阅读】

创业是最积极、最主动的就业,它不仅能解决大学生的自身就业,还能通过带动就业产生倍增效应。清华大学中国创业研究中心的调查数据表明,每增加一个创业者,当年带动的就业数量平均为 2.77 人,未来 5 年带动的就业数量平均为 5.99 人。因此,让更多的人投身创业更有助于提高创业带动就业的效应。

4. 创业可以激发整个社会的创新意识和创业精神,有利于观念的转变

在美国,创业革命使得"为自己工作的观念"深深扎根于美国文化中。在我国,近年来如火如荼的创业大潮让无数人进入了经济和社会的主流,对于形成创新、宽容、民主、公正、诚信等观念和文化具有积极作用。

8.1.2.2　"善其身"——创业对创业者的意义

创业是一个伟大的历程,是一个精彩的大舞台。创业起步可高可低,创业的发展空间无限。通过创业,能有效实现人生价值,把握人生航向。

1. 创业可以主宰自己,充分发挥自己的才干

许多上班族之所以感到厌倦,积极性不高,重要原因之一是给别人"打工",个人的创意、想法往往得不到肯定,个人的才能无法充分发挥,愿望得不到实现,工作缺乏成就感,行事有诸多约束。而创业则完全可以摆脱原有的种种羁绊,摆脱在行为上受制于人的局面,充分施展自己的才华,发挥最大潜能,使自己的人生价值得到更好的体现。

2. 创业可以帮助个人积累财富,一定程度上满足个人对物质的追求欲望

工薪阶层的收入有高有低,但都是有限的,没有太多提升的空间。而摆脱这些烦恼的最佳途径就是开创一份完全属于自己的事业,它提供的利润是没有极限的,可任你想象。根据统计资料,在美国福布斯富人榜前四百名富人中,有75%是第一代的创业者。而在中国富豪榜中,以创业起家的也不在少数。

3. 创业能够使个人有机会和实力回馈社会,具有极高的成就感

创业者创造的企业一方面为社会提供了产品或服务,一方面为个人、社会创造了财富。企业融入社会再生产的大循环之中,从多个环节为国家和社会做出了贡献。这种贡献使得创业者个人能够从中收获巨大的成就感。

4. 创业使个人能够从事喜欢的事业并从中获得乐趣

创业者选择创业项目,通常都会从个人感兴趣的领域着手,将其与自己的知识技能、专业特长等结合起来,而做自己喜欢做的事本身就是一种享受。

5. 创业使个人从挑战和风险中得到别样的享受

创业充满挑战和风险,同时充满克服种种挑战的无穷乐趣。在创业过程中,可以感受到无穷的变化、挑战和机遇,这是一个令人兴奋的过程。创业者可以通过征服创业过程中的重重困难来丰富自己的人生体验。

总之,创业是实现人生理想和价值、获得自身全面发展的有效途径。

【深度阅读】

2015年6月,国务院印发《关于大力推进大众创业万众创新若干政策措施的意见》,这是推动大众创业、万众创新的系统性、普惠性政策文件。

《关于大力推进大众创业万众创新若干政策措施意见》指出,推进大众创业、万众创新,是发展的动力之源,也是富民之道、公平之计、强国之策,对于推动经济结构调整、打造发展新引擎、增强发展新动力、走创新驱动发展道路具有重要意义,是稳增长、扩就业、激发亿万群众智慧和创造力,促进社会纵向流动、公平正义的重大举措。

《关于大力推进大众创业万众创新若干政策措施意见》从9大领域、30个方面明确了96条政策措施。一是创新体制机制,实现创业便利化;二是优化财税政策,强化创业扶持;三是搞活金融市场,实现便捷融资;四是扩大创业投资,支持创业起步成长;五是发展创业服务,构建创业生态;六是建设创业创新平台,增强支撑作用;七是激发创造活力,发展创新型创业;八是拓展城乡创业渠道,实现创业带动就业;九是加强统筹协调,完善协同机制。

【课堂活动】

如何打好人生这副牌

在文汇路大学城创业园区里有这样一位书生老板:20岁,她靠社会资助,走出乡村,考入复旦上海视觉艺术学院(现已更名为上海视觉艺术学院);21岁上大二时,她谢绝所有社

会捐助，开始自筹学费；22岁，她以一份策划案赢得创业基金，开公司当老板；23岁，她延续利群阳光学子“点灯计划”，捐款资助贫困学生；24岁大四毕业，她的公司已涉足贸易、文化传播等多项业务，却遭遇意外车祸，躺在了重症病房。病情好转后，她重启创业之路，继续她自强不息的阳光之路。她，就是梁晓芹。

梁晓芹出身贫寒，上大学后，她特别珍惜来之不易的学习机会，各门功课成绩都很突出。她边读书边勤工俭学，到学校餐厅里擦桌子，去图书馆管理图书，每一项工作都认真去做。通过一年的努力，梁晓芹获得了全国大学生“自强之星”和国家奖学金。大二时，她做了一个惊人的决定：不再接受任何好心人的捐款。“是好心人帮助我，我才能够来上海上大学，现在我想自己解决学费问题，让那些比我更需要帮助的人得到帮助。”

“想让全家人过得好，光干体力活不行，我有能力做得更多。”2009年，梁晓芹申请上海市大学生创业基金，经过多轮答辩，在大三时取得10万元的启动资金，成立尚影文化传播公司，当起了老板。起步并不顺利，晓芹的公司还没正式开张，就两次遇到骗子，损失数千元。“头回上当，过了一周才发现，但我一直挺乐观。坏事也能让人成长，早点碰到，免得以后栽更大的跟头。”创业的头两年，梁晓芹天天睡在办公室，“方便工作，又省房租。”两年下来，瘦小的肩膀扛着摄像机走进企业、警营和政府机关，策划系列活动、拍摄宣传片、制作宣传手册、设计道旗、定制个性礼品等，别具匠心的创意和夯实的专业技术赢得了客户的交口称赞。口口相传中，梁晓芹的生意日益红火。“我觉得贫困对我来说，是一笔宝贵的财富。我要上大学，要养家，这些来自生活的压力带给了我更大的动力。”

天有不测风云，2011年，晓芹遭遇了严重的车祸，骨盆重度粉碎性骨折，全身多处受伤。“走过大难之后，我很快就调整了工作状态。”梁晓芹说，“一定要有感恩的心，对好的、不好的事情，都要心怀感恩。那些曾经助我们一臂之力的人能够带来温暖，那些不好的事情则能让人成长，要想到如果没有那些事情，在未来的日子很可能会栽更大的跟头。常常这样想想，幸福感还是蛮强的！”

小组讨论：

1. 如何打好人生这副牌？

2. 在人生逐梦的道路上，勇于挑战自己，敢于冒险，善于挖掘身边的机会，通过超强的行动力，用创新创造价值，这就是创业精神！如何培养自己的创业精神呢？

小组汇报：

每个小组选出一名同学进行发言，与全班同学进行交流。

（时间：15分钟）

【思考题】

1. 你对创业的意义与价值如何理解？

2. 在当前“大众创业，万众创业”的背景下，大学生自主创业的利好环境适合你吗？

8.2 创业素质

【导入案例】

波司登的创立者高德康曾经这样描述他的创业经历,那时候高德康做裁缝,组织了一个缝纫组,靠给上海一家服装厂加工服装赚钱,每天要从村里往返上海购买原料,递送成品。从村里到上海南市区的蓬莱公园,有100 km路。我骑自行车每天要跑个来回,骑了几次车就不行了。于是我就挤公共汽车,背着重重的货包挤上去,再挤下来,累得满头大汗。因为我挤车也是在上班时间,车挤得不得了。我背着货包好不容易挤上去,车上的人闻到我一身臭汗,就把我推下来,有一次把我的腰都扭伤了。有时候他们还要骂一句,你这个乡下人,乡巴佬。神气得不得了……可是包重呀,你把我推下来,我怎么办?那个时候我是哭也哭不得,我想那些人一点都不理解我。有时甚至考虑还要不要和上海人做生意?但是不去上海,家里就没有活干,吃不上饭。只能上,乖乖地上。做生意龙门要跳,狗洞要钻,没办法的,只能受点委屈。在这种情况下,高德康睡不着觉,后来他的事业做大了,波司登已经成为中国羽绒服知名品牌,自己也变成了千万、亿万富翁了,却仍然常常睡不着觉。高德康总是在反省自己,为了一些想不明白的问题,他还特意跑到北大、清华上了一年学。他说:"我经常在听人家讲,听了以后抓住要害,再在实践中去检验,到最后看结果,看到底是不是真的。"高德康只有小学文化,而他现在最大的爱好竟然是看书。"时间再紧张,学习也不能马虎。平时很少有时间去看书,有时在飞机上看看。在这种学习时间很少的情况下,每个月一定要集中3天时间。集中3天学了之后,把自己的思路理顺。作为一个领导来说,不一定整天忙得不得了的领导就是好领导,你必须把思路理顺"。高德康作为一个山沟里的农民,上海人嘴巴里的乡巴佬,最后却能让上海人抢着购买自己的羽绒服,把上海人的钞票大把大把地揣进自己的兜里,原因何在?

作为一个创业者,遭遇挫折,碰上低潮都是常有的事,在这种时候,反省能力和自我反省精神能够很好地帮助你渡过难关。曾子说:"吾日三省吾身"。对创业者来说,问题不是一日三省吾身、四省吾身,而是应该时时刻刻警醒、反省自己,唯有如此,才能时刻保持清醒。反省其实是一种学习能力。创业既然是一个不断摸索的过程,创业者就难免在此过程中不断地犯错误。反省,正是认识错误、改正错误的前提。对创业者来说,反省的过程,就是学习的过程。有没有自我反省的能力,具不具备自我反省的精神,决定了创业者能不能认识到自己所犯的错误,能不能改正所犯的错误,是否能够不断地学到新东西。

方杰做奥普浴霸,大家觉得那么容易,好像是一蹴而就似的。其实早在澳大利亚留学时,方杰就有意识地到澳大利亚最大的灯具公司(LIGHTUP公司)打工。当时他还不懂商业谈判。他知道自己的缺陷,很希望学会谈判的本领。他知道他当时的老板是一个谈判的高手,所以每当有机会与老板一起进行商业谈判时,他总是在口袋里偷偷揣上一个微型录音机。他将老板与对方的谈判内容一句句录了下来,然后回家偷偷地听,揣摩、学习,看看老板是怎样分析问题的,对方是怎样提问,老板又是怎样回答的。他就这样学习,几年以后也成为一个商业谈判的高手。最后老板退休了,把位子让给了他。到了1996年,方杰差不多已经成了澳洲身价第一的职业经理人。然后他不想当打工仔了,想自己回国创业。方杰的奥普浴霸是在这样的基础上做成的,方杰并不是一个天生的生意人。

思考:高德康与方杰身上具有哪些创业素质?

8.2.1　创业精神

创业精神是一个创新的过程,在这个过程中,新产品或新服务的机会被确认、被创造,最后被开发来产生新的财富创造的能力。也就是说,创业精神的本质在于创新,在于为消费者创造出新的满足、新的价值。

创业精神是创业者在创业过程中的重要行为特征的高度凝练,主要表现为勇于创新、敢担风险、团结合作、坚持不懈等。

8.2.1.1　创新精神

德鲁克认为,企业家精神中最重要的就是创新。创新是创业精神的灵魂。创业活动中的创新包括从产品创新到技术创新、市场创新、组织形式创新等。创新被认为是表现创业精神的具体化。创业者具有创新精神,才可能创建新颖独特的企业,并保持一个企业的特色和可持续发展。

8.2.1.2　冒险精神

在创新的过程中不可避免地要遇到挑战和承担风险,所以创新精神的内涵中必然包括了承担风险和挑战不确定性的冒险精神。冒险是创业精神的天性。没有甘冒风险和承担风险的魄力,就不能成为创业者。无数创业者的经历证明,创业者虽然生长环境、成长背景和创业机缘各不相同,但无一例外都是在诸多不确定性因素条件下敢为人先,勇于创新的实践者。

8.2.1.3　合作精神

单枪匹马可以成就一番事业,但是团结任何有利于成功的力量,成功的概率当然也会更大。在创业精神中个人英雄主义并不能占到主导地位,反而团队意识、合作精神是其价值核心。合作是创业精神的精华。社会发展到今天,行业分工越来越细,没有谁能一个人完成所有创业需要完成的事情。真正的创业者善于合作,能将合作精神扩展到企业的每个员工。面临困境时,团队成员间能团结一心,奋力拼搏。将不同的人组合到一起,开发其各自的优势资源从而达到利益最大化的合作过程也就是创业精神的一个重要体现。

8.2.1.4　坚持不懈

创业者首先是一个从业者,如果没有一种对于事业执着追求的敬业精神,那么又如何能够迎接创业的挑战呢。执着是创业精神的本色。创业的过程必然伴随着各种艰辛和曲折,因此创业者必须坚持不懈、咬定青山不放松。创业实践表明,往往只有偏执者才能在创业中生存下来。

8.2.2　培养创业素质

创业活动是由创业者主导和组织的商业冒险活动,要成功创业,不仅需要创业者富有开创新事业的激情和冒险精神、面对挫折和失败的勇气和坚韧,更重要的是要具备各种优良的创业素养,具备解决和处理创业活动中各种挑战和问题的知识和能力。

8.2.2.1 创业素质的基本内容

大学生创业，有人成功也有人失败。有的失败后总结经验教训，再度搏击便成功了，有的却屡战屡败；有的商海中一帆风顺，有的却处处碰壁，截然相反的创业结局，其原因究竟何在？客观的原因当然有很多，但归结到主观原因时，我们不能不探究创业者自身素质的影响。创业素质对创业成败有着至关重要的影响，那么创业者应具备哪些素质呢？

【深度阅读】

创业者基本素质

美国的唐·多曼在《事业革命》一书中提出了创业者的5种人格特征：①愿意冒风险；②能分辨出好的商业点子；③决心和信心；④壮士断腕的勇气；⑤愿意为成功延长工作时间。

著名管理专家威廉·拜格雷夫将优秀的创业管理人素质归纳为10个以“D”字母为首的要素：①理想（Dream）；②果断（Decisiveness）；③实干（Doers）；④决心（Deter min ation）；⑤奉献（Dedication）；⑥热爱（Devotion）；⑦周详（Details）；⑧命运（Destiny）；⑨金钱（Dollar）；⑩分享（Distribute）。

综合众多创业者成功的案例，大学生创业者应具备以下四种素质。

1. 身体素质

所谓身体素质，是指身体健康、体力充沛、精力旺盛、思路敏捷。现代小企业的创业与经营是艰苦而复杂的，创业者工作繁忙、时间长、压力大，如果身体不好，必然力不从心、难以承受创业重任。

2. 心理素质

所谓心理素质，是指创业者的心理条件，包括自我意识、性格、气质、情感等心理构成要素。作为创业者，他的自我意识特征应为自信和自主；他的性格应刚强、坚持、果断和开朗；他的情感应更富有理性色彩。

成功的创业者大多是不以物喜，不以己悲的，面对成功和胜利不沾沾自喜、得意忘形；在碰到困难、挫折和失败时不灰心丧气、消极悲观。

3. 知识素质

创业者的知识素质对创业起着举足轻重的作用。在知识大爆炸、竞争日益激烈的今天，单凭热情、勇气、经验或只有单一专业知识，要想成功创业是很困难的。创业者要进行创造性思维，要做出正确决策，必须掌握广博的知识，具有一专多能的知识结构。具体来说，创业者应该具有以下几方面的知识：了解科学的经营管理知识和方法，提高管理水平；掌握与本行业、本企业相关的科学技术知识，依靠科技进步增强竞争能力；具备经济与市场方面的知识，如财务会计、市场营销、国际贸易、国际金融等；具备一些有关世界历史、世界地理、社会生活、文学、艺术等方面的知识。

4. 能力素质

创业者至少应具有如下能力：①创新能力；②分析决策能力；③预见能力；④应变能力；⑤用人能力；⑥组织协调能力；⑦社交能力；⑧激励能力。

当然，这并不是要求创业者必须完全具备这些素质才能去创业，创业者本人要不断提高自身素质。提高素质的途径：一靠学习，二靠改造。要想成为一个成功的创业者，就要做一个终身学习者和改造自我者。

【经典案例】

一提到王兴，很多人脑海里面想到的第一个词语就是连环创业者，因为他是校内网、饭否网、美团网这三个中国大名鼎鼎的网站的联合创始人。此外，他还有另外一层身份，大学生创业者，在毕业之后，没有丰富的职业履历就开始创业的人。

他是一名人们口中的天才少年，高中没有参加高考就被保送到中国名牌学府清华大学，毕业后拿到全额奖学金去了美国特拉华大学师从第一位获得 MIT 计算机科学博士学位的大陆学者高光荣，随后归国创业，在前一两次不算成功的创业项目之后，王兴创立了中国版 facebook 校内网，并很快风靡于大学校园圈之中。校内网于 2006 年 10 月被千橡以 200 万美元收购。2007 年 5 月 12 日，王兴创办饭否。但就在饭否发展势头一片良好之际被关闭，让王兴事业受到挫折。之后连环创业者王兴于 2010 年 3 月上线新项目美团网，并在千团大战之中脱颖而出，稳居行业前三，并先后获得红杉和阿里的两轮数千万美金的融资，这个连环创业者的事业正逐渐走上正轨。近年，美团单月流水已经突破 10 亿元。

市场经济已进入诚信时代，作为一种特殊的资本形态，诚信日益成为企业的立足之本与发展源泉。

正直、诚信是创业者必备的品质，它体现了成功创业者的人格魅力：讲信誉，守诺言，言行一致，身体力行，胸襟广阔，厚人薄己，敢于承担责任，勇于自我否定，尊重人才，以人为本，倡导团队合作和学习，帮助团队成员获得成就感，坚持顾客价值、公司价值和社会价值的创造。具有良好口碑的人格魅力，可以帮助创业者凝聚人心，鼓舞士气，赢得更多合作者的信任和支持。

（摘自新浪网）

8.2.2.2　自信——创业的动力

人的意志可以发挥无限力量，可以把梦想变为现实。对创业者来说，信心就是创业的动力。要对自己有信心，对未来有信心，要坚信成败并非命中注定而是全靠自己努力，更要坚信自己能战胜一切困难。

【经典案例】

丝宝集团的梁亮胜（简称梁）现在很有名，上了《福布斯》中国富豪榜，但寻究当年，梁也不过是一打工仔。1982 年，梁带着他的太太，和所在内地工厂的其他 40 多名青工一道被派往香港工作。当时梁亮胜一家在香港只有四五平方米的住房。那是一间不到 30 m^2 的房子，住了三家人，除去公用厨房、洗手间、走道，房间之小难以想象。他两口子住厅，另两家人各租了一间房，因为别人白天上班时要走厅，他就从厅里拉一块塑料布，留一个过道，他们夫妻两人只能挤在沙发上睡。

但即使是在这样艰苦的条件下，梁还是每天晚上坚持去上学。在香港的 3 年时间里，梁系统学习了航运、英语、国际贸易和经济管理等课程。后来梁就依靠做国际贸易，向国内贩卖檀香木材淘到了第一桶金，再后来，就办起了丝宝集团，出品舒蕾、风影洗发水等。现在梁站在成功者的角度说："回头来看，一起到香港的 40 多人现在都还在工厂里做工，因为他们满足现状，觉得现在做工比原来在国内做工好多了"。因为他觉得自己可以做得更好，赚更多的钱，过更好的生活，他要给自己当老板，做自己的主人。而原来一起随他到香港做工的 40 多个工友，却没有他这样的欲望，所以他们 20 年前给别人做工友，20 年后仍然只能给别人做工友，为别人赚钱。

在成功的企业家身上有一种本能、一种冲动、一种超乎寻常的自我意识，一旦环境允许、条件具备，就会体现出来。世界上许多大的企业家都有一个从追求外在财富动机向追求社会责任和成就感的内在动机的转化过程。就像当年比尔·盖茨念大学时，当艾伦把一本《大众电子学》放在他面前时，一种自我意识与自我冲动，使得盖茨放下了多少人可望而不可即的哈佛学业，走上世界首富之路。而当他身价百万时，他自己都著文称：现在赚多少钱对我已没有任何意义。

（摘自中国青年报）

创业是对人的意志力的挑战。面对险境、身处逆境能否坚持信念，承受压力，坚持到底常常决定创业的成败；最后的成功往往就在于再坚持一下的努力之中。

硅谷有着“创业大本营”的美誉，在这里，每年都有数以万计的企业倒下，同时也有成千上万的创业者一夜暴富。美国知名创业教练约翰·奈斯汉说：“造就硅谷成功神话的秘密，就是失败。失败的结果或许令人难堪，但却是取之不尽的活教材，在失败过程中所累积的努力与经验，都是缔造下一次成功的宝贵基础。”

8.2.2.3 领袖精神——创业的无形资本

一只狮子领着一群羊，胜过一只羊领着一群狮子。这一古老的西方谚语说明了创业者领袖精神的重要性。企业成功离不开团队力量，但更多层面上取决于领导者本人。创业者是企业的一面精神旗帜，其一言一行都将影响企业的荣辱兴衰。

许多优秀的跨国企业中，这种领袖精神随处可见。摩托罗拉公司对高尔文“摩托罗拉大家庭”理念的继承，戴尔公司对戴尔“效率至上”原则的推崇，都证明了企业领袖精神的重要性。对创业者来说，注重塑造领袖精神，远比积累财富更重要，因为财富可在瞬间赢得或失去，但领袖精神永远是赢得未来的无形资本。

8.2.2.4 社交能力——借力打力觅捷径

创业离不开与各个方面、各色人等进行交往与沟通，如投资商、代理商、消费者、合作伙伴、政府部门、新闻媒体等，因此需要具备良好的人际交往能力来妥善处理这些关系。利用一切有利条件，争取各界支持和帮助，只有这样才能化消极因素为积极因素，变不利方面为有利方面，创造一个和谐安定的环境，为取得成功奠定基础。

目前“朋友经济”在招商中的作用日益显现。北京大学中国金融投资家俱乐部的成员就包括投资公司老板、证券商、银行家及政府部门金融方面官员，他们手中掌控着 1 200 亿元资本和无限商机。

8.2.2.5 合作能力——依靠团队形成合力

俗话说：“一个篱笆三个桩，一个好汉三个帮”，没有内部的协作和外部的协调，创业就难以成功。因此，对内要培养合作气氛，处理好不同部门、不同人员之间的关系，认真听取不同意见，实行民主管理，科学决策，达到配合默契、步调一致；对外要加强联系和协调，处理好与其他企业和有关管理部门的关系。

“携程网”的团队成员来自美国 Oracle 公司、德意志银行和上海旅行社等，是技术、管理、金融运作、旅游的完美组合。大家在一起创业，分享各自的知识和经验，同时避免了很多创业“雷区”。

8.2.2.6　魄力——该出手时就出手

创业,风险与机会并存。创业者必须善于发现新生事物,并对新生事物有强烈的探求欲;必须敢于冒险,即使没有十足把握,也应果断地尝试。

商海女杰菲奥里纳在面对戴尔、IBM等领先者时对惠普的员工说:以前我们要做到95分才推出,现在我要求80分时就推出,然后慢慢改进;以前是瞄准、准备、开火,在网络时代里,瞄准了就要开火,没有时间准备。

8.2.3　积累创业资本

创业资本不仅指创业资金,还包括创业知识、经验和人脉等。

8.2.3.1　创业知识

一个创业者,在具备了强烈的创业意识和较高的创业素质时,还应该有丰富的创业知识的积累。创业知识是与创业密切相关的知识,致力于创业的大学生应该有意识地去获取和学习,只有充分的创业知识准备,才能在创业的路途上得心应手。创业知识包括与创业相关的法律知识、管理知识、经营知识,以及与创业相关的专业知识等。

8.2.3.2　创业资金

任何创业都是有成本的,就算是最少的启动资金,也要包含一些最基本的日常开支。而大部分学生都没有经济收入,筹备创业资金是创业资本积累中最困难的环节。大学生创业的筹资渠道有以下几种:

1. 个人打工、兼职等工资积累或其他个人收入

大学生毕业后先工作几年,在工作中积累了经验,也积累了一部分工资收入,等到创业机会成熟,实施创业。这是一种相对比较理性的创业,也是大多数大学生创业者选择的创业模式。

2. 通过不同渠道筹措资金

在大学生创业筹资阶段,创业者自身、家人和亲戚朋友的资金援助是最为常见的资金来源。因为家庭和朋友对创业者彼此了解,也最容易成为投资者,能克服不熟悉投资者所顾忌的不确定性。

3. 寻求投资人或合作伙伴

由于一个人势单力薄,所以创业者经常寻求他人或几个人一起创业。合伙投资可以解决资金的不足,有效地筹集到资金,还可以充分发挥人才的作用,有利于各种资源的整合和利用。

【深度阅读】

创业融资时的注意事项

(1)要明晰投资份额。如果没有明晰股份额度,将导致日后权利和义务的混乱。但也不要平分股权,这样会导致彼此权利和义务的相当,大家都有同样的权利和义务,自己的经营意图就难以实现了。

(2)要加强信息沟通。合伙投资一开始总是因为相互感情好,本着“你办事,我放心”的互信念头开始的,但是,久而久之,如果相互间信息沟通不畅,就很容易产生误解和分歧,不

利于合伙基础的稳定。

(3)要事先确立章程。合伙企业不能因为相互之间感情亲近,或有血缘关系,就省略企业的章程,没有章程是合作的大忌。

4.银行贷款

银行贷款可以助大学生创业一臂之力。现在,银行为了拓展信贷业务,充分考虑到创业者寻找担保的实际困难,纷纷主动寻找担保方,为有意创业的人提供免担保贷款。中国银行、光大银行、广东发展银行、中信银行等金融机构纷纷推出专门为"个人创业者"打造的贷款业务。因此,大学生创业者可以尝试通过银行贷款筹措资金,进而实现创业梦想。

8.2.3.3 创业经验

1.为别人工作

微软公司总裁比尔·盖茨曾说:"我不认为一定要在创业阶段开办自己的公司。为一家公司工作并学习他们如何做事,会令你受益匪浅,打好基础对我们非常重要。"大部分成功的创业者创业前都有过为别人工作的经历,这种经历使他们对本行业情况了然于胸,在复杂的人际关系中游刃有余,整合资源的能力大大提高,并有可能积累到人生第一笔创业资金,这些直接构成了创业者所需的宝贵的创业资本。

【经典案例】

3721公司创始人周鸿祎创业前一直在方正公司工作,后来他这样回忆这段经历:"时机不成熟,就不创业,先给别人打工。把公司让我做的事情做好,提高自己的能力,逐步就知道创业的方向了。虽然是打工,实际上是公司在给你'缴'学费,你通过在不同的平台积累经验,这是任何老板剥夺不走的,只有积累这种经验,你的创业能力才更高,才更有把握。"

2.进入一个小公司

对多数大学毕业生来说,进入一个大型企业或外资公司是一个不错的选择,因为在这样的企业相对来说比较正规,各方面保障措施和制度比较健全。而就准备创业的大学生而言,进入一个小公司将会得到更好的锻炼。一方面,小公司人少,你可以承担更多的事情,可以经历更多职位所负责的工作,得到更多的发展机会;另一方面,在小公司里,离老板更近,可以体验学习如何做老板,为以后创业做准备,因为毕竟你也将从一个小公司做起,可以学到更多。另外,去成长性较好的创业公司,你可以了解企业运作与管理的全部流程,学习从起步到发展的各种经验。

【深度阅读】

迪斯尼公司总裁加里·威尔逊沃特曾说:"在一个小公司的资深层任职,可给你一种广阔的视野,并向你提供更具创意的机会。小公司承受不了机构臃肿的压力,我了解发薪水时没有足够的现金时情况会如何,我了解贷款付息20%时的情况如何。"

美国苹果电脑公司创始人史蒂夫·乔布斯认为:"刚创业时,最先录用的10个人将决定公司的成败,而每一个人都是这家公司的十分之一。如果10个人中有3个人不是那么好,那就是公司里30%的人不够好。所以,小公司对优秀人才的依赖要比大公司大得多。"

一个人在创业的行业里面没有经验积累,最好先去找这种行业的某个企业打工哪怕半年、三个月,完成一定的积累。创业者只有具备了行业的基本经验,距离创业梦想才不遥远。

8.2.3.4　创业人脉

人脉即人际关系、人际网络，体现为人缘、社会关系。稳健、强势的社会关系对创业者来说是十分重要的，尤其在当前市场经济条件下，拥有人脉对创业者顺利完成创业将起到极大的促进作用。而社会关系匮乏正是大学生创业者的一大弱势，大学生在创业前一定要多加积累人脉资源。

【深度阅读】

在好莱坞，流行一句话："一个人能否成功，不在于你知道什么（what you know），而是在于你认识谁（whom you know）。"卡耐基训练区负责人黑幼龙指出，这句话是强调："人脉是一个人通往财富、成功的门票。"

鉴于人脉的重要作用，一些善于使用人脉、经营人脉的群体（man keep）涌现出来。man keep 译为"人脉经营"，我们称之为"脉客"。在台湾证券投资界，杨耀宇就是个将人脉竞争力发挥到极致的脉客。他曾是统一投资顾问的副总，一年前退出职场，为朋友担任财务顾问，并担任五家电子公司的董事。根据推算，他的身价应该有近亿元（台币）之高。为什么凭他一名从台湾地区南部北上打拼的乡下小孩能够快速积累财富？有时候，一个电话抵得上十份研究报告。杨耀宇说："我的人脉网络遍及各个领域，上千、上万条，数也数不清。"

人脉如同金钱一般，也需要管理、储蓄和增值。人人都可以成为善于人脉经营的脉客。

【课堂活动】

发现你的创造力

行动前你需要明白：每个人都有创造力。尽管在我们的文化中艺术家通常被认为是最具有创造力的人，但是创造这种行为实际上是每个自然人天生所具有的潜能。这个活动将让你发现自己的天生创造力，建议和同学组成团队共同完成。

选择一种艺术形式（戏剧、绘画、雕塑、诗歌、音乐、创作等），通过各种途径（找专家学习、报培训班、上网络课程等）去学习这种艺术。你的学习需要持续一个月，每周不少于 5 小时。你的目标是：开发出一个有创造性的艺术作品。

一个月后，每个团队要使用选择的艺术形式进行一场展示（表演）。

最后，每个人要提交一份不少于 3 000 字的反思报告来回答以下问题：

（1）在开始创造之前，你有哪些与这种艺术形式创造相关的假设？你现在对这种艺术性的创造感觉如何？

（2）描述在创造过程中有挑战性的某个方面或某一个时刻。

（3）你认为这种艺术体验与创新思维和创造行动之间有哪些关联？

（时间：15 分钟）

【思考题】

1. 你认为创业者最重要的创业素质是什么？该如何培养？

2. 创业素质该如何积累？

8.3 大学生创造性思维的培养

【导入案例】

上海对外贸易学院大三学生周强创办了一家注册资金达100万元的公司,昨天,他的网站实体店在松江大学城园区内正式开张。

周强创立的"大学城在线"两个月前建立,网站包括学习、求职、娱乐、电子商城等几大板块,涵盖了各种考试、学习资料的下载、复印;兼职、实习工作岗位的信息披露;笔记本电脑等电子产品的低价团购;为学生代买火车票等日常生活的各项服务。

这位年轻的CEO反复地强调自己的企业观:他的网站运行宗旨就是服务学生,所以他在提供上述服务时,除收取少量的成本费用外,是完全对同学免费开放的,而现在越来越多的松江大学城的学生开始登录到www.sj163.cn这个网站。据统计,由建站时居全球500多位的浏览量,现在已上升至1万多位,注册会员几万人。

"我想的是建设一个上海大学生的门户网站。"周强告诉记者,"我的第一身份还是学生,不会选择辍学。特别是我现在学的是法学行政管理,这对我将来公司的管理工作也是非常有帮助的。"他说父母也鼓励他创业,并拿出了第一笔注册资金。周强表示,目前公司是要吸引更多的学生访问网站,接受网站的服务,积攒人气。当网站有了一批稳定而又忠诚的学生客户群时,其市场潜力对广大的商家而言是极具吸引力的,那时广告的投放和资金赞助就是公司主要的盈利点。

思考:周强是如何建立起自己的创造性思维的?

8.3.1 创新的内涵

中文"创新"一词出现较早,不过词意与现代不同,主要是指制度方面的改革、变革、革新和改造,并不包括科学技术的创新。据目前所见资料,最早见于《魏书》:"革弊创新者,先皇之志也。"(《魏书》卷六十二)后世古籍中又数次出现"创新"一词,都大抵与"革新"同义,主要是指改革制度。

《辞海》里讲"创"是"始造之也",首创、创始之义;"新"是"初次出现,与旧相对",才、刚之义。"创新"有三层含义,一是抛开旧的,创造新的;二是在现有的基础上改进更新;三是指创造性、新意。

创新是个综合性概念,随着社会发展,其内涵也在不断变化。创新的内在特性体现在以下几个方面:

首先,创新要立足现实。创新是对现实存在的变革和超越,如科学发现、技术革新等皆源于对社会需求的思考,没有一项创新活动可以脱离社会实际而顺利发展。只有主体立足客观实际,准确认识、把握事物的本质和规律并与主观愿望相结合,才能够达到改造客体的目的。

其次,创新要批判继承。创新是对已有观念和做法的突破,尽管任何领域的发展必须在继承前人的基础上进行,但是创新中的继承不是"照单全收"、简单重复,而是坚持一分为二地对好的因素继承、对不合时宜的方面批判改变。

再次，创新要尝试探索。创新不是一蹴而就的，必须通过不断尝试和探索，放弃不切实际的观点，实现符合规律的设想，从而发现、发明新的事物。因此，尝试探索是创新须臾不可离开的要素，否则创新就只是空谈，不可能实现促进客体发展的目的。

最后，创新要标新立异。按照既定的规范去重复和模仿，无法创造新事物、不能实现创新。在创新实践中，要坚持标新立异，敢于打破旧式束缚，或不断拓宽人类新的活动领域、提出新的思想、开发新的产品等以取得新突破，或将原先没有的因素引入旧的体系而获得新发展。

【导入案例】

“美特斯邦威”和“谭木匠”商业模式的选择与创新

“美特斯邦威”和“谭木匠”是我国近年来选择了独特商业模式而获得快速发展的创业企业。

“美特斯邦威”1995 年创办。当时，创业者周成建仅仅是温州妙果寺服装市场的一位普通的个体户。但是，周成建具有远见卓识，认识到休闲服饰在未来有长足的发展空间，便果断地退出了仍然火爆的妙果寺服装市场，投入 50 万元资金，自创了洋味十足的“美特斯邦威”品牌，其产品迎合年轻消费者的需求，走时尚路线，“不走寻常路”，逐步发展，迅速成为国内颇具影响和特色的休闲服饰企业，年销售额达 30 亿元。

“谭木匠”集团由董事长谭传华创办，创业之初主要生产民间传统的木制梳子，创立品牌“谭木匠”。该公司在经营中赋予产品十足的中国传统文化韵味，其产品用料精细、做工考究、古朴典雅，市场份额逐步扩大，“谭木匠”商标被国家工商行政总局认定为驰名商标。

这两家企业经营的产品虽然大相径庭，但创业之初共同遇到的都是缺乏资金、缺少技术实力，更没有官方背景和垄断资源，是同期千百万创业企业中普通的一员。10 多年过去了，许多创业企业消失了，更多企业默默无闻、停滞不前，但这两家企业却逐步发展壮大，成为各自行业中的佼佼者。独特商业模式的选择与实施是成功的关键。

“美特斯邦威”自创品牌后，有限的资金成为企业发展的最大瓶颈，如果仍然沿用传统的经营方式，为满足市场需求就要购买大量的机器设备扩大生产，而如果把有限的资金用于建立工厂，自己建立终端销售渠道，既无法实现大规模生产和销售，又影响了其他工作的顺利进行，同时品牌的创建也就化为泡影，“美特斯邦威”现在也就只能是温州一家普普通通的服装企业。周成建“不走寻常路”的理念使其开始了自己独特的虚拟经营模式，企业倾注所有资源，全力打造和强化企业的核心竞争力。

”美特斯邦威“抓住服装企业经营中的关键环节，精心营造品牌，先后重金聘请郭富城、周杰伦作为企业品牌形象代言人；同时，聘请具有国际水准的顶级设计师根据市场状况，设计各种款式的迎合市场需求的休闲服饰，提升了设计水平。企业还与广东、江苏、浙江等地的 100 多家服装加工企业建立长期合作关系，这些强大产能为“美特斯邦威”定牌生产。这样，生产环节就委托其他企业外包出去了。同时，采用特许连锁方式，通过“共担风险，实现双赢”在全国各个区域招募加盟商，建立“美特斯邦威”专卖店，到目前全国已有 1 000 多家“美特斯邦威”专卖店。这样，企业把销售环节也外包出去了。

“谭木匠”用一把木梳打天下，把一件不起眼的小产品赋予浓郁的文化品位，企业做得个性十足。1997年,企业发展遇到资金瓶颈,银行认为生产木梳的企业没啥出息,并没把这家小企业纳入贷款范围之内。“谭木匠”公司面对困难,及时策划,在重庆商报上刊登“企业招聘银行”的广告,向社会诉求企业发展所遇的资金困难和未来发展前景,使得银行竞相和企业接触并向“谭木匠”公司主动提供贷款。这一举措既是一次成功的企业公关活动,也解决了企业发展的资金瓶颈。企业通过全力打造“谭木匠”品牌,塑造了高品质的具有中国传统文化内涵的木梳产品形象,产品在市场上具有较高的美誉度。在此基础上,企业通过虚拟经营的方式利用外部资源,在全国招募和遴选经销商,逐步在全国建立了500多家特许加盟店,建立了覆盖全国的销售渠道。虽然“谭木匠”的年销售收入仅亿元左右,但是却进入了一个几乎没有同类竞争的领域,成了该行业的“隐形冠军”。

国外理论界在20世纪末提出的虚拟经营的企业发展理论,被“美特斯邦威”和“谭木匠”很好地运用于企业实践。通过虚拟经营,企业整合和充分利用了外部资源,从而把有限的资金用在企业发展的关键环节,有效培育和打造了企业的核心竞争力。

(节选自新浪博客,有改动)

8.3.2 创造性思维

从广义上看,所谓创造性思维是创造者利用已掌握的知识和经验,从某些事物中寻找新关系、新答案,创造新成果的高级的、综合的、复杂的思维活动。创造性思维是一种具有开创意义的思维活动,即开拓人类认识新领域,开创人类认识新成果的思维活动,它往往表现为发明新技术、形成新观念、提出新方案和决策,创建新理论。

从创造性思维的定义中可以看出,它具有以下几层含义:

(1)创造性思维的基础是创造者已掌握的知识和经验;

(2)创造性思维的结果是创新,即需要从某些事物中寻找新关系、新答案、创造出新成果;

(3)创造性思维是一种高级的、综合的、复杂的思维活动。

创造性思维具有新颖性,它贵在创新,或者在思路的选择上,或者在思考的技巧上,或者在思维的结论上,具有前无古人的独到之处,在前人、常人的基础上有新的见解、新的发现、新的突破,从而具有一定范围内的首创性、开拓性。

创造性思维具有极大的灵活性。它无现成的思维方法、程序可循,人可以自由地海阔天空地发挥想象力。

创造性思维具有艺术性和非拟化的特点,它的对象多属“自在之物”,而不是“为我之物”,创造性思维的结果存在着两种可能性。

创造性思维是创新人才的智力结构的核心,是社会乃至个人都不可或缺的要素。创造性思维是人类独有的高级心理活动过程,人类所创造的成果,就是创造性思维的外化与物化。创造性思维是在一般思维基础上发展起来的,是人类思维的最高形式,是以新的方式解决问题的思维活动。

【导入案例】

从大学时代的创新思维到世界500强——联邦快递创业之路

联邦快递(Federal Express)公司成立于1973年,全球总部设在美国田纳西州的孟菲斯,另在中国香港、加拿大安大略、多伦多和比利时布鲁塞尔设有区域总部。

联邦快递以其无可比拟的航空路线权及强固的信息技术基础设施,在小件包裹表速递、普通递送、非整车运输、集成化调运系统等领域占据了大量的市场份额,成为全球快递运输业泰斗,并跃入世界500强企业。

联邦快递公司的创立者、总裁弗雷德·史密斯的父亲是位企业家,创立了一家经营得很好的巴士公司。20世纪60年代,弗雷德·史密斯在耶鲁大学读书,他撰写过一篇论文,提出一个超越传统上通过轮船和定期的客运航班运送包裹,建立一个纯粹的货运航班,用以从事全国范围内的包裹邮递的设想。这是一个开创性的创业设想。

弗雷德·史密斯在论文中提出,在小件包裹运输上采纳“轴心概念”理念,并利用寂静的夜晚通过飞机运送包裹和邮件。

可是老师并未认可这个创新理念,这篇论文只得了C。

毕业后,弗雷德·史密斯曾在越战中当过飞行员。回国后他在可行性研究基础上,把从父亲那里继承的1 000万美元和自己筹措的7 200万美元作为资本金,建立了联邦快递公司。

实践证明,弗雷德·史密斯的“轴心概念”的确能为小件包裹运输提供独一无二、有效的、辐射状配送系统。

弗雷德·史密斯的出奇之处不仅在于小件包裹运输采纳“轴心概念”的营销模式创新,更在于他能够把人们忽略的时间运用起来,把本来是低谷的时段变成一种生意的高峰期。

田纳西州的孟菲斯之所以被选择作为公司的运输中央轴心所在地,首先,孟菲斯为联邦快递公司提供了一个不拥挤、快速畅通的机场,它坐落在美国中部地区;其次,是孟菲斯气候条件优越,机场很少关闭。正是由于摆脱了气候对飞行的限制,联邦的快递竞争潜力才得以充分发挥。

每到夜晚,就有330万件包裹从世界各地的210多个国家和地区起运,飞往田纳西州的孟菲斯。

成功的选址也许对其安全记录有着重大贡献,在过去的40多年里,联邦快递从来没有发生过空中事故。联邦快递的飞机每天晚上将世界各地的包裹运往孟菲斯,然后运往联邦快递没有直接国际航班的各大城市。虽然这个“中央轴心”的位置只能容纳少量飞机,但它能够为之服务的航空网点要比传统的A城到B城的航空系统多得多。另外,这种轴心安排使得联邦快递每天晚上飞机航次与包裹一致,并且可以应航线容量的要求而随时改道飞行,这就节省了一笔巨大的费用。此外,联邦快递相信,“中央轴心”系统也有助于减少运输上的误导或延误,因为从起点开始,包裹在整个运输过程都有一个总体控制的配送系统。

弗雷德·史密斯专门用于包裹邮递的货运航班,为全国及后来为全世界客户提供了方便、快捷、准时、可靠的服务,创新的营销模式为其提供了低成本、高效、安全和全天候的物流系统,因而联邦快递迅速发展,从创业到成长为世界500强企业只用了短短20多年时间。

徐世伟:《草根企业的虚拟经营与信息化建设——“美特斯邦威”和“谭木匠”发展的共性分析》.经济管理(杂志),2007年第12期。

【课堂活动】

美丽风景线

请一笔连接图8-1中所有的点,看谁连接出来的最富有意义。

提示:你可能画出一个五角星,但是富有创意的结果远远超出我们的想象。

(时间:10分钟)

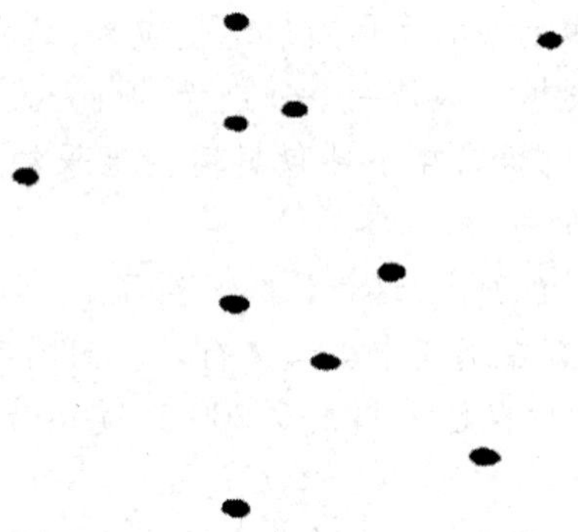

图8-1　连线

【思考题】

1. 你如何理解创新与创造性思维之间的关系?

2. 大学生该如何培养自己的创造性思维?

模块六　职业素养

第 9 章　职业初体验

【学习指南】

伴随着我国职业教育迅猛发展的进程，职业院校的就业指导课程体系已基本确立，相应的就业指导教育已融入正常的教学范畴。具体实施中，通过就业指导部门引导下的、比较适宜的就业指导教育，学生们已经清楚地认识到“以就业为目标”的职业教育的目的、价值、要求等。但是，现代社会的发展需要的是知识、技能、素质、个性全面发展的职业人才，诸多职业院校毕业生在从学生到职业人转变的过渡中，或是自己辞职，或是单位辞退，或是制造事端的状况说明了他们因缺少职业体验积淀而产生的不良后果。

职业体验有助于高职学生认识自我、认识社会、认识职业，感知社会对人力资源的需求标准，发现自己职业能力和职业素质的不足，初步树立职业意识和职业思想，进而总结过去，筹谋大学三年的奋斗目标，确定努力和发展的方向，规划美好人生旅途，建立自己的目标动力系统，为将来学习和发展、就业和创业奠定初步的基础，促进知识、能力、素质、个性协调发展。

【能力标准】

分类	具体内容
知识	了解职业体验的理念和内涵
技能	增强职业体验的能力
态度	领会职业体验的意义

9.1　职业体验

【导入案例】

实践职业体验感悟

这一天，我们一行几人来到物业公司，体验了一下物业管理。

在这次活动之前，我原以为物业管理就是几个保安站在门口，看一下进出的车辆；天黑后,在小区里巡逻,看一下是否有小偷。但是,这一天后,我却改变了这一看法。

上午十点,保安部顾经理对我们进行了消防培训。他向我们介绍了消防安全的基本知识:怎样预防火灾,火灾发生后怎样逃生,如何进行自救等。然后顾经理还给我们看了火灾逃生的案例,告诉我们到陌生的地方,如酒店,要事先留意火灾逃生路线图和安全出口,这样就能够以防万一,避免在灾难来临时不知所措,能够尽快找到逃生的路线。顾经理还向我们介绍了灭火器的检查方法和使用方法。首先,检查生产日期,再检查保险栓,最后检查压力表,如果一切正常,那么这个灭火器就是能够正常使用的。同时,顾经理还向我们介绍了干粉灭火器和二氧化碳灭火器这两种不同灭火器的使用方法。需要注意的是,在使用二氧化碳灭火器时要防止冻伤。

在了解了这些基础知识后,我们来到了消防安全的"大脑"——消防控制中心。那里掌控着整栋大楼的消防安全。只要大楼的任何一个地方发生火情,那里都会准确无误地显示出来。之后,我们又参观了水泵等内部设施,这也是我们一次近距离地体验和感受,让我们了解到身边的基础设施的重要性。通过这半天的学习和了解,我们明白了原来物业管理不仅是派几个保安看大门,还有这么多重要的方面,其中消防安全就是第一要素。

下午,我们一行几人在保洁部经理的带领下,来到了地下二层体验保洁工人的工作。在偌大的地下停车场里,我们几人各拿一把拖把拖地。在家都不怎样劳动的我们拿起拖把在地上有模有样地拖了起来,这期间,保洁阿姨还给我们做了一些指导,经过我们一个小时的努力,地总算拖完了。我最大的收获就是学会了怎样正确地拖地,也了解了基层劳动者的生活和工作。

一天的社会实践就这样结束了。这次活动使我受益匪浅,了解到了很多物业管理方面的知识,也体验到了基层劳动者的工作,这就是我最大的收获。

(摘自百度文库)

思考:你的职业体验感悟是什么?

分析:

种种状况告知我们:一是要充分认识到职业体验教育的必要性。要十分清楚职业体验教育与一般的职业技术教育有着本质的不同,其目的与作用并非是学习一项技术,而是要帮助年轻人解决人生目标的大问题,使年轻人能够适时、更好地设计自己、发展自己,防止混沌、迷茫、懒散等现象的出现,更好地实现人生价值,也为社会做出更大贡献。二是要充分认识到职业体验教育的多功能性。要更加明白职业体验教育不仅有助于劳动观、职业观的形成,帮助年轻人选择职业,而且对树立正确的人生观、价值观,提高自我认识水平,提高成熟度,形成责任感和树立远大目标,以及了解和认识社会等都有重要作用。

9.1.1 职业体验的内涵

体验教育最早产生于美国。传统教育方式忽视了人的个性、创造性及现实中的知识与个体的亲身实践,造成了学生与现实社会的距离太远,从而使学生解决社会与生活实际问题的能力得不到发展。因此,早在20世纪二三十年代的美国,不少教育心理学家就提出"经验学习”(experiential learning)的课题,这里的“经验”不是指从事学术研究的经验,而是指在实际的工作与日常生活中积累的经验。当然,从广义上讲,任何学习都是获得经验的过程。但是,经验学习更强调通过具体的“做”来达到个体行为改变的目的。当时的美国教育出现了“反传统教育”的热潮——反对由教师在课堂上向学生传授课本知识的单一教育方式。杜威(John Dewey)提倡的“生活即教育”、“在做中学”也有相似的理念。二战后,人们也看到了过分强调“生活实践”,忽视学业教育的不足之处,经验学习于是逐渐转变为对课堂教学的补充,成为学生学习生活经验、体验社会性教育,完成人际的、情感的或者社会性价值观等教育目标的重要途径。由此可见,体验教育所倡导的理念并不是一个新名词,也不是只重感知的低级教育活动。从历史上看,凡是某一时期的教育不重视生活实践,学生被过多限制在课堂上,学生的个性发展受到抑制时,人们就会呼吁让学生更多地走出课堂,体验生活、体验社会,以达到完善人格的目的。

【深度阅读】

职业体验感受

大学,是我们以前心目中无限向往的地方,这个地方不仅有青春的笑脸,有浓郁的学习氛围,更是我们放飞理想的地方。在那里,我们能够学到专业知识,还要完成校园与社会的过渡。有人说,大学就是一个小社会,这话一点也没错,比如说竞争、人际关系等方面。

作为一名大学生,我觉得我们就应在课余时间多参加一些社会活动,做一些兼职,这样就能够增加我们对这个社会的认知,更多地了解这个社会。因为学习的是英语师范专业,所以我在上个假期选择了一份初中英语家教的工作。我督促我的“学生”多背诵重点单词,每周背诵一篇英语课文。

课文的背诵十分有效果,因为文章中就包含着很多常用、重要的单词短语,放在文章中有特定的语境,能让学生更快更好地理解知识点。在与他交谈的过程中,我发现他有点没自信学好英语,这时我就以一个朋友的身份鼓励他,并给他讲了很多自己和别人的故事,我觉得他对我的话明显产生了兴趣,并且慢慢地找回了信心。但是我发现在上课时,他有时会走神,我开始从自己身上找原因,也让他给我提出一些推荐,因为我也要找到适合他的教学方法,和他一起学习。我努力让自己说的话越来越幽默,这样就能吸引他的注意力,还能让他感觉这个老师并不是那么死板。在课间休息时,我经常和他聊天,也明白了他的喜好,我就从这一方面入手,让他用英语和我交谈,说说自己喜欢的事情。这个方法很有效,不仅让他敢说出来,而且锻炼了他的口语。

家教工作对于我这样一个大学生来说,还是一个不小的挑战,但也教会了我很多。假期结束,学生开学了,我也体验到了做一名老师的辛苦。以前看讲台上的老师讲课不觉得什么,可当自己真正做这件事时,才明白这件事的难处。学生有不会的地方,怎样讲都不理解,要是以前,我肯定觉得他不是很聪明,但是作为一名老师,把学生教会就是你的职责,这也教会了我如何带着耐心去诠释一件事情。

通过这次家教工作,我锻炼了口才潜力,也学会了与不同性格的人打交道,使我受益匪浅,而且也都是课堂中学不到的东西。只有真正自己去体验,才能领悟其中的真谛。对于那名学生,我也相信,只要通过他自己的不懈努力,学习成绩也一定会有所提高!

(摘自大学生在线联盟)

9.1.2 职业体验的目标

9.1.2.1 以职业人才市场需求为导向

在市场经济迅猛发展、知识和信息不断爆炸、新的技术和领域层出不穷的今天,客观上要求不同类型的职业人才能够积极应对市场的需求,能够跟得上职业人才市场需求的变化。这是不以人们意志为转移的客观存在。然而,传统的职业教育,一方面承袭了普通教育的模式,一方面滞后于职业人才市场发展的要求,从而使得职业院校毕业的学生还要经过相当长时间的“过渡期”方能达到或接近对职业人的要求。这不仅增加了重新培训的成本,也增加了就业成本。因此,职业体验课程建立的首要因素就是以职业人才市场需求为导向。具体来说,就是要求职业院校时刻瞄准市场,组织职业人才市场调查和预测,明确确立职业人才技能需求标准,并将此标准作为职业体验课程的培养目标,科学分解到不同的课程环节,形成层层递进的职业体验课程的教学任务。

9.1.2.2 建立校企深度合作的教学平台

企业是市场的主体。企业的经营管理时刻反映着市场的需求和变化。通过校企深度合作平台从事职业体验的教学工作,能够客观反映职业体验课程的深刻内涵,能够真正达到职业体验教学目的。目前,校企深度合作呼声很高,从党和国家、教育部领导到地方政府、企业,以及各类职业院校都已经深刻认识到校企深度合作对职业教育的重大影响。“万事俱备,只欠东风”。以职业院校为动力,深入研究制定《校企合作促进办法》,研究校企深度合作的方式、方法、措施等是全面推动校企深度合作的有效途径。因此,职业院校要摒弃以往校企合作大篇幅的“作秀”总结、成果等,按照和遵循企业管理模式从事职业体验“教”和“学”的各项工作,使职业体验课程在企业环境中“生根、开花、结果”。

9.1.2.3 全面反映职业体验的实践特色

实践育人是新时期党和国家、教育部对职业教育的基本要求。《教育部等部门关于进一步加强高校实践育人工作的若干意见》指出:坚持教育与生产劳动和社会实践相结合,是党的教育方针的重要内容。坚持理论学习、创新思维与社会实践相统一,坚持向实践学习、向人民群众学习,是大学生成长成才的必由之路……各高校要坚持把社会主义核心价值体系融入实践育人工作全过程,把实践育人工作摆在人才培养的重要位置,纳入学校教学计划,系统设计实践育人教育教学体系,规定相应学时学分,合理增加实践课时,确保实践育人工作全面开展。各高校要结合专业特点和人才培养要求,分类制定实践教学标准,增加实践教学比重,确保高职高专类专业不少于总学分的50%。

职业体验的特色就是实践性,没有实践特色,就不可能有职业体验课程的建立。因此,职业体验课程应全面反映学生学习过程的实践特色,重点推行基于问题、基于项目、基于案例的教学方法和学习方法,为使学生在校期间顺利地向职业人过渡奠定重要基础。

9.1.2.4 实现职业院校的毕业生向职业人的顺利过渡

职业院校的毕业生成为职业人是职业教育的根本性目标。就职业教育目前状况来看,在校期间实现职业院校的毕业生向职业人的顺利过渡,是“职前培训”前移,以及职业教育机构、相关企业等渴望见到的主观景象。也就是说,“实现职业院校的毕业生向职业人的顺利过渡”尚有巨大的努力空间。因此,职业院校应及时掌握职业人的动态需求标准,以该

“标准”引领职业体验课程内容和方向,设计职业体验课程的教学和管理,抓好职业体验课程的落实和实施,科学评价和考核职业体验课程的成绩与效果。只有这样,方能真正实现职业院校的毕业生向职业人的顺利过渡,从而缩短学生择业时间和减少资金成本,减少企业招聘和培训成本,提高职业院校毕业生质量,进而提高“生产、建设、管理、服务一线”工作质量。

【课堂活动】

一个学生的职业体验感受

阅读感受体验:通过职业体验,我认为不管是一名专科生还是本科生甚至研究生,进行职业体验都是非常必要的。为了将来能够找到好工作、能够好好工作,职业体验作为步入岗位的一种过渡行为是非常有必要的。

通过职业体验,我的收获很多,主要有:

(1)真实地感受了一回将来的工作环境。虽然以前也有过假期打工的经历,但是真正接触到将从事的工作还是第一次,这比学校的认识实习更深刻,也更有目的性和成就感。

(2)充分认识到了自身的不足。在学校期间的理论知识琐碎而且不易抓住重点或者重点模糊,通过职业体验才认识到基础科目的重要,并且明白怎样去学习、需要重点掌握哪些知识。总之,是找到了理论和实践的契合点。

(3)要吃苦耐劳、踏实肯干。说起来很俗,但是我们的工作有很多的不规律性,这不像在学校或者在有些地方打工,上下学或者上下班的时间都是定好了的,夜间开挖、浇筑是常有的事。

(4)职业体验给了我们很好的学习平台,在这里我们和正式的工人之间并不存在岗位竞争,在一些经验的传授上就少了许多遮掩。同时,作为学生也不用担心被人笑话,不懂就问,学起来也比较方便。

我建议学校要做好参加职业体验学生的思想工作。进行职业体验不是为了写实习报告,但是我了解到有的同学只是找单位盖个章、拷点实习资料完事;还有的同学觉得实习单位对自己不重用,总安排自己干些不重要的活,开始有厌烦情绪,实际情况是他连那些所谓的“不重要的活”也没干好。

课堂讨论:结合上面这名同学的体会,谈谈你的感受。

写出心得:

____

____

【思考题】

1. 职业体验的目的是什么?

2. 职业体验对高职学生来说有哪些意义?

9.2 职业体验的方法和途径

【导入案例】

我的职业初体验

在这学期最后一堂职业生涯规划课上接到老师的通知后,我开始一脸的茫然,此刻叫我去进行职业体验,以我此刻的状况,又没有什么扎实的职业技能和工作经验,我该何去何从?因为我家离校园较远,而且校园也就在佛山,所以就在佛山那里找了份家教。本来打算在那里再找找是否有其他的工作能够当成职业体验的,到最后如果没有的话,就把家教当作职业体验。因为我觉得家教实在算是比较简单的,也算不上职业体验。整个学期过来,家教结束也没找到,我发觉找工作也是不容易的。

即将到了交作业的时候,同学们陆续地到校园了,2 号晚上,身旁寝室的一个同学跑过来问我们明天做不做兼职,是某地产的一个宣传活动,当时想想自己的职业体验总算也是有着落了。第二天 6 点多,我们怀着兴奋的情绪坐上公交车离开了校园,经过了一个半小时的车程到达了我们的目的地。

一位年纪比我们大三四岁的小伙子走了出来,交代了一下我们这天的任务,以及相关的注意事项。大概 9 点多我们坐上他的小面包车出发,前往工作地点。10 点多了,负责人和各个职员做好交涉,然后要求我们搭建好充气拱门,由于拱门太大,有些销售厅前面搭建不下,只好向外移动,基本到街道上了。我发觉这工作真的很不容易,前前后后搭了 6 个充气拱门,早饭还没有着落。搭建结束后,负责人叫我们自己找饭馆去吃饭,我们人生地不熟,找个饭馆又花了二十几分钟。大概是 10:50 负责人给了我们一个锣,5 个小喇叭,5 个智博 E 区的宣传板,便开始分配我们下午的工作——游街宣传。要求我们排成一列纵队,然后敲锣,对着喇叭喊:买房子,选某某 E 区!刚开始时真的很难喊出口,感觉自己一个大学生此刻却像个街头小贩一样,尤其是当街上的人群投来那异样的目光的时候,感觉非常丢脸,所以一趟下来也没怎样喊。第二趟时负责人一直在身旁督促着,要求我们扯开嗓子喊,想想豁出去了,反正别人又不认得我。突破了这层心理障碍,之后一帮人继续开始宣传去了。

午后 1 点多,我们吃完饭回到某某 E 区休息,可怜我们只能在那坐一下,聊天。我和其中一个职员在闲聊,我说,“你在房地产工作一段时间了吧?”那个哥哥说,他在某某 E 区工作有一年多了。“你的工作真好,我都羡慕死了,工作简单,工资又高。”“开玩笑,我工作好?我一个月才 3 000 多元而已,都不够我自己用,况且我还要补贴家里。你今早也看到我被老板骂了一顿,我老是受他的气,哎!谁叫我当年没听老师的教诲,没有好好地读书,此刻想找份好工作都不行?”听了那位哥哥的话,我开始思考自己的大学生活了,四年是那么的短暂,××××××学院——我的大学将从那里开始,我务必要好好珍惜大学生活。

那天晴雨交加,每个人的衣服淋湿了又晒干了,到最后都很落魄。到了 4 点多,一群城管来了,要求我们拆了那个充气拱门,说是未经允许,妨碍了交通。然后一帮人又收拾好充气拱门,负责人还被罚了 1 000 多元,然后他把火气发到我们头上,说我们没有看到城管通知他。发泄完之后,要求我们各自找车回去,回到校园将近 9 点,去吃了晚饭,拖着疲惫的身躯结束了第一天的职业体验。

虽然感觉很累人,但是之后几天几个人还是坚持下去了。我们收获了很多日常生活中学不到的东西。

(摘自百度文库)

思考:职业体验的方法和途径有哪些?

分析:整体把握,了解社会与环境,进行个性化选择。当代大学生,生活在信息引领的时代,多元化的经济体制、产业结构,有更新的要求与机遇。要看社会的需要。劳动力市场的多变性,使得很多旧的职业在退化,新职业在产生,当代大学生应该有职业前瞻性,在成就鲜活思想的同时,整体把握,大胆创新,在科研与服务领域独树一帜。

9.2.1 入职前的初体验

有些高职院校已经开展了新生入学前进行职业体验的工作,具体方法是在新生入学录取通知书中附寄"致新生的一封信",在信中向新生布置"职业体验"作业,引导新生认识到入学前进行职业体验的重要性,并要求新生撰写职业体验报告,在入学报到后交给辅导员老师,同时在新生第一学期开设的"大学生职业发展与就业指导"课上,可以将职业体验报告作为专门的内容引导学生进行分享、交流和讨论。

9.2.1.1 组织实施

1. 教学目的

使学生对职业有初步的认识和简单的了解,为学习职业发展与就业指导课程打下基础。

2. 教学任务

要求学生完成一次初步的职业体验。建议:完成一次初步的行业、职业、专业调查,了解行业及专业发展趋势。可以寻找相关的职业人物进行访谈,到企业参观,到生产、销售一线进行职业人角色体验等,可以任选其中一项或多项。

3. 作业

提交一份职业体验报告。

4. 实施

(1)将教学任务随录取通知书发放给学生,要求其在报到前完成。

(2)入学报到时应同时提交调查后的体验报告。

(3)职业发展与就业指导课程教师在了解学生感受后,一是根据调查报告对学生考核打分;二是在组织教学中,有针对性地对学生进行指导,以课堂互动、小组讨论等方式进行交流,活跃课堂氛围,提升学习效果。

【深度阅读】

规划精彩人生,成就美好未来——致新同学的一封信

××级新同学:

你好!

首先,我们××职业技术学院招生就业中心代表全校一万六千余名师生,欢迎你成为

××职业技术学院的一名学子！从今天起，你将从这里扬帆，在高等职业教育的学海中远航，去搏击职业生涯的风浪。

昨天，也许你还是一位无忧无虑、稚气未脱的中学生，但是从今天起，你应当知晓人生的真谛在于奋斗，你应该用你的勤奋、智慧、勇敢、真诚去书写人生新的篇章。

高等职业教育是与社会职业、国计民生关系最密切的高等教育类型，旨在培养高等技术应用型人才。它在20世纪80年代以后获得长足的发展，如今占据我国高等教育的半壁江山。科学技术是第一生产力，而技术应用是科学转化为生产力的关键环节，技术应用型人才是目前中国最需要的人才，而高等职业教育的目标正是培养这类人才。

踏入高职院校，就意味着踏上了职业生涯的起点。在一个起点上，最重要的就是总结过去、规划未来。做好职业生涯规划，无疑是我院每一位新学子的人生必修课。因为职业生涯从规划自我开始，成功靠日积月累实现。如果把一个人的职业生涯比作一次旅行，那么出发前你一定要确定旅行目的地、选择旅行线路、拟订旅行计划。职业生涯规划就是我们人生的“旅行计划”。

心动不如行动。希望你从接到录取通知书之日起，就开始进行为期一周以上的社会实践活动，并写出实践活动的总结报告（可写在本页纸的背面），报到时交给所在班级辅导员。在社会实践中认识自我、认识社会、认识职业，感知社会对人力资源的需求标准，发现自己职业能力和职业素质的不足，初步树立职业意识和职业思想，进而总结过去，筹谋未来三年的奋斗目标，确定努力和发展的方向，规划美好人生旅途，建立自己的目标动力系统，为将来学习和发展、就业和创业奠定初步的基础！促进你的知识、能力、素质、个性协调发展！

××职业技术学院期待你的出色表现，张开双臂欢迎你的到来！

××职业技术学院招生就业中心

（摘自某职业院校官网）

9.2.1.2 途径和方法

入学前体验的途径很多，学生可以结合实际情况选择适合自己的形式。需要注意的是：

可以选择和同学、朋友等一起组织“职业体验实践小组”，充分发挥团队的力量，同时有利于交流职业体验的感受，增强职业体验的实效。职业体验实践小组需注意：①要高度重视团队内部的合作与协调；组内分工必须明确，及时解决好组内矛盾，并且在一开始就需要明确组内解决问题的民主形式。②各成员应遵纪守法，举止文明，尊重他人，坦诚相处，遵从团队的工作安排，互相关心帮助、团结协作，不擅自行动。③每天坚持记录和分享职业体验感受。

要注意安全。①临行前，检查生活必需品是否备齐，如有效证件、衣物、洗漱用具、防晒驱虫用品、雨具、药品等。②注意交通安全。严格遵守交通规则，横过道路或通过车流量较大的路段、路口及上下坡时应注意交通安全；特殊天气、夜间等照明不良的情况下应特别注意；不乘坐黑车。③注意财产安全。注意防范诈骗案件，不向陌生人泄漏自己的身份证号码和家庭联系方式；加强钱物保管；文件、钱包分开存放，贵重物品随身携带，慎防偷盗。④注意饮食卫生，多吃新鲜蔬菜及水果，按时作息，保证足够的休息时间，保持良好的精神状态。

通过入学前的职业体验，很多同学都表示收获很大。他们通过多种形式的职业体验，对职业、行业、专业有了初步的了解；原来只在“学校—家庭”两点一线活动的学生对社会有了一定的认识,对入学后的努力方向有了初步的判断;还有很多同学表示,通过职业体验知道了父母挣钱不易,以后一定要好好学习、勤俭节约,不辜负家长的期望。

9.2.2 课余职业体验

学生可以利用寒暑假、周末等课余时间进行多种形式的职业体验。

9.2.2.1 组织实施

1. 教学目的

使学生对行业、职业有进一步的认识,增强对行业的认同感。

2. 教学任务

使学生了解职业氛围,感受企业文化,传承企业精神,培养职业素养,端正职业态度。明确职场生涯和学生生涯的区别,了解职业人的职责及社会对其要求。

3. 作业

提交一份职业体验报告。

4. 实施

(1)将教学任务在第一学期的职业发展与就业指导课上告知学生,要求其在规定时间内完成;

(2)第二学期开课时提交职业体验报告;

(3)教师在课堂上引导学生交流、讨论,丰富学生职业发展规划内容。

9.2.2.2 途径和方法

1. 社会职业调查

社会职业调查是高职学生结合本专业的行业特点,以职业在经济社会发展中的地位、职业发展的现状及前景、职业的人才需求及发展变化、职业的用人标准、职业成功人士的成长历程等情况为主要内容,本着"实事求是、客观分析"的原则,对企业、企业主管、成功人士等进行走访,结合媒体中的相关信息,收集大量资料,通过做、听、看、思、谈、写等方法,对职业进行分析,写出调查报告或心得,并相互交流,使大学生对职业技术工作的认识从感性上升到理性,增强对行业的认同感。

社会职业调查可以充分利用校友资源,以"学长追踪"、"成长在线"等主题活动为核心,将"专业认识"与"学业规划"相结合。例如,通过"我的大学生活规划"和"寒假社会认知实践——校友追踪"活动及论坛、板报、广播、校友沙龙等交流活动,利用可信服的榜样力量,激发高职学生积极的人生态度。通过了解校友对大学生活的反思,使高职学生能够正确把握新一代青年知识分子成长道路,理性规划大学生活。

2. 生涯人物访谈

(1)可以帮助学生实地考察职业生涯进而明确职业生涯目标。很多学生在校读书期间对职业生涯的规划只是停留在纸上,在进行了生涯人物访谈之后,明确了做职业生涯规划的重要性,重新审视和调整自己做的生涯规划,知道了自己的实力和不足,为今后的发展确定了方向。

(2)可以帮助学生扩大其职业人际关系网。生涯人物访谈的对象往往会选择在行业内有一定影响的优秀员工或成功人士,和这样的人士建立了联系,有利于学生未来职业的发展。

(3)为学生顺利就业提供助推力。生涯人物访谈可以帮学生获取最新的职业信息;与生涯人物的交流是非常好的提高交流和表达能力的机会,可以增强求职面试的信心。

【深度阅读】

生涯人物访谈参考提纲

1. 您是如何找到这份工作的?
2. 您的职位是什么? 您的主要职责是什么?
3. 这个行业的工作地点一般在哪里?
4. 在行业内,怎么样做能学到更多,最有益于发展?
5. 就工作而言,您日常面对的问题是什么? 什么最有挑战性?
6. 在这个职位上要想成功,个人最需要具备的素质有哪些?
7. 您认为做好这份工作最需要具备的知识、技能和经验有哪些?
8. 从事这份工作需要具备什么样的教育和培训背景?
9. 就这份工作而言,什么样的个人品质、能力和性格是重要的?
10. 这份工作对个人品质、能力和性格的要求和其他工作的要求有什么区别?
11. 学校的哪些课程对做好这份工作有帮助?
12. 单位对新员工会提供哪些培训?
13. 目前行业内初级、中级职位的薪水是在什么水平?
14. 这个行业的人才供求关系如何? 行业发展前景怎样?
15. 据您所知,有什么杂志、书或网站可以帮助我更好地了解这个行业领域?

(摘自大学生在线联盟)

9.2.2.3 寒暑假岗位实践体验

寒暑假岗位实践体验是以专业技能体验为主要内容,通过亲身经历、体验职业的各项规范和要求,将学校讲授的理论知识运用到实际工作中,在实践中学习新技术,掌握新技术,补充新知识,从而增强大学生的动手能力和思辨能力,将自身的职业品质外化为职业行为,加快大学生个体社会化的过程。

9.2.2.4 社区职业体验

社区职业体验是指高职学生之间的互帮互助和为社会献爱心活动,组织高职学生走上街头、深入百姓,运用自己所学的专业知识和一技之长,开展社区性的便民服务是社区职业体验的内容。例如,学法律的学生可在社区开办法律咨询站,为社区居民提供法律咨询服务;学计算机专业的学生可在社区设立便民服务台,为居民提供软硬件安装、问题诊断等基础服务。大学生在便民服务的职业体验中,既可以看到市场及人民群众对自己所学专业的需求,又可以看到自己所学到的专业知识和一技之长一经发挥所产生的社会效果,从而锤炼大学生爱祖国、爱人民、爱集体的思想品质和团结、自强、向上的奋斗精神,进一步促使他们更加坚定自己的职业信念,乐业、勤业和敬业。

9.2.2.5　参加学生社团

社团活动,有利于培养学生自我认识和自我教育的能力。通过参加自己感兴趣的社团,不仅丰富课余生活,找到展示自我的舞台,而且可以在活动中直接审视和检验自己的兴趣、爱好、个性特征及各种能力,从而对自己有清醒的认识和把握,对自己的长处和不足、优点和缺点有直接的体验。正确评价自我,避免盲目自信导致自负,防止自信不足带来的自卑心理。做好择业前的心理准备。学业之外从事社团活动,对于课程相对繁重的大学生来说,本身即是一种压力和挑战。在调节自己的学习和社会活动的过程中,在组织社团活动克服各种困难的过程中,在经历社团工作成功与挫折的过程中,逐渐增强心理承受能力,进行自我调适与控制,从容面对各种外界变化与挑战。

9.2.3　专业职业体验

专业职业体验指的是与学生所学专业相关的职业体验,又叫“专门体验”。专业职业体验是高职院校教育的重要组成部分,是提高学生实践能力和综合运用知识能力的必要环节,也是实现高职院校人才培养目标的有效途径和重要保证。其目的是培养学生理论联系实际、综合运用专业知识解决实际问题的能力,拓展思路、激发创新;帮助学生树立学以致用、研以致用的创业、敬业和服务社会的职业意识;帮助学生树立正确的世界观、人生观和价值观。高职院校要根据不同专业的培养目标来制订专业实习内容,具体内容和方案要与专业的培养目标紧密结合,通过专业职业体验,不断调整学校人才培养与社会需求的关系,检验人才培养的质量,促进教学改革、提高教学质量,实现学校人才培养的高质量、高水平、适应性强的目标,把学生培养成为既有理论又有技能的高级应用型人才。

9.2.3.1　组织实施

1. 教学目的

使学生对就业行业有相对深入的认识和了解,了解就业行业的地域分布、发展现状及前景、对从业人员的要求等,同时检验理论学习的成果,加深对技能的理解和掌握。

2. 教学任务

要求学生结合所学专业,完成至少一次就业行业体验。建议:通过参观认知、顶岗实习等方式进行至少一次就业行业实践。

3. 作业

提交一份职业体验报告、一份就业行业调查报告。

4. 实施

(1)将教学任务告知学生,要求其在规定时间内完成;

(2)提交职业体验报告和就业行业调查报告;

(3)教师在课堂上引导学生交流、讨论,学生也可以通过班团会进行分享、交流。

9.2.3.2　途径和方法

根据不同专业的实际情况,专业职业体验可以分为三种形式。

1. 认识实习

认识实习是对专业进行感性认识的教学环节。一般安排在学生学完基础课之后、学习专业课之前进行。通过认识实习,使学生了解与专业有关的操作流程、主要生产设备的工程原理和操作方法等，为今后学习专业课和工作实践做准备。

认识实习一般安排1～2周时间，具体程序可以分为三个阶段：第一阶段是校内实习准备，讲授与实习有关的企业的生产工艺等知识；第二阶段是现场参观实习，可以组织学生到相关的行业企业进行参观；第三阶段是整理资料，撰写实习报告，必要时可安排学生课堂交流或探讨。

2. 专业实习

专业实习是指在实习老师指导下，根据课程学习的需要，按照教学计划进行的一项实习。专业实习的针对性很强，其目的是使学生通过实习将所学的基础理论、基础知识和专业技能综合运用于实践，增强学生对所学知识和技能的认识，使学生初步掌握工作情境中解决实际问题的能力。

专业实习的安排一般是根据专业人才培养目标、依据教学计划来进行的，可以在校内实训基地进行，也可以在校外实训基地进行。实习结束后，可以根据需要，要求学生提交实习成果及体验报告，必要时可安排学生课堂交流或探讨。

3. 顶岗实习

顶岗实习是学校安排在校学生实习的一种方式，顶岗实习不同于其他实习方式的地方在于它使学生完全履行其实习岗位的所有职责，独当一面，具有很大的挑战性，对学生的能力锻炼起很大的作用。

《国务院关于大力发展职业教育的决定》中规定了顶岗实习的“2＋1”教育模式，即在校学习2年，第3年到专业相应对口的指定企业，带薪实习12个月。在有些高职院校，总的顶岗实习时间仍然是12个月，但采用两轮，分别在第三学期和第六学期进行。这样做的好处是学生在第三学期顶岗实习时发现的问题可以在接下来的理论学习中寻找答案，可以更有效地增强学生学习的主观能动性，提高他们分析解决问题的能力和实际操作技能。

【课堂活动】

发人深思的职业体验报告

我是××职业技术学院工程测量专业的张红，2019年9月10日，我和同学到了某客运专线建设项目进行顶岗实习，开始了为期两个月的职业体验生活。在实习过程中，我既干过外业测量，也在工程部做过内业处理数据和整理资料，以下就是我的工作体会。

外业我主要干过两种工作，一种是对未灌浆板的复测，主要用的仪器是自动安平水准仪和卡尺，在对未灌浆板复测的过程中，我做过记录员和扶尺员。复测工作相对于其他工作算是比较轻松的，我们从早上七点半开始在工地上一直持续到中午十一点半，工作时间长且中间不休息，我更深刻地明白测绘工作的辛苦。

后期，根据领导的安排和工程的需要，我和搭档又被安排到了实验室进行内业整理资料的工作，实验室和工程部不同，资料手写的较多且要求很严格，不能涂改、不能编造。由于对实验室的工作性质不了解，刚开始时，很多东西都不懂，好在其他同事都很热情，领导也很通情达理，在组长的指导下，我开始学习实验室资料所需要的各种规范，为下面编写资料打好基础。

外业观测时由于工期比较紧，所以工作量很大，很疲劳。这使我认识到测绘真的是一个辛苦的行业。而在做内业时,我更加意识到时间的紧迫。

干内业也就是整理数据和编写资料,以备完工后存档所用。在做内业时一定要认真细心,第一次做的资料是轨道板的铺设记录表。主要是从电脑上抄写轨道板的铺设日期,在抄写的过程中我混淆了左右线,幸好及时改正,没有耽误工作的完成。对烦琐的数据进行处理时要有耐心,有次在电脑上输数据,五个一组,第一组的最后一个数据是后一组的第一个,如果输错了一个,整个都要返工,在输入的过程中我不敢马虎,在保证质量的同时也在规定的时间内完成了。

在这次实习过程中,我深刻体会到了老师说的"测量是一门认真严肃的学科,容不得一点马虎"。它要求我们一定要以不怕苦、不怕累、谨慎、细心的态度去对待。通过这次实习,我对社会有了一定的认识,也为以后的工作就业打下了良好的基础。由于资料整理工作多而繁杂,没过多久我就开始出现厌烦情绪了,工作时开始开小差,写资料也不积极认真了;在主任和组长的批评下我明白了做任何事、任何工作都要有饱满的热情、积极的态度,从繁杂不规则的工作中寻找乐趣,调节自己的情绪,踏实认真地工作。

生活方面,我明白了工程单位是团体性质较强的单位。各个部门联系密切,必须学会和同事好好相处。做事时应该积极一些,不能像在学校一样随便、随心所欲。做事时眼光超前一些,积极主动找事情做,譬如打扫部室卫生、整理凌乱的资料。还有工作时候不能拈轻怕重,工作量大时应主动加班,认真积极,不能有所抱怨,矫正自己的不良情绪。从工作中学习为人处世,慢慢成熟。另外,应该和同事积极沟通、虚心学习。

就这样,两个月的实习结束了,经过自己的努力,实习的总体成绩很好。领导和同事都给了我们这群实习同学很高的评价,我们用自己的知识为自己赢得了信赖,给学校争了光。

这次实习给我留下了很深刻的印象,对我以后的工作有很大的帮助。这期间我也很深刻地体会到自己学业上的漏洞及轻重点的偏移,为我今后的学习指明了方向。

读以上案例,并写下自己的心得体会:

1. 在职业体验中,张红有哪些体会?她的收获主要来自哪些方面?

____

2. 张红是如何调整心态、积极适应职业要求的?

____

3. 职业体验的作用主要有哪些?

____

4. 张红的经历给我们怎样的启发?

____

【思考题】

1. 如何充分发挥职业体验的作用?
2. 职业体验有哪些途径?

第 10 章　步入职场

【学习指南】

职业行为规范是在现实生活中根据人们的需求、好恶、价值判断，而逐步形成和确立的，是社会成员在社会活动中所应遵循的标准或原则，由于行为规范是建立在维护社会秩序理念基础之上的，因此对全体成员具有引导、规范和约束的作用。引导和规范全体成员可以做什么、不可以做什么和怎样做，是社会和谐重要的组成部分，是社会价值观的具体体现和延伸。职业行为规范是社会学、政治学、经济学、行为学、心理学、伦理学等学科的范畴。

职业行为规范是个人所从事职业内的行业道德，它包含了我们的公共道德并在此基础上添加了各个行业内的基础准则，职业行为规范要求如下：爱岗敬业，忠于职守；诚实守信，宽厚待人；办事公道，服务群众；以身作则，奉献社会；勤奋学习，开拓创新。

【能力标准】

分类	具体内容
知识	明确企业在劳动关系中应当承担的责任与义务，知晓劳动关系能否合法、有效的影响因素； 记清《中华人民共和国劳动法》、《中华人民共和国劳动合同法》及其他关于劳动者权利与义务方面法律法规的相关规定和基本概念
技能	能够清醒地规避不法企业在招聘活动上布下的陷阱，分辨虚假招聘信息； 知悉在签订劳动合同时所要注意的事项，合理地遵守、运用企业的考勤制度
态度	培养学生学习相关法律法规知识的兴趣和良好的职业道德

10.1　职场安全与职场健康

本节共分劳动禁忌的规避、职业危害的认识、职业病的预防 3 个部分。通过真实的案例展示了在职场中经常会遇到的隐患、危害、安全和身心健康问题，让学生有一种身临其境的感觉，通过学习了解劳动禁忌和过度脑力劳动对身心健康的影响，理解职业中毒、电离辐射、非电离辐射的基本概念和含义，认识到如果缺乏科学的防护措施，工业毒物、工业噪声、高温作业对身体会造成危害，甚至危及生命，如果不掌握机械、电气、危险化学品作业等的安全知识和技能就可能害人害己，造成悲剧事故。本节旨在提高学生职场安全意识，拥有健康的体魄，面对高强度压力时能自我安慰、自我放松，在作业场所能够正确辨识职业危害因素，做到自我管理、自我保护，防止职业病侵害，强化工作质量意识，养成良好的工作习惯，提高避灾自救能力，保持健康、快乐的工作状态。

【导入案例】

全国总工会印发《关于在做好“六稳”工作落实“六保”任务中充分发挥工会组织作用的意见》
在做好“六稳”工作落实“六保”任务中充分发挥工会组织作用

日前，全国总工会印发《关于在做好“六稳”工作落实“六保”任务中充分发挥工会组织作用的意见》(简称《意见》)，要求各级工会切实把思想和行动统一到党中央关于“六稳”“六保”的重大决策部署上来，加强组织领导，强化激励关怀，做好宣传引导，在做好“六稳”工作、落实“六保”任务中充分发挥工会组织作用，形成工会系统强大合力。

《意见》强调，要围绕落实保居民就业任务，积极推动全面强化就业优先政策落地见效。各级工会要加大援企稳岗力度，推动用人单位落实好劳动法律法规和复工复产政策措施，着重做好对湖北地区和湖北籍劳动者的就业服务工作。积极推进以训稳岗，针对农民工、下岗职工、建档立卡困难职工及家庭成员等重点群体制订专项培训计划，值得注意的是，将加大家政服务业培训投入力度，到2020年底前各级工会组织培训家政从业人员20万人(次)。同时，加强“技能强国——全国产业工人技能学习平台”App建设，依托平台开展岗位练兵、工匠直播、技能培训等活动。

《意见》指出，要围绕落实保基本民生任务，着力加大困难职工帮扶和解困脱困工作力度。保障职工工资待遇权益，严格实施《保障农民工工资支付条例》，推动形成根治欠薪工作长效机制。开展“解困脱困集中攻坚”行动，建立健全工会预防相对困难职工返贫常态化帮扶工作机制，完善多层次梯度帮扶格局，推进送温暖常态化。

《意见》提出，要围绕落实保市场主体任务，在常态化疫情防控中助力企业全面复工复产。扎实开展“凝心聚力决胜小康”行动，在医疗、能源、城市运行保障、生活必需品等生产企业中开展保生产、保供给竞赛，在重点行业、龙头企业和产业链核心企业开展劳动和技能竞赛，带动全产业链复产达产。充分发挥劳模和工匠人才创新工作室的先进示范带动作用，因企制宜引导广大职工积极参与企业深化改革、转型升级、技术创新等。大力开展“工会消费扶贫”行动，引导广大职工群众参与消费扶贫工作。

此外，《意见》还指出，要围绕落实保基层运转任务，确保基层工会有序运转、坚决维护职工队伍和劳动关系和谐稳定。推动工会资源和力量向基层倾斜，健全劳动关系风险监测、分析、研判、预防机制和风险排查化解机制，督促指导地方将维护劳动关系稳定、稳就业作为2020年三方协商的重要议题。全面实施集体协商“稳就业促发展构和谐”行动计划，探索建立落实“五个坚决”的长效机制，加大涉疫情劳动关系矛盾纠纷排查力度，切实维护职工队伍稳定。

(摘自新浪财经新闻)

10.1.1　劳动禁忌的规避

10.1.1.1　体力劳动禁忌

1.引起体力劳动身体损伤的原因

(1)长期重复一定姿势。

(2)不良劳动环境条件。

(3)劳动组织和劳动制度安排不合理。

(4)劳动者身体素质不强。

2. 预防体力劳动身体损伤的措施

(1)采取合理的工作姿势。

(2)改善劳动环境。

科学合理设计劳动环境,控制劳动环境中各种有害因素,创造良好的劳动环境,如适宜的温度、湿度、光照、空间等,既有利于劳动者的健康,又能够提高劳动效率。

(3)科学优化劳动组织和劳动制度。

(4)适当运动锻炼,增强身体素质。

10.1.1.2 脑力劳动禁忌

1. 过度脑力劳动对身心健康的影响

过度脑力劳动产生疲劳的信号是心理疲劳的感觉,这种疲劳感表现为对工作的抵触,疲劳信号告诉我们身体需要休息了,需要进行调整和恢复,应该停止工作。如果继续强迫大脑工作,则会进一步加重心理疲劳,造成脑细胞的损伤,或使脑功能恢复发生障碍。在一般情况下,脑力劳动过度会对人体的身心健康造成较大的危害。

2. 从事脑力劳动时缓解疲劳的方法

(1)科学用脑,适时活动。

(2)合理膳食,加强营养。

(3)充足睡眠,放松身心。

(4)坚持锻炼,适量运动。

(5)头部按摩,缓解疲劳。

10.1.2 职业危害的认识

10.1.2.1 工业毒物的危害与控制

工业毒物是指在工业生产过程中所使用或生产的毒物,比如化工生产中所使用的原材料,生产过程中的产品、中间产品、副产品,“三废”排放物中的毒物等。

毒物侵入人体后与人体组织发生化学或物理化学作用,并在一定条件下破坏人体的正常生理机能,引起某些器官和系统发生暂时性或永久性的病变,这种病变就称为中毒。职业中毒应该具备三个要素:生产过程中、工业毒物和中毒。

10.1.2.2 生产性粉尘的危害与控制

1. 生产性粉尘的概念和来源

能够长时间呈浮游状态存在于空气中的固体微粒叫作粉尘。生产性粉尘是指生产过程中形成的,并能长时间飘浮在空气中的固体颗粒。生产性粉尘的来源十分广泛。

2. 生产性粉尘的控制原则

1)粉尘危害防护管理原则

一级预防:综合防尘、定期检测、健康检查、宣传教育、加强维护。

二级预防:建立专门的防尘机构、制定各项规章制度,新接尘员工健康检查、在岗接尘员工定期检查和及时调岗。

三级预防:对已经确诊为尘肺病的员工及时调离原工作岗位,安排合理治疗,保证患者享受合理的社会保险待遇。

2)控制粉尘危害的主要技术措施

(1)改革工艺工程,革新生产设备。这是消除粉尘危害的主要措施,如使用遥控操纵控制、隔室监控等。

(2)湿式作业。比如,采用喷雾洒水的方式防止粉尘飞扬,降低环境粉尘浓度等简单易行的措施。

(3)通风除尘措施。对于不能采取湿式作业的场所,可以使用密闭抽风除尘的方法,抽出的空气经过除尘器净化处理后排入大气。根据除尘器的主要机制,可将其分为机械式除尘器、过滤式除尘器、湿式除尘器、静电除尘器等。

(4)个体防护措施。这是对技术防尘措施的主要补充,在作业现场防、降尘措施难以使尘生浓度降至国家卫生标准所要求水平时,须使用个体防护用品。个人防尘防护用品主要包括防尘口罩、送风口罩、防尘眼镜、防尘安全帽、防尘服、防尘鞋等。

(5)卫生保健和健康监护。从事粉尘作业的工人必须进行就业前及定期健康检查,脱离粉尘作业时还应做脱尘作业检查。

(6)作业场所粉尘的监测。监测作业场所空气中粉尘浓度、粉尘中游离二氧化硅含量及粉尘分散度等基本情况对及时了解作业场所的粉尘危害程度、研究尘肺病发病规律及指导尘肺防治有重要意义。

10.1.2.3　噪声的危害与控制

(1)噪声源的控制。

(2)声音传播途径的控制。

(3)个人防护。

10.1.2.4　高温作业的危害与控制

高温作业的危害如下:

(1)使劳动者作业能力下降。

(2)对劳动者身体造成伤害。

(3)易导致高温中暑。中暑是高温环境下发生的急性疾病。在高温作业过程中发生的中暑属于法定职业病范畴。

高温作业的防护措施如下:

(1)教育管理措施。加强领导,做好宣传教育,制定合理的劳动休息制度。

(2)降温技术措施。做好高温作业厂房的平面布置、加强通风、采取正确的隔热措施。

(3)防暑保健措施。开展预防性体检、合理安排作业时间、供应饮料和营养良品,加强个人防护。

10.1.2.5　辐射的危害与控制

由电磁波和放射性物质所产生的辐射,由于其能量的不同,即对原子或分子是否形成电离效应面分成两大类:电离辐射和非电离辐射。

10.1.3 职业病的预防

10.1.3.1 职业病和职业病危害

职业病,是指企业、事业单位和个体经济组织等用人单位的劳动者在职业活动中,因接触粉尘、放射性物质和其他有毒有害物质等因素而引起的疾病。

职业病的危害因素是指在生产过程中、劳动过程中、作业环境中存在的危害劳动者健康,可能导致职业病的各种因素。

1. 职业病的危害因素分类

生产现场的作业人员,在日常的生产作业过程中,可能会接触到各种各样的职业病危害因素。这些职业病危害因素,按其来源可以分为3类。

2. 常见职业病种类

根据《中华人民共和国职业病防治法》的规定,2013年12月23日,国家卫生计生委、人力资源社会保障部、安全监管总局、全国总工会四部门联合印发《职业病分类和目录》,新颁布的《职业病分类和目录》将职业病分为10大类132种。

10.1.3.2 职业病的防护

1. 毒物防护

生产性毒物,是指在生产过程中产生的,存在于工作环境空气中的毒物。生产性毒物的种类繁多,影响面大,职业中毒约占职业病总数的一半。

预防职业性毒物必须采取综合性的防治措施。

2. 物理有害因素防护

生产作业场所物理有害因素主要包括高温、高气压、振动、噪声、照度、紫外线、红外线、微波、电磁辐射(高频、超高频、微波)工频等。物理有害因素的防治主要是加强个人防护和采用合理的工艺及其设备。

【课堂活动】

可怕的“过劳死”现象

一、活动目标

引导学生关注职业病的危害

二、活动流程

教师出示以下阅读材料,并提问:如何改善“过劳死”现象?

阅读材料:“过劳死”现象

2006年5月28日晚,中山大学附属第三医院,25岁的胡新宇因病毒性脑炎被诊断死亡。多天的抢救仍无法挽回胡新宇年轻的生命,他的全身多个器官在过去的一个月中不断衰竭,直至最后一刻。毕业于四川大学1997级无线电系二班的胡新宇,2002年考上成都电子科技大学继续攻读硕士,2005年毕业以后直接到深圳华为公司从事研发工作。在4月底住进医院以前,他从事一个封闭研发的工作,经常在公司加班加点,打地铺过夜。公司十分痛心。华为新闻发言人傅军表示,虽然过度劳累与胡新宇死亡不构成直接的因果关系,但确实也有相关性,公司高层已经高度重视对此事的处理,公司也重申了加班政策,晚上十点以后加班要经过批准，不准在公司打地铺过夜。

“如果不是长期过度劳累，小胡不会变成这样。”胡新宇的一个同学表示，长期超过身体负荷的工作削弱了他的免疫系统，让他的生命变得危险和脆弱。胡新宇在华为日常的作息习惯是：晚上坐上公司近 22 点的班车，从坂田基地颠簸到关内的家中，到家时间已超过 23 点，然后早上 7 点起床去赶公司的班车上班。2006 年 4 月初开始，胡新宇所在的接入网产品线（原为固网产品线）接入网硬件集成开发部进行一个封闭研发的项目，项目内容被严格保密。这个项目开始后，胡新宇开始经常在公司过夜，甚至长时间在实验室的地上依靠一个睡垫打地铺，加班时间最长到次日凌晨 2 点左右。早上依旧早起，8 点钟吃早饭，9 点钟打卡上班。在身体不适之前，胡新宇已经连续加班两个多星期。

将学生每 5 个人分成一个小组，通过小组内部讨论形成小组观点。

每个小组选出一名代表陈述本组观点，其他小组可以对其进行提问，小组内其他成员也可以回答提出的问题；通过问题交流，将每一个需要研讨的问题都弄清楚。

教师进行分析、归纳、总结。

教师根据各组在研讨过程中的表现，给予点评赋分。

（活动时间：10 分钟）

【思考题】

1. 预防体力劳动身体损伤的措施有哪些？
2. 人力资源有没有替代品？

10.2　劳动权益保护

【导入案例】

不缴社保损害自身利益案件回放

小张在一家私营企业打工，企业与其约定每个月将本应该由单位缴纳的社会保险费直接付给他本人。小张想这样每月能多拿一些钱，就同意了。不久，小张因生病花费了不少医疗费用，于是便拿着发票要求单位报销，但企业答复他：由于他没参加医疗保险，因此医疗费要个人全额负担。

思考：上述案例中小张的问题是什么？

（摘自网易新闻）

分析：

社会保险包括养老保险、医疗保险、失业保险、生育保险和工伤保险。一般情况下，农民工都可以参加这五项保险。其中，农民工本人需要缴纳社会保险费的是养老保险、医疗保险，生育保险、工伤保险、失业保险由用人单位缴费。如果单位拒缴社会保险，劳动者可向当地人力资源和社会保障部门举报或投诉。

10.2.1 社会保险和公积金

10.2.1.1 社保项目

社会保险是指国家通过立法,按照权利与义务相对应原则,多渠道筹集资金,对参保者在遭遇年老、疾病、工伤、失业、生育等风险情况下提供物质帮助(包括现金补贴和服务),使其享有基本生活保障、免除或减少经济损失的制度安排。

《中华人民共和国社会保险法》第二条规定,国家建立基本养老保险、基本医疗保险、工伤保险、失业保险、生育保险等社会保险制度。保障公民在年老、疾病、工伤、失业、生育等情况下依法从国家和社会获得物质帮助的权利。其中,基本养老保险制度包括职工基本养老保险制度、新型农村社会保险制度和城镇居民社会养老保险制度。基本医疗保险制度包括职工基本医疗保险制度、新型农村合作医疗制度和城镇居民医疗保险制度。

10.2.1.2 住房公积金

在缴存比例方面,2015 年,《住房公积金管理条例(修订送审稿)》规定,职工和单位住房公积金的缴存比例均不得低于 5%,不得高于 12%。2016 年 2 月 21 日起,职工住房公积金账户存款利率调整为统一按一年期定期存款基准利率执行,上调后的利率为 1.50%。

10.2.2 转正定级与工龄

10.2.2.1 转正定级

1. 干部的转正定级

干部转正定级的时间为 1 年,即从参加工作的当月起至下一年的次月为见习期满。完成了转正定级,大学生才算是干部身份。

2. 工人的转正定级

工人转正定级的时间为 2 年,即从参加工作的当月起至两年后的次月为见习期满,可以转为正式人员。

10.2.2.2 工龄

工龄是指职工以工资收入为生活资料的全部或主要来源的工作时间。工龄的长短标志着职工参加工作时间的长短,也反映了职工对社会和企业的贡献大小和知识、经验、技术熟练程度的高低。

10.2.3 妥处劳动争议

劳动争议,也称劳动纠纷,是指劳动关系的当事人之间因执行劳动法律、法规和履行劳动合同而发生的纠纷,即劳动者与所在单位之间因劳动关系中的权利义务而发生的纠纷。劳动争议的范围,在不同的国家有不同的规定。

按照劳动争议的内容主要可以分为四个方面:一是因用人单位开除、除名、辞退职工和职工辞职、自动离职而发生的终止劳动关系的劳动争议;二是用人单位和职工之间因执行国家有关工资、福利、保险、培训、劳动保护规定而发生的劳动争议;三是履行劳动合同的劳动争议,包括用人单位和员工之间因执行、变更、解除劳动合同而发生的争议;四是其他劳动争议。

【课堂活动】

"林先生"的经历

材料分析:林先生是一个刚毕业的大学生,自学成才成为一个手机铃声制作人。毕业以后,在南方找到了一个工资和福利都不错的公司,但这家公司要求林先生在正式上班之前,做一套他们指定的铃声作为最后考核。一套铃声9个格式,林先生在一天内就搞定了,他很有把握地发了过去,但那家公司却以林先生做的铃声不能令他们满意为由而拒绝了他。后来,林先生在另外一家公司工作了一段时间之后,才知道有的做手机铃声的公司,用招聘的方法来骗取那些应聘者的作品。由于应聘者得到的测试曲目都是各不相同的,而其为了能进入公司,个个竭尽全力,所以一次下来,能顶公司员工一周的工作量,一些公司就这样骗取应聘者的劳动成果。

思考:如果你是林先生,你应该怎么办?

将学生每5个人分成一个小组,通过小组内部讨论形成小组观点。

每个小组选出一名代表陈述本组观点,其他小组可以对其进行提问,小组内其他成员也可以回答提出的问题;通过问题交流,将每一个需要研讨的问题都弄清楚。

教师进行分析、归纳、总结。

教师根据各组在研讨过程中的表现,给予点评赋分。

(活动时间:15分钟)

10.2.4　请假事务管理

10.2.4.1　考勤管理

员工对于用人单位的价值,归根到底是要通过员工付出劳动和时间来实现的。所以,考勤管理是用人单位人力资源管理中的一项基础工作。对员工考勤的目的就是要促使其按照法律法规和劳动合同约定的时间工作,并且适当休息,为企业创造更多的经济效益。以下将从工作时间和休息休假两个角度对考勤管理进行论述。某单位考勤制度见图10-1、某单位考勤处罚见图10-2。

1. 工时制度

用人单位制定考勤制度,首先要确定自己施行的是何种工时制度。工时制度,即工作时间制度。我国目前有三种工作时间制度,即标准工时制、综合计算工时制和不定时工时制。

1)标准工时制

标准工时制是我国运用最为广泛的一种工时制度。根据《中华人民共和国劳动法》和《国务院关于职工工作时间的规定》的规定,在标准工时制下,劳动者每天工作的最长工时为8小时,周最长工时为40小时。此外,标准工时制还有以下几点要求:

(1)用人单位应保证劳动者每周至少休息1日。

(2)因生产经营需要,经与工会和劳动者协商,一般每天延长工作时间不得超过1小时。

(3)特殊原因每天延长工作时间不得超过3小时。

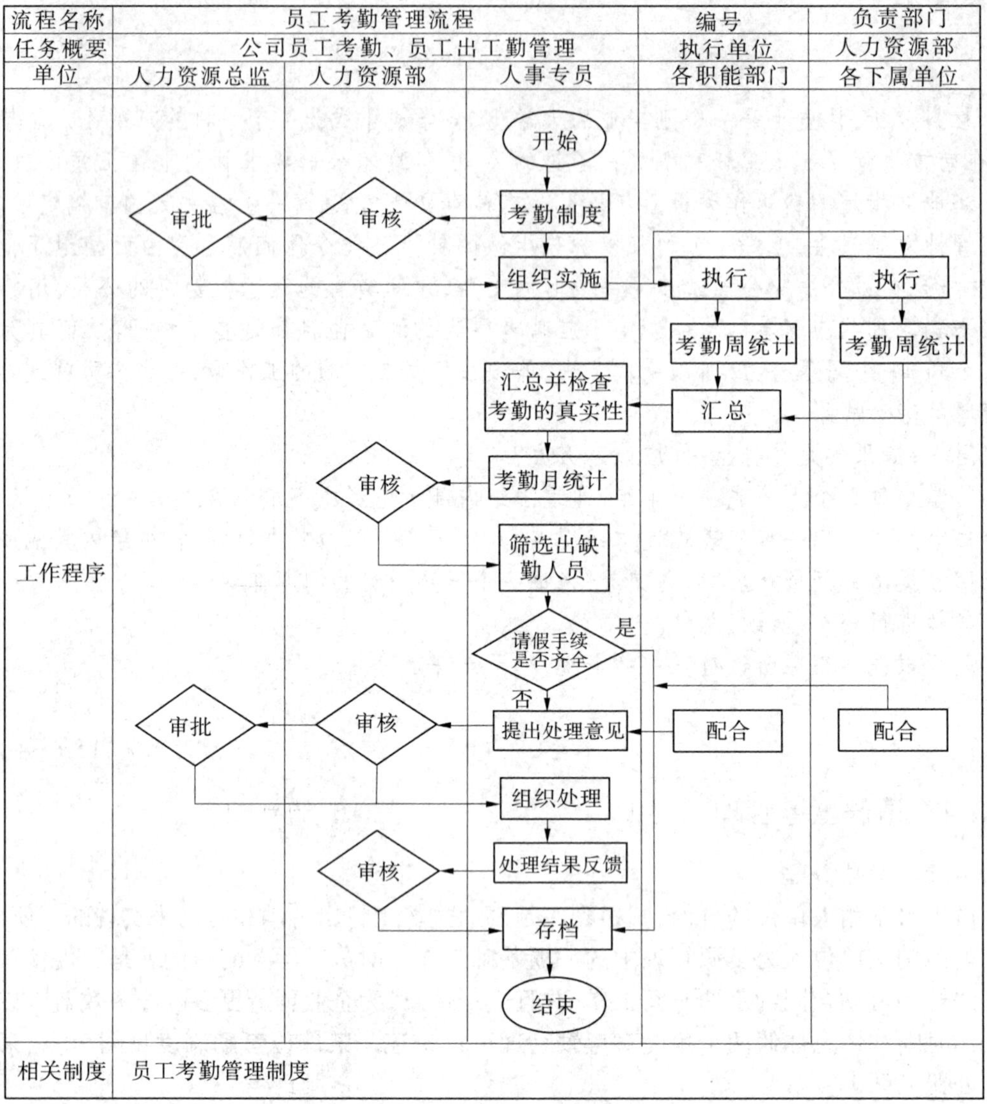

图 10-1　某单位考勤制度

(4)每月延长工作时间不得超过 36 小时。

显然,根据标准工时制的规定,工作时间比较固定,且延长工作时间有明确严格的限制条件。

2)综合计算工时制

综合计算工时制是指采用以周、月、季、年为周期综合计算工作时间的工时制度,但其平均日工作时间和平均周工作时间应与法定标准工作时间相同,即平均每日工作不超过 8 小时,平均每周工作不超过 40 小时。

综合计算工时制只能适用于以下员工:

(1)因工作性质需连续作业的;

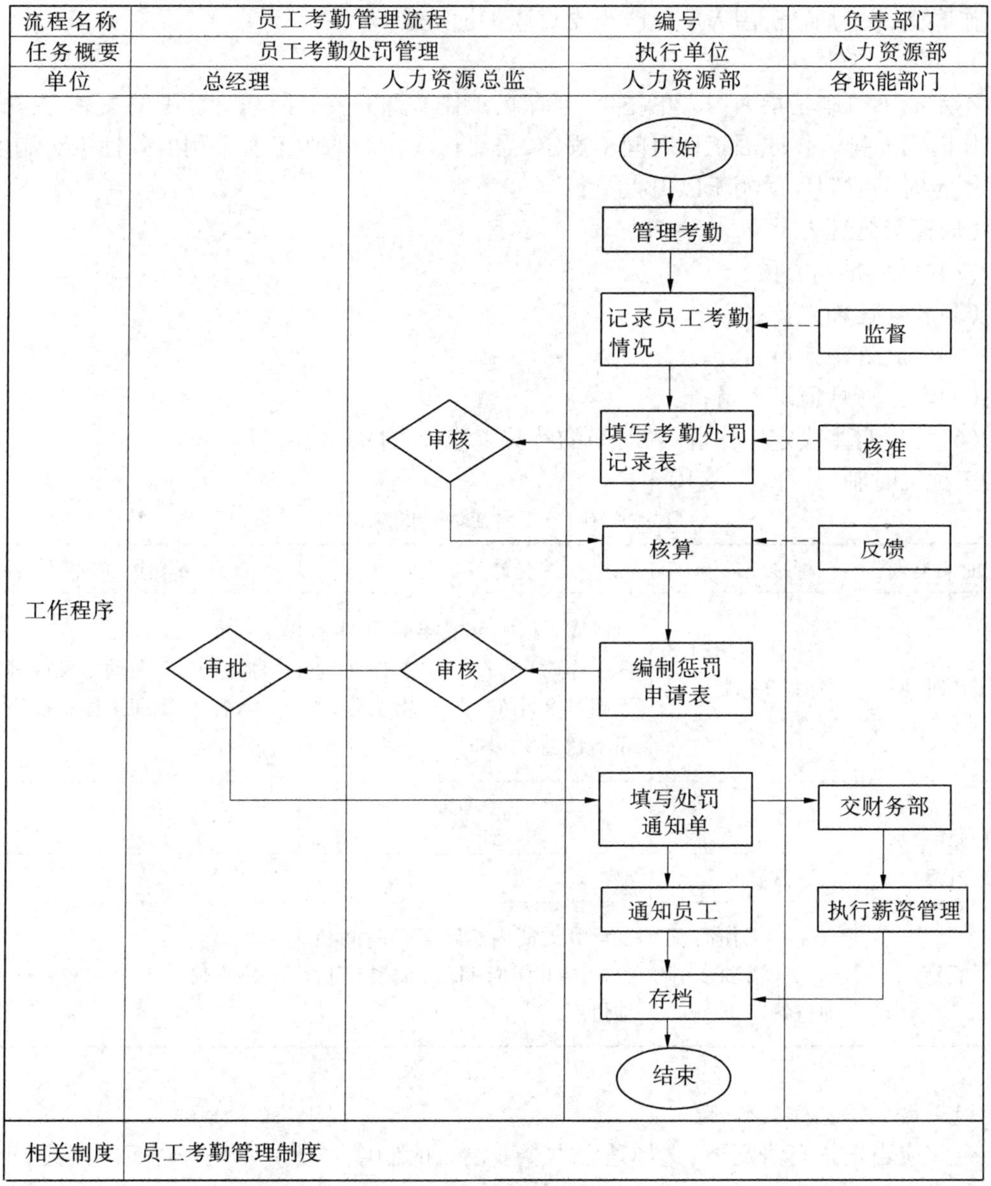

图 10-2　某单位考勤处罚

(2)生产经营受季节及自然条件限制的;

(3)受外界因素影响,生产任务不均衡的;

(4)因职工家庭距工作地点较远,采用集中工作、集中休息的;

(5)实行轮班作业的;

(6)可以定期集中安排休息、休假的。

虽然施行综合计算工时制的职工每日的工作时间可以超过 8 小时,每周的工作时间可以超过 40 小时,但是其平均日工作时间同样不能超过 8 小时,平均周工作时间同样不能超过40小时。如果综合计算工时周期内总的实际工作时间超过了综合计算工时周期内的标准工作时间,视为加班,用人单位应当支付职工加班费。

3)不定时工时制

不定时工时制是指因用人单位生产特点、工作特殊需要或因职责范围的关系,无法按标准工作时间安排工作或因工作时间不固定,需要机动作业的职工所采用的弹性工时制度。

不定时工时制仅适用于以下人员:

(1)高级管理人员;

(2)外勤、推销人员;

(3)长途运输人员;

(4)长驻外埠人员;

(5)非生产性值班人员;

(6)可以自主决定工作、休息时间的特殊工作岗位的其他人员。

三种工时制的对比见表10-1。

表10-1　三种工时制的对比

工时制类别	标准工时制	综合计算工时制	不定时工时制
工作时间	每日不超过8小时、每周不超过40小时	以周、月、季度或年为周期计算工作时间;日平均工作时间不超过8小时,周平均工作时间不超过40小时	弹性工作,劳动定额或其他考核标准,保障职工休息权利
内部民主协商和公示	需要	需要	需要
政府报批	不需要	需要	需要
加班费	标准工作时间外工作需要支付加班费	计算周期内实际工作时间超过标准工作时间的,需要支付加班费	不支付

4)工时制度的制定颁布

企业应当根据自身需要,选择适合本企业的工时制度。既可以是一种工时制度,也可以是两种或三种工时制度的结合。施行综合计算工时制和不定时工时制必须履行必要的法定报批程序,不能由用人单位任意决定。工时制度的制定颁布程序包括:

第一步:民主协商,工时制度属于《中华人民共和国劳动合同法》第四条规定的直接涉及劳动者切身利益的规章制度,根据法律规定,企业施行综合计算工时制或不定时工时制,应当经职工代表大会或者全体职工讨论,与工会或者职工代表平等协商。

第二步:企业最终应将综合计算工时制或不定时工时制的有关规章制度向员工公示。

第三步:申报,企业施行综合计算工时制和不定时工时制,应向企业营业执照注册地的区、县人力资源和社会保障局申报,按要求报送有关资料。

第四步:人力资源和社会保障局进行审批。

2. 加班制度

加班是指用人单位依法安排劳动者在标准工作时间以外工作。用人单位需要向加班职工支付加班工资。合法的加班具备以下特征：

(1)加班是在标准工作时间外工作。①对于标准工时制的职工而言，所谓“标准工作时间”就是工作日8小时，所谓超出标准工作时间的情况包括：在工作日工作超过8小时；在休息日工作(休息日是指周六、周日，或者政府为重大节日调休的休息日)；在法定休假日工作(法定休假日是指国庆节、劳动节、春节等法定节日，但不包括与节日连休的休息日)。②对于综合计算工时制的职工而言，所谓“标准工作时间”是指计算周期内的标准工作时间；所谓“加班”是指计算周期内实际总工作时间超过了周期内总标准工作时间。

(2)用人单位需要支付高于标准工资的加班工资。

(3)加班需经过用人单位同意才可以进行。

当然，用人单位并不是可以随意安排员工加班的。《中华人民共和国劳动法》对员工加班规定了一系列的限制：

第一，程序和时间限制。第四十一条规定，用人单位由于生产经营需要，经与工会和劳动者协商后可以延长工作时间，一般每日不得超过一小时；因特殊原因需要延长工作时间的，在保障劳动者身体健康的条件下延长工作时间每日不得超过三小时，但是每月不得超过三十六小时。有特殊情况的，将不受程序和时间限制。比如，《中华人民共和国劳动法》第四十二条规定，有下列情形之一的，延长工作时间不受本法第四十一条规定的限制：(一)发生自然灾害、事故或者因其他原因，威胁劳动者生命健康和财产安全，需要紧急处理的；(二)生产设备、交通运输线路、公共设施发生故障，影响生产和公众利益，必须及时抢修的；(三)法律、行政法规规定的其他情形。

第二，经济补偿限制。第四十四条规定，有下列情形之一的，用人单位应当按照下列标准支付高于劳动者正常工作时间工资的工资报酬：(一)安排劳动者延长工作时间的，支付不低于工资的百分之一百五十的工资报酬；(二)休息日安排劳动者工作又不能安排补休的，支付不低于工资的百分之二百的工资报酬；(三)法定休假日安排劳动者工作的，支付不低于工资的百分之三百的工资报酬。

第三，对象限制。第六十一条规定，对怀孕七个月以上的女职工，不得安排其延长工作时间和夜班劳动。第六十三条规定，不得安排女职工在哺乳未满一周岁的婴儿期间延长工作时间和夜班劳动。

10.2.4.2　休息休假

休息休假是指劳动者在国家规定的法定工作时间外自行支配的时间，包括休息日、法定节假日、病假、事假、带薪年休假、婚假、产假、哺乳假、探亲假、丧假、参加法定社会活动假期等。其中，法定休假日和法定休息日的具体日期是国家规定的，劳动者也不需要专门申请。而其他种类的休假，则需要职工向单位请假(见图10-3)。

1. 休息日

休息日是指劳动者在一周内享有的连续休息一天(24小时)以上的休息时间。实践中大多数劳动者一周工作5天，休息2天(周六、周日休息)，也有小部分用人单位因为自身生产特点灵活运用标准工时制每周休息1天，工作6天，还有用人单位执行综合计算工时制和

流程名称	员工请假管理流程		编号	负责部门
任务概要	对公司员工办理请假手续进行管理		执行单位	人力资源部
单位	人力资源部经理	人力资源部	员工所在部门	请假员工
工作程序	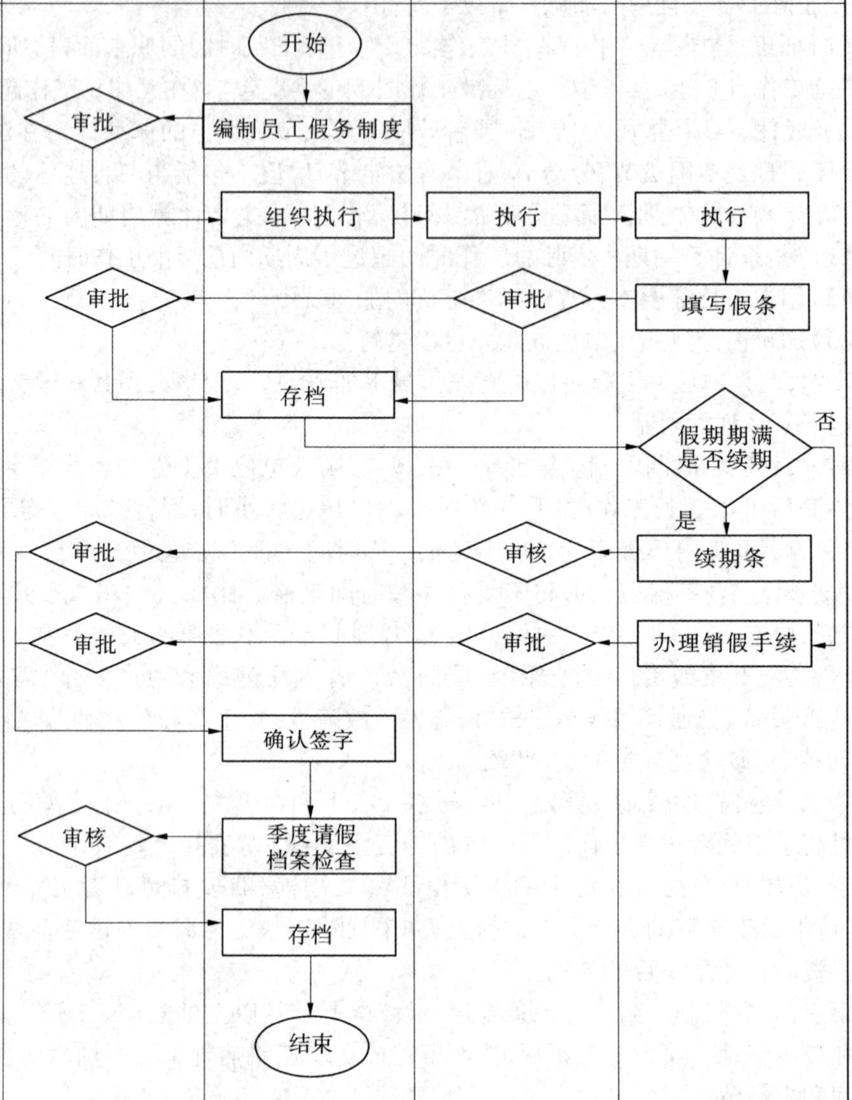			
相关制度	员工值班管理制度			

图 10-3　某单位请假流程

不定时工时制等其他的工作休息办法。在标准工时制下，劳动者一年一共有 104 天(52 周×2 天)的休息天。

2. 法定节假日

法定节假日是法律规定的用于庆祝及度假的休息时间，法定节假日属于带薪休假，根据

《全国年节及纪念日放假办法》的规定，法定节假日主要分为全体公民放假的节日、部分公民放假的节日两类。

1）全体公民放假的节日

（1）新年，放假1天（1月1日）；

（2）春节，放假3天（农历正月初一、初二、初三）；

（3）清明节，放假1天（农历清明当日）；

（4）劳动节，放假1天（5月1日）；

（5）端午节，放假1天（农历端午当日）；

（6）中秋节，放假1天（农历中秋当日）；

（7）国庆节，放假3天（10月1日、2日、3日）。

2）部分公民放假的节日

（1）妇女节（3月8日），妇女放假半天；

（2）青年节（5月4日），14周岁以上的青年放假半天；

（3）儿童节（6月1日），不满14周岁的少年儿童放假1天；

（4）中国人民解放军建军纪念日（8月1日），现役军人放假半天。

某单位节假日管理流程如图10-4所示。

3. 病假

病假是指职工因病需治疗或休养而不能工作，向单位请假。病假虽然导致职工不能为单位工作，但基本属于客观原因，所以法律规定单位需要为病假期间支付工资但可以比正常工资适当降低。在病休期间，用人单位应当根据劳动合同的约定支付病假工资。病假工资不得低于当地最低工资标准的80%。

根据我国现行劳动法律、法规、政策性文件的相关规定，用人单位的员工因病需要停止工作进行医疗时，用人单位应该根据员工本人实际参加工作年限和在本单位工作年限，给予一定的医疗期，在医疗期内，用人单位不得解除劳动合同。

根据原劳动部（现合并为人力资源和社会保障部）1994年发布的《企业职工患病或非因工负伤医疗期规定》第三条规定，员工的医疗期的计算标准如下：

企业职工因患病或非因工负伤，需要停止工作医疗时，根据本人实际参加工作年限和在本单位工作年限，给予三个月到二十四个月的医疗期：

（1）实际工作年限十年以下的，在本单位工作年限五年以下的为三个月；五年以上的为六个月。

（2）实际工作年限十年以上的，在本单位工作年限五年以下的为六个月；五年以上十年以下的为九个月；十年以上十五年以下的为十二个月；十五年以上二十年以下的为十八个月；二十年以上的为二十四个月。

需要说明的是，各地对于医疗期的期限及计算方法有具体的规定，需要按照当地的规定执行。

4. 事假

事假是指职工因私事不能在工作时间工作，而向单位请假。事假导致职工不能为单位工作，而且因为事假往往是员工的主观原因为主，所以法律规定，事假期间单位不需要支付

流程名称	节假日管理流程	编号	负责部门
任务概要	节假日管理	执行单位	行政部
单位	行政总监	行政经理	行政人员

工作程序

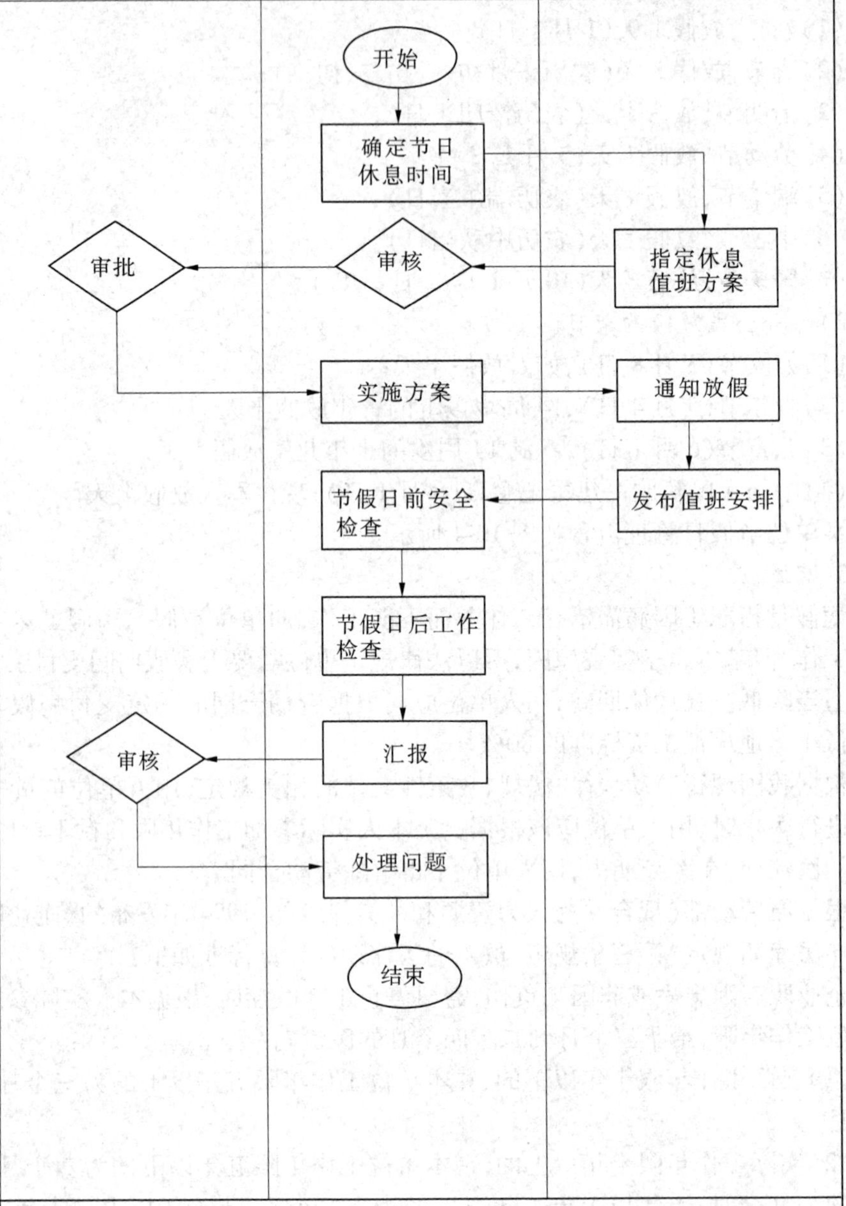

相关制度	员工假务管理制度

图 10-4　某单位节假日管理流程

职工工资。但是如果单位愿意为事假期间支付工资，则法律也不禁止。

5. 带薪年休假

带薪年休假是国家根据劳动者工作年限和劳动繁重紧张程度，每年给予劳动者一定期间带薪连续休假。实行劳动者带薪年休假制度，是世界各国劳动制度的普遍做法。2007 年 12 月 14 日，时任国务院总理温家宝签署国务院令颁布《职工带薪年休假条例》，该条例于 2008 年 1 月 1 日起正式施行。根据《工资支付暂行规定》第十一条，劳动者依法享受年休假、探亲假、婚假、丧假期间，用人单位应按劳动合同规定的标准支付劳动者工资。

1）享受带薪休假的前提条件

《职工带薪年休假条例》第二条规定，机关、团体、企业、事业单位、民办非企业单位、有雇工的个体工商户等单位的职工连续工作 1 年以上的，享受带薪年休假。单位应当保证职工享受年休假。职工在年休假期间享受与正常工作期间相同的工资收入。

《企业职工带薪年休假实施办法》第三条规定，职工连续工作满 12 个月以上的，享受带薪年休假。

2）带薪休假的计算方法

《职工带薪年休假条例》第三条规定，职工累计工作已满 1 年不满 10 年的，年休假 5 天；已满 10 年不满 20 年的，年休假 10 天；已满 20 年的，年休假 15 天。

国家法定休假日、休息日不计入年休假的假期。

《企业职工带薪年休假实施办法》第五条规定，职工新进用人单位且符合本办法第三条规定的，当年度年休假天数，按照在本单位剩余日历天数折算确定，折算后不足 1 整天的部分不享受年休假。前款规定的折算方法为：（当年度在本单位剩余日历天数 ÷ 365 天）× 职工本人全年应当享受的年休假天数。

《职工带薪年休假条例》第四条规定，职工有下列情形之一的，不享受当年的年休假：

（1）职工依法享受寒暑假，其休假天数多于年休假天数的；

（2）职工请事假累计 20 天以上且单位按照规定不扣工资的；

（3）累计工作满 1 年不满 10 年的职工，请病假累计 2 个月以上的；

（4）累计工作满 10 年不满 20 年的职工，请病假累计 3 个月以上的；

（5）累计工作满 20 年以上的职工，请病假累计 4 个月以上的。

职工的年休假与法定节假日一样，是职工依法享有的休息时间，如果职工未休年假，其实质就如同职工在法定节假日加班一样。所以，职工未休年假的，企业应当依法给予经济补偿。根据《职工带薪年休假条例》、《企业职工带薪年休假实施办法》的规定，用人单位经职工同意不安排年休假或者安排职工年休假天数少于应休年休假天数，应当在本年度内对职工应休未休年休假天数，按照其日工资收入的 300% 支付未休年休假工资报酬；其中包含用人单位支付职工正常工作期间的工资收入。实行计件工资、提成工资或者其他绩效工资制的职工，日工资收入的计发办法也按照 300% 的方法计算。用人单位安排职工休年休假，但是职工因本人原因且书面提出不休年休假的，用人单位可以只支付其正常工作期间的工资收入。

【深度阅读】

职工未主动提出年休假申请，能否视同自动放弃？

2014 年 7 月初，职工杨某大学建筑工程专业毕业，入职市区某建筑公司工程监督科，签订了二年期劳动合同。入职后，杨某奔波在公司散布于全国各地的建筑项目部。两年来，公司没有安排杨某休年休假，杨某害怕给公司留下不好的印象，也没敢主动提休假的事。杨某天南海北地跑，他相恋五年多的女友早就不乐意了。2014 年 6 月，女友给杨某下了最后通牒，要么离开她，要么离开公司另谋高就。爱情面前，杨某只有举手投降。2014 年 6 月，合同到期前一个月，杨某主动向公司打辞职报告，公司倒也爽快，很快批准了他的辞职申请。2014 年 7 月，杨某与公司办理交接手续时，与人力资源部就年休假报酬问题发生争议。杨某提出，自己来公司两年，从未休过一天年休假，要求公司按照规定支付这两年未休的 10 天年休假工资。公司当即拒绝了杨某的要求，理由是根据公司“休假必须提交申请，否则不予批准或按旷工处理”的规定，年休假工资，并非公司不给，主要是杨某在工作期间从未向公司提出年休假申请。既然没有申请，那就视同杨某主动放弃年休假，过期作废，当然也就没有事后补偿一说了。双方各执一词，根本说不到一块去。那么，杨某的要求和公司的解释，究竟哪一方的说法才符合法律的规定呢？

（摘自新浪新闻）

6. 产假

产假是指在职妇女产期前后的休假待遇，一般从分娩前半个月至产后两个半月，女劳动者生育享受不少于 98 天的产假。职业女性在休产假期间，用人单位不得降低其工资、辞退或者以其他形式解除劳动合同。根据国务院颁布的《女职工劳动保护特别规定》第七条，女职工生育享受 98 天产假，其中产前可以休假 15 天；难产的，增加产假 15 天；生育多胞胎的，每多生育一个婴儿，增加产假 15 天。女职工怀孕未满 4 个月流产的，享受 15 天产假；怀孕满 4 个月流产的，享受 42 天产假。

1）产前休息时间

国务院《女职工劳动保护特别规定》第六条规定，对怀孕 7 个月以上的女职工，用人单位不得延长劳动时间或者安排夜班劳动，并应当在劳动时间内安排一定的休息时间。从这个规定来看，企业不得安排怀孕 7 个月以上的女职工加班或者在夜间工作。每天安排的休息时间则由企业决定，但是部分地方法规对此有具体规定，通常为每天安排休息一个小时。

2）产前检查假

产前检查是女性劳动者生育前的必经过程，国务院《女职工劳动保护特别规定》第六条规定，怀孕女职工在劳动时间内进行产前检查，所需时间计入劳动时间。根据这个规定，产前检查期间视为女职工正常劳动，应支付正常工资。

3）哺乳时间和哺乳假

哺乳时间是指用人单位应当为哺乳期女职工每天安排一小时哺乳时间。女职工生育多胞胎的，每多哺乳一个婴儿每天增加一小时哺乳时间。哺乳时间可以一次使用，也可以分次使用或者折合成一定天数使用。女职工在哺乳时间是视同正常工作的，企业不得因此克扣女职工的工资。

哺乳假不同于每天的哺乳时间，《女职工劳动保护特别规定》中没有规定哺乳假，只规定了哺乳时间。哺乳假是部分地方专门为哺乳期女职工设立的一种休假。但这些地方政府规定的哺乳假都不是强制性的，女职工休哺乳假必须经过女职工申请和用人单位批准同意。以河北为例，产假期满，经女职工本人申请，用人单位批准，哺乳期可以休假至婴儿满一周岁，请假期间的待遇由双方协商确定。

4）护理假

护理假是指男性职工陪护生育的配偶和婴儿的假期。护理假也是地方政府自行规定的，其期限和休假条件各不相同。比如，北京市没有专门规定护理假，而是规定女方的三十天晚育假可以转给男方享有；河北省规定，符合法律法规规定生育子女的夫妻，除享受国家规定的产假外，延长产假六十天，并给予配偶护理假十五天。这些地方政府规章一般都规定护理假期间应发放正常工资。

7. 婚假

婚假是指劳动者本人结婚依法享受的假期。婚假是劳动者结婚时给予的假期，并由用人单位按照正常标准发放工资，这是对劳动者的精神抚慰，体现了政府对劳动者的福利政策，也是对其权益的保护，对于调动劳动者的积极性具有重要意义。

婚假天数在法律层面没有规定，只在《国家劳动总局、财政部关于国营企业职工请婚丧假和路程假问题的通知》中有所规定，给予一至三天假期。夫妻双方如不在同一地点进行工作，要根据路程远近另行安排路程假，路程假天数不得占用婚假天数。大多数用人单位都是按照三天的标准规定职工婚假的。

2015 年 12 月，全国人大常委会审议《人口与计划生育法修正案（草案）》，其中删除了对晚婚晚育夫妻、独生子女父母进行奖励的规定。因此，目前不存在晚婚婚假奖励，只有一至三天的基本婚假（西藏地区依然保留晚婚假）。但各地区删除晚婚假后，以其他变通的方式在基本婚假基础上奖励婚假。例如，北京市和上海市对符合法律结婚的公民除享受国家规定的婚假外，增加婚假七天；河北省规定依法办理结婚登记的公民，除享受国家规定的婚假外，延长婚假十五天。

8. 探亲假

探亲假规定在国务院 1981 年颁布的《关于职工探亲待遇的规定》中，根据该规定，凡在国家机关、人民团体和全民所有制企业，事业单位工作满一年的固定职工，与配偶不住在一起，又不能在公休假日团聚的，可以享受本规定探望配偶的待遇；与父亲、母亲都不住在一起，又不能在公休假日团聚的，可以享受本规定探望父母待遇。但是，职工与父亲或与母亲一方能够在公休假日团聚的，不能享受本规定探望父母的待遇。

1）探亲假的特征

（1）探亲假依法只适用于国家机关、人民团体和全民所有制企业、事业单位。所以其他性质的单位如果也要施行探亲假，应当在内部的规章制度中规定。

（2）探亲假只适用于在单位工作满一年的职工。

（3）探亲假用于职工探望不住在一起，又不能在公休假日团聚的配偶和父母。所谓“不能在公休假日团聚”，是指不能在公休假日在家休息一夜或休息半天。

2）探亲假的期限

（1）职工探望配偶的，每年给予一方探亲假一次，假期为 30 天。

（2）未婚职工探望父母，原则上每年给假一次，假期为二十天，如果因为工作需要，本单位当年不能给予假期，或者职工自愿两年探亲一次，可以两年给假一次，假期为 45 天。

（3）已婚职工探望父母的，每四年给假一次，假期为二十天。

上述探亲假期是指职工与配偶、父母团聚的时间，另外，根据实际需要给予路程假。上述假期均包括公休假日和法定节日在内。

3）探亲假的待遇

职工在规定的探亲假期和路程假期内，支付本人的正常标准工资。职工探望配偶和未婚职工探望父母的往返路费，由所在单位负担。已婚职工探望父母的往返路费，在本人月标准工资30%以内的，由本人自理，超过部分由所在单位负担。

9. 丧假

劳动者直系亲属死亡时，用人单位应当根据具体情况给予劳动者丧假。根据1980年国家劳动总局、财政部《关于国营企业职工请婚丧假和路程假问题的通知》，劳动者的直系亲属死亡时，用人单位应该根据具体情况酌情给予劳动者一至三天的丧假。直系亲属包括父母、配偶和子女。如果劳动者死亡的直系亲属在外地，需要劳动者本人去外地料理丧事的，用人单位应该根据路程远近另外给予劳动者路程假。劳动者在休丧假和路程假期间，用人单位均应当照常发放劳动者的工资。劳动者在途中的车船费等，由劳动者本人自理。

尽管此通知仅针对国营企业，但其他地方劳动规章、条例也有相应的固定，例如《河北省工资支付规定》第二十一条规定，劳动者依法享受婚假、丧假、探亲假、年休假期间，用人单位应当按照本人工资标准支付工资。

10. 参加法定社会活动假期

参加法定社会活动假期是指根据《工资支付暂行规定》第10条规定，劳动者在法定工作时间内依法参加社会活动期间，用人单位应视同其提供了正常劳动而支付工资的假期。法定的社会活动包括：依法行使选举权或被选举权；当选代表出席乡（镇）、区以上政府、党派、工会、青年团、妇女联合会等组织召开的会议；出任人民法庭证明人；出席劳动模范、先进工作者大会；《工会法》规定的不脱产工会基层委员会委员因工作活动占用的生产或工作时间；其他依法参加的社会活动。

【深度阅读】

“李四”的虚假病假条

李四（化名）在某公司工作期间多日旷工，并提交虚假病假条，故某公司解除了与李四的劳动关系。后李四提请劳动仲裁要求公司支付病假期间工资和违法解除劳动关系赔偿金，获得了仲裁的支持。某公司不服仲裁结果，故诉至法院，请求判令无须支付病假期间工资和赔偿金。近日，顺义法院审理了此案，最终支持了某公司的诉讼请求。

原告公司诉称：被告自2016年7月起多日旷工，公司人力资源部门及被告所在部门领导多次与被告联系，被告均未理会。被告还有开具虚假证明骗取病假的情形，故公司与其解除了劳动合同。后仲裁委做出的仲裁结果中，第二项和第三项裁决原告需支付2016年8月8日至2016年8月28日的工资，并支付违法解除劳动关系赔偿金。原告认为仲裁裁决认定事实不清，证据不足。原告不存在任何违法情形，故诉至法院，请求判令：1. 原告不支付被告2016年8月8日至2016年8月22日工资；原告不支付违法解除劳动关系赔偿金；3. 由被告承担诉讼费。

被告李四辩称：不同意原告的诉讼请求，希望维持仲裁裁决。

法院将如何判决?

分析:法院经审理认为,《中华人民共和国劳动合同法》第三十九条规定:劳动者有下列情形之一的,用人单位可以解除劳动合同:……(二)严重违反用人单位的规章制度的……。李四向公司提交虚假病假条,且公司的规章制度已经依法送达给李四,故法院认为公司据此解除与李四的劳动关系合理合法,其公司无须给付李四违法解除劳动合同赔偿金,亦无须给付李四 2016 年 8 月 8 日至 2016 年 8 月 22 日的工资。最终,法院支持了原告公司的诉讼请求。

(摘自新浪新闻)

【课堂活动】

这家公司做得对吗?

案例呈现:

今年"五一"前夕,当很多白领期待即将到来的端午小长假时,上海白领姚先生却开心不起来,原来今年"五一"全公司加班一天,老板安排的补休方式很有"创意",将一天八小时工作时间精算成 480 分钟,再分摊到全年 250 个工作日,让员工每天提早 2 分钟下班已充当补休,此补休方式被网友戏称为"休假新政",该老板被称为"现代周扒皮"。对于节假日加班后换休到底怎样操作,目前无论是《中华人民共和国劳动法》还是《职工带薪年休假条例》都没有具体规定,通常做法是一天换一天,即以天为单位,而不是以分钟为单位,网友评论说:"如果全国企业都学习此'休假新政',企业员工可能连整个半天的休假权都没了,那么《中华人民共和国劳动法》和《职工带薪年休假条例》岂不是成了一张废纸?那我们可就真没什么希望了。"

对于这种经不起推敲的"休假新政",该公司还振振有词:借鉴资生堂的做法,而资生堂方面说:"资生堂大陆地区的所有员工都是按照中国大陆地区的劳动法规来执行的,没有指定特别的休假方式。"显然,该公司的"借鉴说"并不成立。

主题讨论:这家公司做得对吗?

在教师的引导下,让学生通过查阅文件的形式,证明是公司做得对,还是自己做得对?

查找的文献:

____

结论:

____

【思考题】

1. 有哪些休假制度需要我们进行了解?
2. 对于资料中提到的"休假新政"问题,请分析其具体危害性。

参考文献

[1] 刘万振.我国大学生就业政策研究综述[J].理论前沿,2019(24):35-37.
[2] 陈建伟,赖德胜.疫情冲击下大学生就业形势变化与对策[J].特稿,2020(11):34-37.
[3] 韩茹,刘建栋.当代大学生面临的就业困境及解决途径分析[J].理论观察,2019(9):139-141.
[4] 杜俊峰.大学生就业与创业指导[M].天津:南开大学出版社,2016.
[5] 郭佳.浅析高职毕业生就业初期的职业适应与角色转换[J].高校领导智慧,2015:37-38.
[6] 段江洪.浅析大学生求职准备技巧[J].论坛交流,2017(12):219-220.